私の夢はずっと、重力制御装置を作ることだった。

　音も無く、風も吹き出さず、静かに宙に浮く乗り物。タイヤと地面の摩擦を利用した現在の推進法などは、一気に過去のものとなるだろう。ああ、それが行き交う光景は私にとって何と美しいことか。

　もしそんなものが実現していたら、私は整備工場で働く人生を選んでいたかも知れない。もちろん宙に浮く自動車のである。暇を作ってはその装置をいじって楽しむのだ。

　しかし私は、それがまだ存在しない時代に生まれてしまった。さらに言えば、その実現のヒントとなりそうな理論さえ、人類はまだ手に入れてはいないのだった。

　無いものは、作ればいい。

　しかし偽物の理論をでっち上げても意味がない。我々は、現実のこの世界を良く観察して、この世界がどうなっているのかを正しく知らなければならない。

　重力について知るには、一般相対論を学ぶ必要がある。まずはこれが基礎であり、重力制御はその遥か先にあるはずなのだ。

　しかし、私は甘かった。その基礎でさえ、簡単ではなかった。

　私は相対論が正しいことを知っているが、それが現実に完全に当てはまるとは信じていない。しかし今のところ理論と現実との不一致は見付かっていない。どこか少しでも間違っていて欲しいくらいだ。そして、それが画期的な発明に繋がれば、と願う。

趣味で相対論

広江 克彦著

理工図書

序文

　この本の目的は、一般相対論までの内容をごまかしなく伝えることである。しかし私が挑戦したいのは、第一の目的を少しも損なうことなく、読者の負担が最小となるような形でまとめ上げることである。そういう本を手にすることが可能かどうか、私自身が知りたくて作るのだ。

　相対論に関する本は幾らでも世に出回っているが、有給の研究者によって書かれた教科書の割合は少ないように思える。この本もまた、その割合を下げようとしている。

　教科書というのは専門家を目指す学生を助ける為に書かれることが多いので、非常に厳しい書き方になっている。普通の人が興味本位でそういう本に手を出すとその中身が非常に不親切だと感じるわけだが、それは学生を鍛える為なのだから仕方がない。専門家は一般の人向けにも本を書くことがあるが、出版社の要望によるのか、今度は数式がほとんど出てこないものに仕上がってくる。相対論はアイデア自体は単純なので、数式なしで説明しようと思えば数ページで終わってしまう。本にするためには何とか話を膨らませて面白くしないといけないが、数式に頼ることなく理論の結果だけをあれこれと書かれても、狐につままれたような気分になるだけである。

　学問というものは、初心者向けにわざわざ面白おかしく書こうと苦労しなくても、分かりやすく在りのままを書けば面白いだろうと思う。私は相対論が面白いと思っているので、それがそのまま伝わればいいと願っている。その際、「何を書かないか」という選択が重要であろう。余計なことでページを増やして本の価格を上げたくはないので言いたいことだけを書こうと思うのだが、それでも伝えたいことは山ほどあるのだ。私自身がこれまで勉強してきてつまづいた部分が多くあるので、今後同じことで多くの人が悩まなくても済むような秘訣みたいなものをさりげなく散りばめたい

という思いもある。

　この本の内容のほとんどは、元々インターネット上で公開されたものである。私が趣味で始めた「EMAN の物理学」というサイトの中に相対論について解説した部分があり、それをベースにしてまとめられている。インターネットを使える環境にある人はこの本の元になった記事を今でも変わらず無料で読むことができる。それどころか、この本に載せることのできなかった記事も幾つかある。それらは私の勉強が進むにつれてこれからも増え続けるだろう。

　しかしネットの記事をそのまま本にしたというわけではない。本にするからには、それなりに気を遣わないといけない。ネット上で書き始めたのはもう何年も前のことであり、今となっては誤解だったと気付くことのできた部分もあるし、時間をかけて勉強している内に考えが少しずつ変わってきて、思想が一貫していないところも出てきている。本として載せるには少々無責任だと思える議論も、面白そうだからという理由でネット上には残してあったりする。ネット上の記事はいつでも書き換えができるという安心感があって、手付かずになってしまうことが良くあるわけだ。

　本としてまとめるにあたって、全ての誤りを取り除くことができたかというと、自信はない。私自身がまだ勉強中であるし、今でも時々、ある部分の説明の仕方が不適切だとか、数式の変形が間違っているとかいう指摘を頂いたりする。そういうことはこれからもたびたびあるだろうと思う。どうか私を過度に信用することなく、自分の知性に頼って読んで欲しい。

　私はこの本を、できるだけ肩の力を抜いて、電車の中でも布団の中でも読める本にしたいとも思っている。相対論の本というのはそれが啓蒙書であっても、やれ光速の何十パーセントだ、そのときの時間の遅れは何パーセントだ、誰それから見た相対速度はこれくらいだという話で一杯になって、やがていちいち状況を把握するのが面倒になり、著者を全面的に信用して読み流すようになってくる。そうなると読み進めること自体がだんだん無意味に思えてきて、もし明日元気があったらもう一度ここを読み直してみようか、それとも今すぐ気力を振り絞ってベッドから起き出して紙とペンを取って来て、検証しながら読んだ方がいいだろうかという葛藤が始まるものである。

比較的自由な時間のある若者には、この苦しみが実感できないかも知れない。勉強する為には、実際に自分の手を動かして複雑な問題を解いてみるのは当然だとか思っている人もあるだろう。それによる効用は決して否定しないが、それができないほど疲れ切った状況にある人が、わずかな時間を使って学問を楽しんでもいいではないか、と私は思うのだ。

　それで私は、状況把握の面倒臭さに読書の邪魔をされるのではなく、もっと問題の本質的な部分で頭を使ってもらえるようにしたいと思っている。たとえそこに紙とペンがなくても、目を閉じればいつでも心のスクリーンに問題が描けるような … 。その問題の答えがどうしても気になってしまえば、その人はやがて自分の意志で紙とペンを取りに行くだろう。それがその人にとっての「趣味で相対論」の始まりだ。

　ところで、これを読んで下さっている人の中には専門家を目指そうという人もいらっしゃるだろう。そういう人は、常日頃からペンを持って訓練を続けていて欲しい。その鍛えられた計算力と、多くの経験による物事の包括的な把握力が専門家の武器であるからだ。

　しかしそのような研ぎ澄まされた武器を持たないからと言って、趣味の人がこの分野に足を踏み入れるのをけしからんことだと非難しないで欲しいと思う。誰かがわざわざ彼らを追い返すようなことをしなくとも、もしその人が努力を続けないのなら、大自然が、その人に理解されるのを拒むだろう。

2007 年 11 月 15 日
広江　克彦

目 次

第 0 章	準備	1
第 1 章	**特殊相対性理論**	**5**
1.1	相対論はなぜ生まれたか？	5
1.2	エーテル理論の失敗	7
1.3	アインシュタインの指針	11
1.4	同時であるとはどういうことか	15
1.5	ローレンツ変換の求め方	17
1.6	時空回転と不変量	22
1.7	悩むのは無駄	27
1.8	固有時の意味	28
1.9	4元速度	31
1.10	$E=mc^2$ を導く	35
1.11	質量は増大するのか	40
1.12	物体は縮むのか	45
1.13	なぜ光の速さを越えられないのか	47
	~**哲学**~科学とは何だろうか	51
第 2 章	**座標変換の理論**	**53**
2.1	座標変換とは何か	53
2.2	見かけの力	56
2.3	ガリレイの相対性原理	59
2.4	4次元的世界観	60
2.5	光はなぜ一定速度か	62
2.6	多変数関数の微分	65
2.7	運動方程式のローレンツ変換	67

v

2.8	偏微分の座標変換	69
2.9	マクスウェル方程式が不変となる変換	73
2.10	反変ベクトル・共変ベクトル	83
2.11	縮約の意味	87
2.12	省略記法の導入	90
2.13	テンソル解析の基礎	93
2.14	計量とは何か	96
2.15	反変・共変の変換	99
2.16	4次元の演算子	104

第3章 相対性原理の実践　　109

3.1	相対論的な運動方程式	109
3.2	運動量ベクトルの変換	113
3.3	エネルギー運動量テンソル	115
3.4	相対論的なマクスウェル方程式	120
3.5	電荷の保存則	124
3.6	ゲージ変換	125
	〜豆知識〜ローレンツは二人いる！	128

第4章 一般相対論の入り口　　129

4.1	結論から始めよう	129
4.2	代表的な二つの公式	130
4.3	測地線の方程式の展開	133
4.4	重力場の方程式の展開	135
4.5	項の数を数えてみる	138
4.6	式の簡単化	140
4.7	質量は2種類ある	142
4.8	アインシュタインの解決法	145
4.9	質量は錯覚だ	147
	〜豆知識〜重力と引力の違い	149

第5章 リーマン幾何学　　151

5.1	共変微分	151

5.2	平行移動	162
5.3	測地線	173
5.4	局所直線座標系	177
5.5	テンソルの共変微分	182
5.6	リーマン曲率	186
5.7	リーマン・テンソルは本当にテンソルか	190
5.8	リッチ・テンソル	195
5.9	スカラー曲率	199
5.10	ビアンキの恒等式	201
5.11	アインシュタイン・テンソル	204
5.12	ニュートン近似	206
5.13	重力場の方程式へ	212
5.14	係数の値を決める	215

第6章 一般相対論の検証　　219

6.1	シュバルツシルト解	219
6.2	光の湾曲	226
6.3	水星の近日点移動	239
6.4	重力赤方偏移	247
6.5	加速系の座標変換	253

あとがき　　265

第0章　準備

　まずはこの本自体の説明をしておこう。目的は何か、何が学べるのか、どんな特徴があるのか、何に気を付けたら良いか。そして何が書かれていないか、など。そんなことを読み取って頂けたらと思う。第0章などという番号の振り方を好むのは私の本職がコンピュータ技術者だからかも知れないが、この章はまだ相対論の話に入る以前の前置きですよ、という意味を含ませてもいる。

　ところで、相対論には「特殊相対論」と「一般相対論」の二通りがあるのはご存知だろうか。観測者が加速しないような特別簡単な場合だけを扱うのが「特殊」で、加速や重力の問題までも扱うような一般的な議論にまで拡張されたのが「一般」である。いや、そのように説明している入門書は多いのだが、実を言うと加速については「特殊」の範囲でも扱えたりする。しかし少し面倒なので、私は加速の話を「一般」の説明の中へ持っていくことにした。「特殊」と「一般」の本当の違いは、本書の終わり頃までに明らかにしたいと思う。

　非専門家向けの入門書としては珍しいと思うのだが、この本では「特殊」と「一般」の両方の内容を数式を使ってごまかさずに説明する。しかし数式は、もし読者に余裕があったら解読してみたらいいと思うのだ。ちゃんと前後に言葉による説明を多く入れてあるので、数式からは雰囲気だけを感じ取ってもらえれば読み進めることはできるのではないかと思う。

　数式を解読する為に必要となる数学知識は、第1章は高校レベルで何とかなる。第2章となると、多変数関数の微分が出てくるので高校レベルを少し越えるかも知れない。第3章では電磁気学の知識が必要になるが、これは興味がなければ軽く読み流しても大丈夫である。それ以降の章で必要となるのは、根気だけだ。難しいというより、ただただ面倒臭いのである。

第 0 章　準備

相対論は天才たちだけのものだと思わない方がいい。一部の天才を除き、みんな似たような苦労を乗り越えたのだ。

　非専門家向けの入門書としては珍しいだろうと思う点はもう一つある。それは、図をあまり使っていないことだ。言葉で説明するのがどうしても難しいと感じるときだけ、図の助けを借りている。その理由を正直に言えば、私が図を描くのが苦手で、非常な手間が掛かるからだ。また、下手な図を示すことで読者を無駄に考え込ませたくないとも思っている。しかし私自身はいつも自分の頭の中に図を描いて理解しようとしており、イメージを描くことの大切さは知っているつもりである。
　そんな私であっても、4次元まではとてもじゃないがイメージできない。それが普通だと思うし、それで大丈夫なんだということを伝えたい。イメージできなくとも論理で乗り切ることができるのだ。だからこの本は、図で理解させる本ではない。図は必要に応じて各自で頭の中に描いてほしい。そのためにできるだけ言葉でサポートしようと思う。

　ところで、頭の中に4次元の風景を正しく思い描いて理解している人なんているものだろうか。天才と呼ばれる人がいて自分と比べてあまりにも能力に差があるので、ひょっとして中にはそういう人もいるかも知れないと思うことがある。いたとしても、私にはその人の頭の中は想像できないのだろう。たまに「いや、4次元のイメージなんてものは簡単だ」と言う人がいて、例えば立体図をアニメーションにすればそれで4次元なのだと言う。まぁ、それは確かに4次元的ではある。しかしこれだとある時間軸に沿って移動した場合の個人の視点になってしまう。我々は3次元の立体を見たときに、それをどんな方向から見たらどんな形に見えるかがおおよそ掴めてしまうわけだが、4次元をありのままに把握するというのは、4次元の中に存在する4次元的立体配置を、4次元の中で角度を変えて見たときにどうなるかを把握できるということだ。この本の読者にそんな才能は求めない。
　以上の話し振りから、4次元なんてものをイメージできない普通の人がこの本を書いていることを信じてもらえるだろうか。

　もう少し細かい話もしておこう。この本は物理寄りの書き方がされてい

る。数学者が好むようなやり方ではないという意味だ。相対論というのは論理的に非常に美しいので、近代的に整備された数学を使えば非常に美しく簡潔に表すことができるらしい。しかしこの本は相対論が発表された当時の伝統的なやり方で書かれている。言い換えれば古臭いということだが、大抵の入門書はみんな同じなので心配はしなくていい。

ただ古いやり方で学んでしまうと新しいやり方について行けなくなることが世の中には良くある。人というのは自分が最初に学んだものを絶対だと信じてしまう傾向があるからである。これよりさらに洗練された形式があることを予め認めるならば、古いやり方を知っておくのは新しいものを受け入れることへの妨げとはならず、むしろ良い土台として使えることだろう。どちらの形式でも自由に頭を切り替えて扱えるようになればかっこいいと思う。

―― 趣味の提案 ――
この本の内容を把握した後でいいから、現代数学を使った相対論がどのように表されるものなのか調べてみると良いかも知れない。微分幾何と呼ばれる数学で、多様体などという用語が出てくるやつだ。私もそのうちやりたいと思っている。

さらにこの本では、変分原理と呼ばれる数学手法を使うのをわざと避けている。変分原理は物理寄りの伝統的な手法ではあるのだけれど、初心者がつまづきやすいところでもある。その思想を納得の行くように説明してその扱いに慣れてもらおうとすれば、ちょっと手間が掛かってしまって、相対論どころではなくなってしまうだろうと思う。もしそれを使ったならばもっと簡単に説明できただろう箇所がこの本にも幾つかある。実際、他の教科書ではごく普通にそれが使われていたりするのだが、それは専門の学生向けだからだ。

なぜこんなことを書くかと言えば、学問にそのような広がりがあることを読者に知っていて欲しいと思うからである。相対論はアインシュタインのひらめきによって「突如わいて出た」理論ではなく、歴史的には電磁気学や解析力学といった分野を土台として深く繋がっている。そのため、そ

れらの分野で蓄積した技を使って論じることは本来は当然なのである。しかし工夫次第では、ある程度先の方までそれらを避けたまま説明することもできるというわけだ。もっと先を目指すつもりなら、変分原理もいずれは通らねばならぬ道である。

---- 趣味の提案 ----

他の教科書に載っている変分原理を使った説明の仕方を調べてはどうだろう。変分原理が何であるかは「解析力学」を学べば詳しく説明されているはずだ。私ももっと学んで、いつかそのような続編を書きたいと思う。

この本には他の点でもちょっと変わった特徴があると思っているのだが、それは他の本と読み比べて自分で確かめてもらいたい。どの本にでも載っているようなことは思い切って省いてしまった。この本を読んだだけでは明らかに知識が偏るだろうことを注意しておく。ではそろそろ本編に入ろう。

第1章　特殊相対性理論

1.1　相対論はなぜ生まれたか？

　相対性理論と聞けば、多くの人がアインシュタインを思い浮かべる。私もそうだ。その理論のほとんどを彼一人で完成させたためである。しかし彼が特別に天才だったからというわけではない。電磁気学の結果を調べていけば、時間はかかるだろうが大抵の人が同じ結論にたどり着く。その証拠に有名なローレンツ変換式にはアインシュタインではなくローレンツの名前がついているではないか。アインシュタインよりも前にその理論の下地はすでに出来ていたのである。

　当時の科学者たちは、ローレンツ変換から導かれる内容をそのまま受け入れることができずに苦し紛れにいろんな小細工を考えた。アインシュタインが天才だと言われる理由はその結果をそのまま受け入れたことによる。その際、何を根拠にそれを受け入れるか、という哲学的な指針を与えた彼の論文は芸術作品のようである。

　アインシュタインの書いた相対性理論の論文の題名は「運動する物体の電気力学」であった。なぜ電気と相対論が関係しているのだろうか？　相対性理論は、文字通り、電磁気学から生まれたのである。

　電磁気学がマクスウェル方程式としてまとめられたのが1864年のことだ。この年が電磁気学の完成だと言えるかも知れない。しかし、その方程式から予言される電磁波という現象が本当にあることが確認され始めたのが1888年以降であり、意外と最近のことなのだ。さらに、今では入門的な教科書にでも載っているような「運動する電荷のポテンシャル」が計算されたのが1900年頃だ。それからほとんど間を空けることなく1905年の特殊相対論が世に出ることになる。電磁気学の完成と相対論の登場は歴史的

にも連続した話であり、相対論が電磁気学の総仕上げのようにして出てくるのは必然だったのである。

　ではどのような繋がりがあるのかを見てみよう。先ほども話に出てきたが、電磁気学の諸法則を4つの方程式系にまとめ上げた「マクスウェルの方程式」というものがある。この式の意味をじっくり考えていくと奇妙なことに気付いてくる。このマクスウェルの方程式は一体誰の視点で成り立つか、ということだ。

　この方程式を解けば電磁場が波を作ることが分かる。今では我々の日常となっている電磁波がそれだ。光というのは電磁波の内、ある範囲の周波数を持ったものに他ならないということも分かった。つまり、電磁場が作る波の速さというのは実は光の速さのことなのだった。しかし一体、光の何に対しての速さかということが問題なのである。マクスウェル方程式からはそれが読み取れなかった。

　光を追いかけたらどうなるだろう？　光に追いつくことはできるだろうか？　走っている列車の中でも電磁気学の諸法則はそのまま成り立つのだろうか？　これが当時の科学界の関心事であった。しかし光はとても速いので、列車のスピードくらいの実験では全く違いが分からない。誤差の範囲である。なぜなら、光の速さを測定するほんの一瞬の間に列車は殆ど移動していないと見なせるからである。もっと速いものに乗って実験しなければならない。そこで思いついたのが、地球である。地球は太陽の周りを凄まじい速さ（秒速 30km ＝ それでも光速の 0.01% でしかない！）で進んでいるのでこれを乗り物に見立てて実験してみればいい。その結果がどうなったかは次の節で説明することにしよう。

　この他にもう一つ、これに関連してはいるのだが、電場や磁場は一体何なのかという問題もある。例えば、コイルに磁石を近付けると発電ができるという現象がある。この現象を二通りの視点から見てみよう。

　コイルの上に立っている人から見れば、近付いて来たのは磁石の方である。磁石が近付くとコイルの周りの磁場が変化する。するとマクスウェルの方程式にもあるように、磁場が変化するときには電場が生じる。そしてその電場の影響でコイルの中の電子が運動を始め、これが電流となる。

　ところがこれを磁石の上に立っている人の立場で見てみよう。近付いて

来たのはコイルの方であって自分は止まっていた。だから磁場は変化していない。コイルの中の電子が磁場の中に入ってきたので、電子は運動方向と直角の方向へローレンツ力を受けて移動した。これがコイルに生じる電流の原因であると説明するだろう。

同じ現象であるのに、立場によって説明の仕方が違うのである。一方は「磁場が変化したから電場が生じた」と言い、一方は「磁場は変化しなかったし、電場はなかった」と言う。そこに電場はあったのか、なかったのか？一体、どちらの肩を持ったらいいのだろう？本当に動いていたのはどっちなのか判断できるだろうか？

これが相対論の始まりなのである。一体、止まっていたとか動いていたというのは、何に対して言えることなのか？光の速さというのは何に対しての速さなのか？どの立場にいる人が最も正しいと主張できるのだろうか？果たしてそのような立場は存在するのだろうか？

電磁場の問題の解決については第 2 章以降で説明する予定なので、まずは光の速さの問題についての歴史的な流れを見ていくことにしよう。

1.2　エーテル理論の失敗

当時の人の気持ちになって考えてほしい。波と言えば、何かが揺れている現象である。では電磁波の場合は何が揺れているのだろう。良く分からないのでとりあえず「エーテル」という名前で呼ぶことにした。この「エーテル」の語源は、アリストテレスが火・水・土・空気の 4 元素説に加えて、天上界にある第 5 の元素として挙げている元素の名前であって、これを使ったネーミングセンスはなかなかのものである。このエーテルは宇宙を満たしているに違いない。なぜなら遠く離れた星からの光も地球に届いているのだから、途中の宇宙空間にもエーテルがなければならない。すると地球はエーテルの海の中を突き進んでいることになる！

もしそうならば、測定器の向きを変えて測定してみて光の速さがどれくらい変化するかを調べれば、我々がエーテルの中をどれくらいの速さで突き進んでいるかが分かる筈である。これが有名なマイケルソン・モーリーの実験である。(1887 年)

ところが、どんなに精密に測定しても、光の速さは変化しなかった。季

第1章　特殊相対性理論

節を変えても、場所を変えても、昼と夜を比べても。地球は自転しているので夜と昼とではエーテルの流れの方向が逆に感じられるはずだ。我々はエーテルに対して止まっているのだろうか？太陽の周りの公転運動だけ考えても、地球はかなりの速さで宇宙を進んでいるはずなのに。

やはり宇宙の中心で止まっているのは地球の側で、他の星が周りを回っているのか⁉ そうなると天動説の再来である。そんなはずはない！

そこでエーテルについて色々な説が出た。エーテルは地球と一緒に回っているに違いない、とか、エーテルは物質に引きずられるのだろう、とか言うのである。これらの説は一理ありそうだが、矛盾が出てくる。光の速さは地球上でだけ測定したわけではないのだ。木星の衛星の食を利用しても測られている。また、エーテルが回転していたら星の光が流されて観察される現象が起きるはずだがそのようなことは起きていない。今このようなエーテルが存在することを主張すると笑われてしまうが、当時は誰もが真剣にこのような可能性を探ったのである。

もちろん、我々が光の速さを直接測定したのは地球のごく近くだけであって、将来、太陽系のはるか外へ出て行って光の速さを測定したら違っていた、という可能性がないわけではないことを認める謙虚さは必要である。それでも間接的には測られており、現時点ではこのことに大きな疑いはないようである。分かっている範囲で最良の理論を作り上げるのが物理学のやり方だ。そして数理物理学者ローレンツも当時分かっていた範囲でエーテルについての一つの説を出した。

― 趣味の提案 ―

今でもエーテルの存在を強く主張する人々が次々と現れる。そのほとんどが素人ばかりだが。彼らが笑われてしまう理由は、この古い時代に徹底して交わされた数々の議論を知らず、それを越えるような、注目に値する主張を何も持っていないせいであろう。当時、エーテルを認める説としてはどんなものがあって、それらがどのように否定されて行ったのかを調べてみるのも面白いのではないだろうか。

1.2. エーテル理論の失敗

　ローレンツは、エーテルの中を物体が進むときには、「エーテルの風」を受ける影響で物体が進行方向に縮むのだと考えた。(1895 年) このために観測装置は光の速さの変化を捉えることができないだけだというのである。物差しも人間も全て進行方向に対して同じように縮むので我々はその「縮み」を感じることはできないという理屈である。この理論はなかなか馬鹿にしたものではない。

　計算してもらえば分かるが、彼の主張する通り、エーテルに対して速度を持つとき、観測装置や我々自身を含む全ての物体が進行方向に対して $\sqrt{1-v^2/c^2}$ 倍に縮むならば、マイケルソン・モーリーの実験装置では光の速さの変化は測定できないことになる。これは相対論の結果としても出てくる「ローレンツ収縮」そのままの値である。

　ではなぜ縮むのだろうか？　これについても彼は計算している。もし物体がエーテルの中を進むとき、その質量が増加するならばこのことが説明できる、と。

　では、なぜ質量が増加するのだろうか？　当時の人々には分からなかった。我々なら何と答えるだろうか？　確か相対論から導かれる内容にそんなものがあったのではないか、と思い浮かべる人もあるだろう。ならばこう答えようか。「相対論のように光の速さが一定だと仮定すれば質量の増加を説明できる！」と。これでは堂々巡りである。しかしこれは面白い。もし、なぜ光の速さが一定なのか？ということの答えが知りたければ、この論理の堂々巡りをどこかで断ち切って、物が縮む理由か、物体の質量が増加する理由かのどちらかを解明してやればいいのではないだろうか。残念ながら、そううまくは行ってくれないのである。もしこれでうまく行くならば今ごろ主流は「エーテル理論」であって、相対性理論は受け入れられなかったであろう。ローレンツの仮説には重大な欠陥がある。

　彼の仮説が成り立つのは、当時の実験装置についてだけなのである。昔は精密に光の速さを測るためには、光を鏡で反射させて位相差を測るしかなかった。光の速さを往復で測定していた時代の理論なのである。しかし現在は測定技術も進歩して片道だけで測定できるようになっている。この他にも彼の理論の欠陥はいくらでも出てくる。しかし、それらは測定技術の進んだ現代の視点で言えることであって、科学史を調べていくと、どうもこれ以外の理由でローレンツの理論は破棄されたようなのだ。まだローレンツが納得しないうちに相対論が発表されているし、当時の技術ではま

第1章　特殊相対性理論

だどちらが正しいかはっきりと言えなかったと思うのである。

　これは私の意見だが、おそらくローレンツ自身が自分の理論の薄っぺらさに気付いたのだと思われる。これは彼が非常に悩みぬいた末のことであっただろう。彼の理論では光の速さが一定に観測されることは説明できるのだが電磁気学の方程式の解釈が非常に複雑になってしまうのである。そこで、彼は自分の理論を変更して、マクスウェルの方程式の形を変えない変換式、すなわち現在の「ローレンツ変換式」を導き出した。(1904年) これは相対論が発表される以前のことで、ローレンツの他にフォークト (1887年) も独自にこの式を導き出していた。前に言ったように、アインシュタイン以前に同じことを考えた人は多くいたのである。

趣味の提案

　この辺りの歴史ではフィッツジェラルドやポアンカレも有名だ。誰もが突然正解に至ったわけではない。それぞれの考え方の微妙な違いを調べてみるのも面白いだろう。

　ところがこの変換式によると距離が縮むだけでなく、時間さえ変換されることが必要になってくる。そこでローレンツはさらに頭をひねり、時間の縮みを説明するために別の仮説（局所時間を導入）を作ったようであるが、これはとても難解なものになってしまった。

　実は私自身も学生時代に「客観時間・主観時間」なる言葉を勝手に作って同じようなことを考えてみたことがあるがうまく行かなかった。当時は勉強不足だったためにローレンツのしたことについてはまだ知らなかった。とにかく、ローレンツの理論を生き残らせるために工夫して実際に合わせようとすると次から次へと色々な仮定が必要になってきてしまうのである。

　そして物理学の歴史はそのようには進まなかった。もっと安全な道を選んだのだった。実験の結果をそのまま基礎として受け入れようという方向である。

1.3　アインシュタインの指針

　アインシュタインの論文はなぜそれほど注目されたのだろうか。彼が論文の中で言いたかったことを要約すれば次のようになる。
　「マクスウェルの方程式をいじって求めた結果を怪しまなくても、二つのことを原理として認めるだけで同じ結果、すなわちローレンツ変換式が導けます。だから私の言う二つのことを受け入れて、物理学を、特にガリレイ変換を見直してはいかがでしょう？ 力学の法則もローレンツ変換に従うと考えるのです。」
　後半部分は分かりにくいかと思うが、それについては第2章で説明するので今は読み流してもらってもいい。それよりも、ここで言われている二つの原理というのを先に紹介してしまおう。

・光速不変の原理　　光の速さは光源の速度に依らない
・相対性原理　　　　どんな慣性系でも物理法則は同じ形で表せる

　宇宙はそういうものだと認めてあきらめましょう、という感じだ。それに対する現在の物理学の態度は、「実際、実験結果が相対論の予言した通りになるのなら仕方がない、二つくらいなら信じてみようか」という具合である。
　「信じる」という言葉が科学的でないと思うかも知れない。しかし、物理というのは「信じて試して、確認していく」という過程を取るという意味では宗教的なのだ。それが個人レベルで起きるか、グループとして起きるかの違いくらいだろうか？ 念のために言っておくと、個人の心の中でこれを行うのが宗教である。日本人は宗教に疎くて、宗教とは「信じて信じて錯覚してゆく」過程だと誤解している人が多いようだが、真の宗教というのはそういうものではないと私は思うのだ。偽の宗教に騙されないようにしよう。科学と宗教を絡めて話すと反発される方も多いと思うので、これについての私の個人的な考えはコラムとして少し後に書いておくことにする。心に余裕のある時にでも読んで欲しい。(→ 51 ページへ)

第 1 章　特殊相対性理論

　ではアインシュタインの提案した二つの原理にそれぞれどんな意味があるのかについて考えてみよう。
　まず、光速不変の原理。これは光源がどんな速度で動いていようとも、そこから発せられた光の速さは光源の影響を受けない、というものだ。これは水面に生じる波を思い起こさせる。水上を移動する船が起こした波だろうが、固定した杭から出た波だろうが、波は出所に関係なしに同じ速度で周囲に伝わってゆく。これはまるで、エーテルのような存在を認めているようではないか。しかしこの原理はなぜそうなのかについては何も言わない。ある人が光を見たとき、どこから出てきた光であろうと同じ速さだと言っているだけだ。

　次に、相対性原理。これはどんな慣性系にいても物理現象が同じ形式で書けるということである。
　予期せず「慣性系」という専門用語が出てきてしまったので、ここで簡単に説明しておこう。物体が慣性の法則に従っている限り、その物体は等速で移動し続けるか、あるいは静止し続けるかのどちらかである。そのような物体が静止して見えるような立場にいる人が、自分を基準にして時間や空間に目盛りを振って座標を設定したとき、それを頼りに世界を眺める視点を慣性系と呼ぶ。座標軸の目盛りが等速運動する物体と一緒に移動して行くようなイメージだ。等速運動と言ってもその速度には色々あるから、どんな速度の物体を基準にするかの違いによって慣性系は無数にあることになる。基準にした物体の速度が異なるとき、それぞれの慣性系は「異なる慣性系」などと表現され区別される。
　以上の説明でこの原理の表面上の意味だけでも分かってもらえるだろうか。相対速度を持って等速運動するものどうし、それぞれは違う立場にあって違う座標を使っているけれども、なぜか物理法則は全く同じ形式で書けてしまうので、誰が本当に止まっているとかは、物理法則の形の違いによっては判別しようがないのだ、ということである。

　ところで、同じ一つの出来事を色んな相対速度を持つ立場から観測した場合、それぞれがその出来事から得る観測値は当然それぞれに違うだろう。しかし、それは全く構わない。この原理は、一つの出来事が誰からも全く同じように見えなければならないとまでは言っていない。ただ法則の形式

が同じになると言っているだけである。

しかしさらに疑問は募る。それぞれの得る観測値が立場によって異なっていてもいいのなら、物理定数についてはどう考えたら良いだろう？物理定数といえども観測値なのではないか。それぞれの立場で物理定数が違っていても構わないということになるだろうか。例えば、光の速さというのは物理定数の一つだが、それぞれの立場でこの値が違っていたって構わないと言うのであれば、話に聞いた相対論とはえらく違った話だ。一体どういうことだろうか。少しあとで説明しよう。

この相対性原理には、「全ての慣性系は同等であるべし」という強い要求が含まれている。つまり、たとえ全ての慣性系で同じ形の法則が成り立っていたとしても、その式の中に、特定の慣性系を基準にした位置や速度が含まれているようではいけないのである。互いの慣性系の関係を表すような式を書く場合には相対速度や相対位置に依存した量だけが使用を許されることになる。

このことを理解するためにちょっと例を挙げておこう。高校の物理では音のドップラー効果というものを学ぶ。この公式を丸暗記しておくとテストで点を取るのに有利であるが、この式の中には「観測者の空気に対する速度」が含まれている。この場合、空気に対して静止している系が、基準としての特別な意味を持ってしまっているのである。いや、別にドップラー効果の式に欠陥があると言いたいわけではなく、このようなタイプの式は、宇宙の根本原理を表す式としてはふさわしくないのではないか、と相対性原理は述べているのである。理由？そんなものは無い。原理とはそんなものだ。

この要求から、もしある慣性系の中で定数と呼べるものがあり、それがどの慣性系でもやはり定数であるとするならば、その値は慣性系に依らずに同じでないといけないということが自動的に言えてしまうことになる。光の速さもその一つである。これからそれを示そう。

自分から見てあらゆる光は一定速度である。また、自分とは別の慣性系にいる人にとっても光の速さは一定である。しかし、その人が自分と同じ速さの光を見ているかどうかまでは分からない。ここまでが「光速不変の

原理」が主張できる内容である。どの人から見ても光が同じ速さだとはこの原理からは言い切れない。

しかし両者とも光速は一定だと言っているのだから、両者の観測したそれぞれの光速の値 c、c' の間に次の単純な関係式が成り立つはずだ。

$$c' = ac$$

ここで c、c' は正の値とする。また a はお互いの相対速度の絶対値によってのみ決まる正の定数である。お互いの慣性系は同等なので、a の値は相手から私を見るときにも同じになるだろう。

$$c = ac'$$

ここまでが相対性原理の主張を当てはめた結果である。二つの式を合わせれば、

$$c = a^2 c$$

であり、$a = 1$ でなければならないことが分かる。つまりどの慣性系でも同じ速度の光を見ていると言える。

世間に出回っている入門的な解説書では「どの慣性系から見ても光速が一定」であることを「光速不変の原理」だと説明してしまっていることがあるが、これは誤りである。まぁ、「光速不変の原理」をこのように解釈してしまっても相対論自体の体系には影響はないので大きな問題ではないのは確かだ。しかし、これでは両方の原理に「慣性系」という言葉が出てきてしまうことになって、それぞれの原理の独自性が薄らいでしまうではないか。

「慣性系どうしの相対性」に関わる原理と「それ以外の原理」とを綺麗に分離させたところに、この二つの原理の美しさがある。また、マクスウェルの方程式というややこしいものを基礎として持ち込まなくても済むようにしたところにもこの原理の美しさがある。

特殊相対論の数式上の基礎になっているローレンツ変換式というのは、「誰から見ても光の速さが一定」であることだけから導けてしまう。だから原理がわざわざ二つに分けて用意されていることが初心者にとっては不可

解であったりする。しかし、この「相対性原理」という思想が相対論の向かうべき方向を決めているのである。そのことを詳しく話すのは第3章以降になるだろう。

なぜこの二つの原理で何もかもうまく行くのかと聞かれても理由は良く分からない。だから「原理」と呼ぶのである。原理という言葉は「ここを議論の基点にするからそれ以上深くは聞いてくれるな」という意味で使われることがあるわけだが、今回がまさにその例だ。そして実際、今のところ、これで何もかもうまく行っているのである。

1.4 同時であるとはどういうことか

どんな速度で運動している人から見ても光の速さが変わらないという非常識なことを認めるならば、今まで普通に使っていた「同時」という概念は大きく変更を迫られることになる。しかし「同時」という今まで我々が何となしに使ってきた概念の方が間違っていたということはないだろうか。この際、光を基準にして、同時に関する概念を見直してみてはどうだろう。アインシュタインの主張の中心はまさにこの点にある。

アインシュタインはこう考える。今この場で私が考える「今」と、遠く離れた場所にいる人が考える「今」との間に、一体何の関わりがあるというのだろう。離れた地点で起きる事と、私の腕時計の針がある数字を指すのが同時かどうかというのは、人間が何らかの方法で決めることによって初めて意味を持つことなのだ。なぜ今まで誰もそれを決めて来なかったのだ？

そこで、誰から見ても同じ速度である光を使って、次のようなやり方を提案する。A地点で静止している自分の時計と、遠くのB地点でやはり静止している友人の時計が合っているかどうかを確かめたい。そのためにはこうすればいい。0時にA地点からB地点に向かって光を発射する。B地点ではAから来た光を受けたらAに向かってすぐに反射させる。光は10時にA地点に返って来たとしよう。B地点にいた人が、光が来たのは5時だった、と言えば二つの時計は合っていることになる。もしずれていたらその分だけ直してもらえばいい。

第 1 章　特殊相対性理論

　このような調子で、お互いに静止しているあらゆる地点の時計を「同時刻」に合わせることができるであろう。どんなに距離が離れていても、お互いに静止している限り、同じ時間が流れているのである。同じ時を共有できるのである。この安心感！

　ところが、お互いに運動する相手とは同じ時を共有できなくなってしまう。我々が通常受け入れてきた同時という概念が崩れてしまうのだ。これからはアインシュタインの原論文とは違う解説をしようと思うので注意してほしいのだが、なるべく分かりやすくアレンジしてみたつもりである。

　A 地点と C 地点のど真ん中に B 地点があり、自分は B 地点にいるとする。ここで A 地点に置いてある時計と C 地点に置いてある時計の時刻合わせをすることを考えよう。

　そのために B 地点から A と C に向かって同時に光を発射する。この二つの光は「同時に」それぞれの地点につくはずだ。この瞬間、二つの時計を 0 に合わせれば二つの時計は同じ時を刻み始める。

　ところがこの時刻合わせの光景を、宇宙船で通り過ぎる人が見たらどう見えるだろうか。ちょうど B 地点から光を発射する瞬間、宇宙船もたまたま一緒に B 地点にいたとする。そして宇宙船は C 地点に向かってまっすぐに飛んでいるところだとする。

　宇宙船に乗っている人から見ても、B 地点から両方向に発射された光は同じ速度で宇宙船から遠ざかってゆく。つまり、光の見え方については B 地点にいる人と同じなのだ。ところがロケットはぐんぐん C 地点に近付いている。ロケットから見れば C 地点がどんどん近付いてくる。逆に A 地点はどんどん遠ざかってゆく。この調子では当然、光は先に C 地点にたどり着くだろう、とロケットの人にはそう思える。

　ところが地上のやつらときたら、C 地点に光がたどり着いた時刻と、A 地点に遅れて光がたどり着いた時刻を「同時だ」と言って時計を合わせたのだ！ けしからん！ … とは言っても光はめちゃめちゃ早いから、よっぽど速いロケットでない限りほんのちょっとの差が出るだけだけれど。

　このように、同時だと思える二つの出来事が立場によって変わって来てしまう。でもそれでいいのだ。ロケットの人は「けしからん！」と言うが、彼にとっては A 地点に光が着いたのも、C 地点に光が届いたのも、自分と

は遠く離れたところで起きた出来事であり、現場にいたわけではない。彼の立場での定義によれば、その二つは同時ではなかったと解釈されるというだけの話だ。B 地点で静止していた人にとっても同じだ。二つの出来事を現場で同時に見たわけではない。定義に従って、二つは同時だと「考えることにした」だけのことだ。

　ある人にとって同時に起きたと思える二つの出来事が、別の人にとっては同時ではなくなるというのは何だかとても非常識なやり方に思える。ところが非常識ではあっても、誰もが時刻合わせについてのこのルールに従っていることを前提に話し合えば、矛盾はどこにも生じないのである。それは徐々に説明していこう。

── ちょっとだけ速度が違ったらどうなるか ──

　こんなことを考えていると色々心配になってくる。お互いに静止している者どうしは、同じ時を共有できるのであった。では「ほんの少しだけ」互いに運動している場合はどうであろうか？

　近くで起こる現象については問題ない。しかし、遥か彼方の遠方で起こることについて話し合うと双方の意見に食い違いが出る。距離が長くなればなるほど、時間に差が出るのだ。

　しかしそれは例えば、何億光年も離れたところで起きた超新星爆発が観測されたとき、それが何億年前に起きたことなのか、それともそれプラス 1 時間だったかどうか程度の食い違いである。それくらいならほとんど問題にはならないだろう。まあ、それでも気になるのなら動いている人とのすれ違いざまにはあまり遠くの話をしない方がいい。

1.5　ローレンツ変換の求め方

　さあ、いよいよ数式を含めた話に入っていこう。まずはローレンツ変換式だ。ローレンツ変換を求めるには大きく分けて二通りの方法がある。ローレンツ流の「マクスウェル方程式を不変に保つ変換」を導く方法と、アインシュタイン流の「光の速さが慣性系によらず一定」であることから導く

第1章 特殊相対性理論

簡単な方法である。

　ベクトルを使ったり演算子を使ったり行列を使ったりと教科書による独自性はあるものの、大抵の教科書に載っているのはアインシュタイン流の方法である。中には電磁場の波動方程式を不変に保つような、どっちつかずの方法もたまに見かける。

　ここでは私の今までの経験の中で一番分かりやすいと思う簡単な方法を紹介することにする。計算が楽で見た目簡単なものより、計算が面倒でも直観的に理解しやすい方がいいと思い、この方法を選んだ。これはアインシュタイン流の方法である。ローレンツ流のやり方は、第2章の2.9節（73ページ）で紹介する予定である。

趣味の提案

　ローレンツ変換の導き方には色んな方法がある。それらをコレクションするだけでも楽しめそうだ。光速一定を前提としない方法もあるらしい。

　静止系 $K(x,y,z,t)$ とそれに対して x 軸方向へ速度 v で運動している系 $K'(x',y',z',t')$ の間の関係式を求めるのが目的である。

　$t=0$ の瞬間、両者の原点は一致していたとする。この同じ $t=0$ の瞬間、K 系の原点から光が放たれたとするとこの光は全方向に飛び去って、t 秒後には原点から半径 ct だけ離れた球面上の点に分布するはずである。これを式で表せば、

$$x^2 + y^2 + z^2 = (ct)^2 \tag{1}$$

となる。高校で習う球面の方程式である。

　一方、K' 系の原点にいる観測者も光が自分を中心に同心円状に広がるように見えるというのが相対性理論の要求する基本原理である。この状況は同じように、

$$x'^2 + y'^2 + z'^2 = (ct')^2 \tag{2}$$

と書ける。

1.5. ローレンツ変換の求め方

さて、K 系から K' 系への変換を求めるというのは、

$$
\begin{aligned}
x' &= a_1 x + a_2 y + a_3 z + a_4 t \\
y' &= a_5 x + a_6 y + a_7 z + a_8 t \\
z' &= a_9 x + a_{10} y + a_{11} z + a_{12} t \\
t' &= a_{13} x + a_{14} y + a_{15} z + a_{16} t
\end{aligned}
\tag{3}
$$

と書いたときの各係数 $a_1 \sim a_{16}$ を決める作業に他ならない。

これらの式を (2) 式に代入してやったときに (1) 式の条件が満たされている必要があるので、つまり (1) 式と同じ形にならなければいけないので、このことをヒントに各係数を決めてやればよい。

ところで、この変換式 (3) が x, y, z, t についての 1 次式になっていて、なぜ x^2 とか x^3 などに比例する項が含まれていないのか分かるだろうか？これは簡単なことなのではあるが多くの教科書では「当然」と書いてあるだけで、分からない人には分からないと思うのである。もし (3) の変換式の中に x^2 の項があったとしたら、これを (2) 式に代入したときに、x^4 の項が出来てしまうだろう。しかし (1) 式と比較してやれば x^4 の項の係数は 0 でなければならないはずだ。というわけで 2 次以上の項は初めから (3) 式から省いてあるというわけである。

さて、これからこの 16 個の係数の全てを決めてやる作業をするわけだが、とてもじゃないが面倒くさい。本格的な計算に入る前にいくらか簡単にならないだろうか？考えてみよう。

まず一番初めの式だが、K' 系は x 軸方向へ速度 v で移動しているので、K' 系の原点である $x' = 0$ の地点は K 系から見れば t 秒後には $x = vt$ の位置にある。よって、$x' = a(x - vt)$ という形でなければならない。$t = 0, x = 0$ のときには y や z の位置に関わらず $x' = 0$ であるので、a_2 や a_3 も 0 でなければおかしい。

次の 2 つの式は劇的に簡単になる。もし t に比例する項があれば y' や z' は刻々と変化することになる。K 系の原点が K' 系からは y 軸や z 軸方向に移動して見えるわけだ。これでは K' 系が x 方向に移動しているという仮定に反するだろう。それで a_8 と a_{12} は 0 である。しかしまだおかしい点が残っている。例えば $y' = a_5 x + a_6 y + a_7 z$ という形だと y 軸が傾いている

19

ことになる。z 軸も同様だ。各係数 a_i は相対速度の関数なので、相対速度に応じて yz 面が傾くという意味になるわけだ。x 軸を中心に yz 面内でねじれるという傾き方なら、ひょっとしてそんなこともあるかも知れないが、x 軸の方へ傾くとなればいよいよおかしい。空間はどの方向でも同じ性質を持つと考えられるので、yz 面がどれかの方向を勝手に選んで傾いて行く理由は見出せない。それで結局、$y' = a_6 y$, $z' = a_{11} z$ という形でなければならない。また、今は x 軸方向を特別な方向として扱っているが、それに対して y 軸や z 軸をどちらにするかは人間の都合で自由に決めることができる。つまりこれらの軸には物理上、性質の差がない。よって $a_6 = a_{11}$ だと言えるだろう。ところが少し考えればこれらの係数はともに 1 でなければならないことが分かる。今から説明しよう。

$y' = a_6 y$, $z' = a_{11} z$ という式は x 方向に進んだときに y 方向や z 方向に縮んだり伸びたりする可能性があるということである。奇妙ではあっても常識で否定せずに可能性として残しておくべきであろう。ところがこれは論理的に否定されるのだ。今は K 系から K' 系への変換式を求める作業をしているが、当然のことながら、K' 系から K 系を見たときにも同様の変換式が成り立つはずである。違うのは速度 v が逆方向であるということくらいである。しかしお互いは全く対等であるので速度が逆だというくらいで係数が変わってはいけない。なぜって x 軸のプラス方向とマイナス方向に空間的にどんな性質の違いがあるというのか。これは便宜上決めた方向に過ぎないのだ。こういうわけで、K 系から K' 系に変換をして、さらに K' 系から K 系に変換したとき、ちゃんと元に戻らなくてはならないことから、$a_6{}^2 = 1$ であるはずである。$a_6 = -1$ とすると初めから上下左右がひっくり返ってしまっているので $a_6 = 1$ を取るべきである。

これで文句なしに $y' = y$, $z' = z$ ということで決まりである。良く教科書に見られる「今我々は x 方向についてだけを考えているので…」などという簡潔過ぎる説明は、今やったくらいの思考の過程は当然読者が踏むべきものだとして省いてしまっているのである。専門家を目指す学生に対してはこれくらい厳しくていいだろう。しかし元から相対論に懐疑的な素人が不純な目的でこのような教科書を読むとき、「やっぱり物理学者ってのはあまり考えてないんじゃないか」などと高慢な思いを募らせ始めることになる。そういった学者への不信感に対しては、これはとことんまで考え抜いた抜け道の無い議論の結果なのだということを叩きつけなくてはなら

ないと思うのだ。… ちょっと熱くなってしまったな。

　さあ、残る最後の式についてであるが、これには前もって省略できる項はない。しかしこの後の計算で係数比較をするときのことを考えれば、係数 a_{14} と a_{15} は結局 0 になることが分かる。ここでは計算をなるべく簡単にするためにあらかじめこれを省略しておくことにする。信じられない人はこの式の全ての項を残したまま計算してみるとよい。複雑な計算に入る前に今書いたことの意味が分かるだろう。

　以上の結果を分かりやすく書き直しておこう。ついでに係数もアルファベットの大文字で付け直すことにする。

$$x' = A(x - vt)$$
$$y' = y$$
$$z' = z$$
$$t' = Bx + Dt$$

　未知の係数は A, B, D の 3 つだけになり非常に簡単になった。こいつらを (2) 式に放り込めば、

$$A^2(x-vt)^2 + y^2 + z^2 = c^2(Bx+Dt)^2$$

となり、展開してまとめれば、

$$(A^2 - c^2 B^2)\, x^2 + y^2 + z^2 = (c^2 D^2 - v^2 A^2)t^2 + (2vA^2 + 2c^2 BD)xt$$

となる。この式が (1) 式と同じになるというのだから、比較してやれば、

$$A^2 - c^2 B^2 = 1$$
$$c^2 D^2 - v^2 A^2 = c^2$$
$$2vA^2 + 2c^2 BD = 0$$

という 3 つの式を得る。後はこれを連立方程式として解いてやればいいだけだ。ここでわざわざ解いてみせる必要はないであろう。

とは言っても 2 乗が出てきてちょっと解きにくいのは確かだ。次のことだけ注意しておこう。各係数はプラスとマイナスの 2 つの解が出てくることになるが、$v \to 0$ の場合には K 系と K' 系とは一致するのだから係数 A と D はプラスの方を選ぶ必要がある。そうしなければ x 軸や時間軸が初めから逆を向いてしまっていることになるではないか。A と D をプラスにした結果として B はマイナスを取らなければならなくなるだろう。次のようになれば正解だ。

$$A = D = \frac{1}{\sqrt{1 - \frac{v^2}{c^2}}}$$

$$B = -\frac{v/c^2}{\sqrt{1 - \frac{v^2}{c^2}}}$$

つまりローレンツ変換は次のようになる。(y、z 成分は簡単すぎるのでわざわざ書かないことにする。)

$$t' = \frac{t - vx/c^2}{\sqrt{1 - \frac{v^2}{c^2}}}$$

$$x' = \frac{x - vt}{\sqrt{1 - \frac{v^2}{c^2}}}$$

いろいろ書いて長くなってしまったが、やっていることは単純だ。(2) 式に (3) 式を入れて (1) 式になるように係数を決めただけである。

1.6　時空回転と不変量

前節で求めたローレンツ変換式だが、これを見ていても美しいなぁ、とは感じないかも知れない。二つの式の対称性が分かりにくくなっているからだ。しかし、ちょっとした変形をしてやるだけでこの二つの式は非常に似た形になる。相対論では時間と空間に同等の地位を与えて扱うことになるのだが、その理由がここにあるのだ。

ところで、時間を秒などという単位で数えているのは人間が勝手に決めたことであって、物理的にはそんなに意味のあることではない。地球が自転するのにかかる時間を $24 \times 60 \times 60$ という、生活に都合のいい数字で分割しただけのものだ。

それよりは、光の速さを基準にして時間の単位を決めてやれば、先ほど求めた式はもっと綺麗な形になるのではないだろうか。そこで新しい記号 w を使って $w = ct$ であると定義し、時間を距離の単位「光秒」で表すことにする。1 秒で光が 30 万 km 進むので、あたかも時間に長さがあるかのように考えて、1 秒は 30 万 km に相当すると考えるのである。この記号に良く w を使うのは、空間座標を表す x, y, z の一つ前のアルファベットだからだろうと思う。

こうすれば時間も空間も、同じ「長さの単位」で論じることができるようになる。SF 的な話をするならば、もし人が時間軸の方向へ旅ができるようになったとして、…つまりタイムトラベルが可能になったとしてということだが、1 秒だけ過去へ遡ろうとすれば 30 万 km の道のりを進まなければならない、ということだ。逆に言えば、我々は常に 1 秒につき、時間軸の方向へ 30 万 km の道のりを進んでいることになる。なんという凄まじい速さ！ 我々は時間軸の方向へ光速で旅をしているのだ！

しかし、この例えは視覚的に理解しやすいので面白いだけであって、実際に 4 次元空間が存在すると思い込んではいけない。少なくとも私はこのような時間軸の方向などというものが現実にあるとは信じていない。これはただの概念である。

さて、この変形 $w = ct$ を使って、時間 t の代わりに w で表してやることにすると、ローレンツ変換は次のようになる。

$$w' = \frac{w - \frac{v}{c}x}{\sqrt{1 - \frac{v^2}{c^2}}}$$

$$x' = \frac{x - \frac{v}{c}w}{\sqrt{1 - \frac{v^2}{c^2}}}$$

二つの式がかなり似た形になってきた。ここで次のような工夫を取り入れればもっとすっきりするであろう。まず、$\beta = v/c$ と置く。また分母は両

方同じなので、
$$\gamma = \frac{1}{\sqrt{1-\frac{v^2}{c^2}}}$$
と置いてやることにする。この γ は「ローレンツ係数」と呼ばれていて、今後も良く使うことになる。

$$\begin{aligned} w' &= \gamma(w - \beta x) \\ x' &= \gamma(x - \beta w) \end{aligned}$$

　おお、見よ、この対称性！ 美しいとは思わないだろうか？ 時間と空間が、同じような形式で互いに入り混じるのである。これは座標を回転させたときの変換式に非常に良く似ている。3次元の座標を z 軸の周りに θ だけ回転させたときの変換式と比べてみると良く分かる。

$$\begin{aligned} x' &= x\,\cos\theta + y\,\sin\theta \\ y' &= y\,\cos\theta - x\,\sin\theta \end{aligned}$$

　どこがどの程度似ているかは自分でじっくり考えて欲しい。このようなわけで、ローレンツ変換は時空間の中での一種の回転のようなものだと考えることができる。光速に近い運動をしている人の座標系と、自分のいる座標系とを比べると、両者の時空間は回転的なずれを生じているというわけである。この4次元の回転的なずれは相対速度が光速に近ければ近いほど大きくなる。何度も繰り返すが、これは数学的表現の物理的な焼き直しであって、実際に世界がそのようになっていると考えるべきではない。いや、人がどのように考えようと、どのように解釈しようとそれは認識の方法なので個人の勝手だが、少なくとも私は、これは理解を助けるためだけの概念的なものだと信じている。

　普通の3次元での回転の場合には、いくら回転しても不変に保たれるものがある。それは回転軸からの距離である。要するに半径 r のことだ。数式では次のように書かれる。

$$r^2 \;=\; x^2 + y^2 + z^2 \;=\; x'^2 + y'^2 + z'^2$$

1.6. 時空回転と不変量

　ある座標系 $R(x,y,z)$ と、それを原点を中心にある角度だけ回転した別の座標系 $R'(x',y',z')$ があるとする。そのとき、ある一点を R 系の座標で表した回転中心からの距離も、同じ点を R' 系の座標で表すように変換して、その値で計算した回転中心からの距離も、どちらも同じ式で計算できて同じ値が得られるというわけである。

　これと同じようにローレンツ変換でも変わらないものがある。それは次のように表される量だ。

$$x^2 + y^2 + z^2 - w^2 \;=\; x'^2 + y'^2 + z'^2 - w'^2$$

　この関係式を導くのはとても簡単である。ローレンツ変換の式を全て2乗して見比べてやれば簡単に思いつくだろう。複雑な理論から導かれたものではないので安心して欲しい。この式は形式的には通常の回転の場合と非常に良く似ているのだが、時間 w の項だけにマイナスがついており、やはり時間と空間とは完全に同等というわけではなさそうだ。3次元での通常の回転とはちょっと勝手が違う。このような性質を持つ空間については数学的に良く調べられており、「ミンコフスキー空間」と呼ばれている。

　さて、この時間の項についてくるマイナスがどうしても気になって仕方がないという人はどうしたら良いだろう。このマイナスさえなければローレンツ変換を通常の回転と全く同じように扱うことができて理論を展開するのに非常に楽になるのだ。

　そのための処方が一つだけある。私はこういう物理的イメージが伴わない数学的トリックが非常に嫌いなのだが、時間を虚数で表せばいいのである。そうすれば2乗したときに打ち消し合ってマイナスが取れる。これが、物理の素人を神秘の空想の世界に陥れたホーキングの著書に出てくる「**虚数時間**」の正体である。そんなものが現実にあってたまるか！ってのだ。

第1章　特殊相対性理論

―― 虚数時間や4次元世界は「在る」のだろうか ――

　私はこの点について、徐々に考えを変えつつある。

　かつては強くこう信じていた。本当に存在しているのは我々が見ている3次元の空間だけである。物体が3次元の中で運動することで織り成す様々な現象を見て、あたかも時間というものが「流れている」かのように錯覚しているだけなのだ。時間というものは物体の運動を効率良く表すための単なるパラメータに過ぎない。我々の世界全体が4次元の中を移動しているイメージは単なる空想である。4次元世界が実際にあるわけではないのだ、と。
　だから、そのことを明確に表せるような理屈を、私が独自に、相対論に矛盾しない形で考え出してやろうという、そういう下心を持って相対論を学び始めたのだった。

　しかしそもそも空間だけが本当に在ると信じる根拠は何だろう？　私から離れたところに物体が存在していて光を放つ。その光が私の眼球の中に飛び込んだとき、私はその光が、空間の隔たりをはるばる越えて来たものだと勝手に思い込むわけだ。光が空間を越えて飛んでくるその過程を見たわけではないにも関わらず。私の脳は、様々な物体からの光を分析して、脳内に映像を作り出す。目という器官の一点からの情報だけを元に、世界の広がりを見た気になる。空間というものがあるのだと解釈すると都合がいいので、その存在を作り出し、信じているだけなのだ。
　その物体は本当はそこに無いのかも知れない。そう思って手を伸ばすと、確かに感触がある。しかし手が物体内部に侵入しないように、何かが信号を伝えているだけであって、「物体」なんてものは無いのかも知れない。我々すべては、情報をやり取りする信号の集まりであって、見ている通りの世界にはいないのかも知れない。
　だとしたら、空間でさえ時間と同じく錯覚なのではないか。そのような辻褄の合う信号のやり取りを作り出している数式（＝この世のルール）だけが意味を持つ。その数式は何次元の中で成り立つ性質のものだろうかという数学の話になる。虚数を使おうが人間の直観に反しようが何だろうが、ルールさえあればいいのではないだろうか。

1.7　悩むのは無駄

　次は何の話をしよう か。時間や棒の長さが縮むように見えるとか、光の速さは越えられないとか、宇宙を旅して帰って来た双子の片割れの方が歳をとらないとか、相対論と言えば大抵いつもその話であって、この本にもそんな話を期待した人がいるかと思う。あるいは今度こそなぜそのような不思議なことが起きるのかを納得させてもらえるのではないかと期待して読んでくれている人もいるかも知れない。
　しかしそのような人の期待を裏切って悪いのだが、ここにそのような面白い話についての解説を挿入するつもりはなくて、それよりも質量がエネルギーと等価であることを示す有名な公式 $E = mc^2$ がどのように導かれるかという解説に向けて急ごうと思うのである。

　早いうちにはっきり言っておいた方がいいと思うのだ。特に「いつか相対論を理解できるようになりたいんです」と言い続けて先へ進まないでいる人たちに言わないといけない。いくらこのような不思議な話について真剣に考えたところで、表面上の理解にしかならないことに気付いて欲しい。いくら考えても「なぜそうなるのか？」という疑問の答えは見出せなくて、結局はローレンツ変換からそう言えるという答えしか用意されていないのである。それらの楽しい話題はローレンツ変換をいじれば自然に導かれる結果に過ぎないのだ。
　しかしローレンツ変換から導かれる結果について考えてみるのは全くの無駄だというわけではない。ローレンツ変換が信用に足るものかどうかは、そこから導かれる結果と現実の実験結果を比べてみるより他はない。これが科学の方法であって、ローレンツ変換から一体どんなことが言えるのかということを把握しておくことはとても大切なのである。
　しかしこの本でそれらを紹介する余裕はない。この辺りについては私よりうまく説明してくれている入門書が沢山あるので、わざわざ私が説明し直す必要を感じないのである。

　ローレンツ変換から導かれる結果は、少なくとも今までの実験の結果と比較して矛盾はないようである。ローレンツ変換が正しいであろうということになれば、次に考えるべきことは「ではなぜ、光の速さは一定なのか」

ということであって、私が一番関心を持っているのはその点である。しかし残念ながら、その答えは相対論の中には用意されていない。何度も言うように、相対論は「光が誰から見ても一定の速度である」ということを前提としている理論だからである。だから、光の速さが一定であることについて疑念を差し挟むような議論は相対論の枠外で行わなければならない。そうしなければ、疑似科学のレッテルを貼られても仕方ないだろう。しかし、ここでは本音を語ろうと思う。

現代物理は光の速さが一定であることの理由を追及することを完全にあきらめてしまったように見える。ある意味、それが新しい常識として定着してしまったようである。果たしてそれを受け入れるべきなのだろうか？しかし、自然をそのまま受け入れる謙遜さと同時に自然に対して不思議に思う気持ちを忘れてはいけないと思うのだ。そしてその思いが科学を発展させてきた。ただ自然を受け入れるだけなら理論なんて要らない。人間に理解し難いことをより低いレベルの事柄から説明できるのが物理の面白いところだと私は考えている。光速不変の原理はもはやこれ以上進めない、一番低い階層の知識だというのだろうか？ 人類はもう既にそこに到達してしまったというのだろうか？ そう考えるのは驕りのように思うのだ。

私は、人類はその壁を乗り越えてさらに深くこの宇宙を理解できると思う。この考えの方が驕りのように思えるだろうか？ 宇宙はそんなに浅くはなくて、我々はまだ表面上の理解に達しただけだと、謙遜な思いからそう考えるのである。

だって、ワープ航法も重力制御もまだ出来てないじゃないか。光の速さを越えられないだなんて、そんなのはいやだよー。… 済まない、ボロが出てしまった。こっちが本当の本音だ。

1.8　固有時の意味

相対論の結果から、もはや、同時というものが慣性系によって変わってきてしまうということが分かると人は途端に不安を覚えるようだ。それはなぜだろうか。同じ時を過ごせないという切なさからだろうか？

大宇宙に旅に出て光速近くまで加速し、地球から遠く離れたある場所で

1.8. 固有時の意味

　何か素晴らしい発見をしたとしよう。しかし「自分は今この瞬間、ここにいる！」という心の叫びが誰かに届くのはいつになることだろう。この自分にとっての「今」というのは遠く離れた他の人にとってのいつに相当するのだろう。今というのはどれほどの意味を持つことだろう。

　別の人がこれとは独立して、宇宙の別の場所で同じ何かを発見したとしよう。ここで言う「独立して」というのは、互いに光速で情報をやり取りしても影響を与えられないほどの僅かな時間差しかないという意味である。例えば互いに 1 万光年離れていて二つの発見の時間差が 1 万年以下であったなら、この二つの発見は全く独立して行われたと考えていい。互いの発見に関する情報をこの時間以内では相手に伝えようがなかったのだから。超光速通信が発明されるまではこの議論は正しい。

　このように二つの事件が独立している場合、結局、どちらの発見が先だったのかということでは人によって見方が違う。立場によって、同時の概念がずれているためだ。そしてどちらが先であったとしても物理的に何の問題もない。

　ところがこの二つの事件が独立でなかったとしよう。A の発見の結果、B の発見があったとする。つまり二つの事件の間には光の速さで情報を伝えるための十分長い時間差があったということだ。この場合には、どんな人から見ても A が先で B が後である。どんな立場に立とうともこの長い時間差を埋めることはできない。

　良く言われる「因果律が守られている」というのはこういうことだ。因果律というのは、原因があって結果があるという我々にとって当たり前に思えるルールのことである。しかし、因果律がどれほど当然に成り立たなくてはならないのかについては物理的に証明されているわけではない。キリスト教でも仏教でも「因果応報」というやつは大切な考えなので多くの人に支持されているというくらいのものである。

　我々はなるべく、共通に使える時間が欲しいのだ。何とかうまいことをして全宇宙で通用するような時間の基準を決めることができないものだろうか？ 相対論ではどの慣性系も同等の立場にあると考えるのであって、地球との相対速度を 0 にあわせた慣性系が特別な意味を持つわけではない。全宇宙で共通に流れる時間を定義できればこんな切なさや気持ち悪さを感

じることはないのだが、相対論がどこまでも正しいとしたらそのような共通の時間を考えることは無意味である。

　もはや共通に流れる時間がないので、時間の基準をどのように決めたらいいのかさっぱり分からない。そこで、仕方ない。こんな方法ではどうだろう。ローレンツ変換をしても変わらない量があったのに注目しよう。

$$w^2 - x^2 - y^2 - z^2$$

後で都合がいいように前に紹介したときとは符号を逆にしてある。符号が丸ごと逆であっても不変量であることには変わりがない。この量は、どのような慣性系に変換しても値が変わらない。つまり、どの慣性系にも共通して使える量である。これがなぜ、時間の代わりに使えるのだろうか？

　説明しやすいようにこの量の微小変化を考えて、その全体を $d\tau^2$ と表現することにする。微小量を考えることにしても不変量であることには変わりない。

$$d\tau^2 = dw^2 - dx^2 - dy^2 - dz^2$$

この $d\tau^2$ という量は、微小時間 dw の間に微小距離 dx, dy, dz だけ移動した場合の、4 次元空間内での移動距離の 2 乗を表している。この 4 次元空間内での長さは、どんな立場の人から見ても変わらないのである。つまり、どれだけローレンツ変換しようと変化しない量である。

　ここで dx, dy, dz が 0 となるのはどういう場合か考えてみる。それはつまり、微小時間 dw の間に全く移動しなかったという場合だ。もし観測者が運動する物体と一緒に移動していたら、あたかも物体が運動していないように見えるではないか。

　ということは $d\tau^2$ を運動する物体と同じ慣性系 (w', x', y', z') に変換してやれば dx', dy', dz' を 0 にできるというわけだ。そのとき、$d\tau = dw'$ となる。これは、$d\tau$ は運動する物体にとっての普通の「時間」を表しているということだ。しかも $d\tau$ はローレンツ変換しても値の変わらない便利な量である！

　自分の基準を相手に押し付けるのはやめて、色々な速度の物体の持つ、それぞれの固有の時間で表現してやろうということになったわけである。そのようなわけで、この量を「**固有時**」と呼ぶ。

アインシュタインが「私は全宇宙に時計を置いた」と表現したのはこのことである。もはや、宇宙にたった一つの大時計を置くことには意味がないので、時間の管理をそれぞれの点に任せたわけだ。

ちょっと注意書きをしておこう。ここの説明で、なぜ微小量による表現をわざわざ使ったのかという点について悩む人がいるかも知れない。この理由を明らかにしておかなければ親切とは言えないだろう。

これは、ローレンツ変換を使える範囲で考えるための方法なのである。ローレンツ変換は慣性系どうしの変換であって、加速する場合を考えていない。速度が変化されると困るのである。それで、速度が一定と見なせる微小時間 dw の間のわずかな移動距離に話を絞ったというわけだ。

分かりにくければ逆の表現をしよう。もし私が微小量を使わずに「τ は固有時である」と表現したとする。つまり、長い時間 w の間の移動距離 x, y, z を使ったとする。その間に物体が全く速度を変えないのならばこうしても問題はないかも知れない。しかしこの考えをそのまま加速のある場合にも使われると困るのだ。途中でどれだけの加速をしてもいいから、最終的にかかった時間、移動した距離だけを問題にして計算するとなると、これは正しい表現ではなくなってしまう。

図形的に言えば、加速をするというのは 4 次元空間内に曲がった線を描くということである。この曲線の長さを、出発点と到着点を結んだ直線の長さで表してしまっても良いものだろうか。本来は「道のり」に沿って長さを測らなければならないのに、2 点間の距離を測っていることになってしまう。

しかし微小量による表現を使っておけば、$d\tau$ という量は加速がある場合にでもそのまま応用することができるのである。加速運動する物体にとっての経過時間を計算したければ、この微小な固有時 $d\tau$ を「道のり」に沿って積分してやれば良いわけだ。

1.9 4元速度

人によって見方の変わる自分の時間を全ての人に押し付けるのはやめて、相手の立場で時間を測ってやろうというのが固有時を使う思想である。

そこで、これまで普通に使っていた「速度」という概念について、定義を少し見直してやろう。今までは観測者本位で、相手が微小時間に進んだ距離を自分の時間で微分して求めていた。これは仕方がない。これまで自分と相手が同じ時間を過ごしていると思い込んでいたのだから。

しかし相対論では「相手の固有の時間」を使うことにする。定義を少し変更して、この固有時で微分して速度を定義してやることにする。こうすれば、相手の「遅れた時計」で微分することになるので、上限速度が光速に縛られない新しい速度を計算できることになる。これで何か面白いことが言えるようになるのだろうか？

残念ながら、3つの空間座標をそれぞれ微分しただけでは大した結果は期待できない。そこで「時間を長さで表した量」である w をも固有時で微分してやることにする。なぜこのようなことをするのかというと…、あまり良い説明は思い付かない。「空間についてだけ微分したのでは時間を特別扱いすることになるので」とか、もっともらしい言い訳のようなことは言えるのだが、なぜ時間を特別扱いしてはいけないというのだろう？ 実はこのようにするのは、物理的な意味合いからではなく、数学的な要請からなのである。それについては後で話すことにしよう。

とにかく、こうすることで速度の意味をもつ4つの量 (u^0, u^1, u^2, u^3) が出来上がる。これを「4つの成分をもつ速度」という意味で「**4元速度**」と呼ぶ。

$$(u^0, u^1, u^2, u^3) = \left(\frac{dw}{d\tau}, \frac{dx}{d\tau}, \frac{dy}{d\tau}, \frac{dz}{d\tau} \right)$$

4元速度の記号として u を使ったのは、もう記号が尽きてきたからである。これ以上なるべく記号を増やしたくないので、u の右肩に小さな数字を書いてそれぞれ区別することにする。これはべき乗を表す記号ではない。相対論ではこのような書き方を多用するので初心者の方は今のうちに慣れておいて欲しい。紛らわしいとは思うが、文脈から区別するしかない。

さて、時間を固有時で微分したものである u^0 には一体どんな物理的な意味があるだろうか？ 計算してやるとこれはローレンツ係数 γ となることが分かる。しかし、ただそれだけである。特に面白い話ができるわけではない。この計算をここでやると話の流れが悪くなるので、後でまとめてやることにしよう。

1.9. 4元速度

　4元速度の概念は物理的な意味合いから作られたものではなく、むしろ数学的な意味合いの方が強いということを話した。ここまで、いかにも物理的に意味がありそうに説明してきたのは、なるべくイメージしやすいように無理やり物理的にこじつけをしていただけである。

　前に、4元座標 (w, x, y, z) を組み合わせることで、ローレンツ変換しても不変な量を作ることができることを話した。それらの微小量 $(\mathrm{d}w, \mathrm{d}x, \mathrm{d}y, \mathrm{d}z)$ を考えても同じことであり、

$$\mathrm{d}\tau^2 = \mathrm{d}w^2 - \mathrm{d}x^2 - \mathrm{d}y^2 - \mathrm{d}z^2$$

のように表せるのだった。ここに出てくる $\mathrm{d}\tau$ は固有時であり、ローレンツ変換しても変化しない量であることも話した。

　この式全体を、微小量 $\mathrm{d}\tau$ の2乗で割ってやると、何が起こるかと言えば、

$$1 = \left(\frac{\mathrm{d}w}{\mathrm{d}\tau}\right)^2 - \left(\frac{\mathrm{d}x}{\mathrm{d}\tau}\right)^2 - \left(\frac{\mathrm{d}y}{\mathrm{d}\tau}\right)^2 - \left(\frac{\mathrm{d}z}{\mathrm{d}\tau}\right)^2$$

となり、4元速度をうまく組み合わせた量は、どんなにローレンツ変換しようとも常に1となることが分かる。4元速度を組み合わせた量は不変量になるわけだ。不変量を不変量で割っただけなのだから不変量になるのは当たり前だ。

　だから何なんだ、何の役に立つんだ、と思うだろう。確かに4元速度は素人には使い道がないのでつまらない。しかし、ちゃんと意味があるのだ。これはアインシュタインの思想を実現するのにとても便利であり、必要なのである。

　今は4元速度を作ったが、同じように4元運動量も作れるし、4元加速度も作れるし、4元力も作れる。みんな不変量にできる。では、不変量どうしを組み合わせて何か意味のある公式を作ってやったらどうだろうか？それはローレンツ変換しても変わらない公式になる！つまり、宇宙のどこでも使える法則を作ることができるのだ。（注：だからと言って、ただ単純に不変量を組み合わせただけでローレンツ不変の公式になると考えてはならない。その議論は後からする。）

　アインシュタインはどの慣性系も相対的であって、平等だと考えた。「物理法則はどの慣性系でも同じ形でなければならない」というのが彼の主張

の中心であり、「相対性原理」とはこのことである。だから、すべての法則をローレンツ変換に対して不変な形で表すことは相対論の目的の一つであるのだ。

そういうわけでこの特殊相対論の解説は、第 3 章で物理法則をローレンツ変換に対して不変な形で表すことを目標にして進んでいる。相対論の本質はそこにあるのである。

と、盛り上がったところで済まないが、ここでこれからの議論に備えて幾つかの簡単な計算を済ませておこうと思う。何だかんだ言っても、多くの人にとってのとりあえずの興味は「どうやって $E = mc^2$ が導かれるのか」ということだと思う。それはすぐ次の節で理解することができるだろう。その議論がさらっと進むためにもここで計算をしておくのは有益である。議論の途中で長々と計算を入れたのでは熱気が冷めてしまうじゃないか。また、今からの計算で、微分計算が全く難しいものではないということに気付いてもらえたらと思う。

まず、先ほど計算を飛ばした 4 元速度の一つ、$u^0 = \frac{dw}{d\tau}$ が確かにローレンツ係数 γ になることを確かめておこう。計算は難しくない。前に何度も出てきているこの式、

$$d\tau^2 = dw^2 - dx^2 - dy^2 - dz^2$$

を、さっきは $d\tau^2$ で割ってやったが、今度は dw^2 で割ってやろう。すると、

$$\left(\frac{d\tau}{dw}\right)^2 = 1 - \left(\frac{dx}{dw}\right)^2 - \left(\frac{dy}{dw}\right)^2 - \left(\frac{dz}{dw}\right)^2$$

となる。$dw = d(ct) = c\,dt$ なので、上の式から c をくくり出して、普通の時間 t による微分に直してしまえる。

$$\begin{aligned}\left(\frac{d\tau}{dw}\right)^2 &= 1 - \frac{1}{c^2}\left\{\left(\frac{dx}{dt}\right)^2 + \left(\frac{dy}{dt}\right)^2 + \left(\frac{dz}{dt}\right)^2\right\} \\ &= 1 - \frac{1}{c^2}(v_x^2 + v_y^2 + v_z^2) \\ &= 1 - \boldsymbol{v}^2/c^2\end{aligned}$$

すなわち、
$$\frac{\mathrm{d}\tau}{\mathrm{d}w} = \sqrt{1 - \boldsymbol{v}^2/c^2}$$
となり、目的の u^0 は、この分子と分母をひっくり返したものである。
$$u^0 = \frac{\mathrm{d}w}{\mathrm{d}\tau} = \frac{1}{\sqrt{1 - \boldsymbol{v}^2/c^2}}$$
確かにローレンツ係数 γ と同じものだ。

4元速度の他の成分 u^1, u^2, u^3 についてもここで計算しておこう。今の結果を使えばあっという間だ。ところで、多分高校でも「合成関数の微分」として習うと思うのだが、次のように変形できるルールがあるのをご存知だろうか？
$$u^1 = \frac{\mathrm{d}x}{\mathrm{d}\tau} = \frac{\mathrm{d}x}{\mathrm{d}w}\frac{\mathrm{d}w}{\mathrm{d}\tau}$$
このように、通常の微分というのは、その本質は微少量どうしの割り算に過ぎないのである。つい先ほども両辺の分子分母を引っくり返したりして、あたかも割り算のように扱ってきたのだった。

さて、ここで $\mathrm{d}w/\mathrm{d}\tau$ が γ になるという先ほどの結果を代入してやれば、
$$u^1 = \gamma \frac{\mathrm{d}x}{\mathrm{d}w}$$
となる。さらに $\mathrm{d}w = c\,\mathrm{d}t$ であることから、
$$u^1 = \gamma \frac{1}{c}\frac{\mathrm{d}x}{\mathrm{d}t} = \gamma \frac{v_x}{c}$$
となるわけだ。u^2 と u^3 も全く同じように計算できるから、まとめれば、
$$(u^0, u^1, u^2, u^3) = \left(\gamma,\ \gamma \frac{v_x}{c},\ \gamma \frac{v_y}{c},\ \gamma \frac{v_z}{c}\right)$$
となる。この結果は次の節で使うことになるだろう。

1.10　$E = mc^2$ を導く

前節では4元速度を定義したが、これは素人には使い道がないので確かにつまらない。ではこれを4元運動量に拡張してやったらどうだろう。力

学で、速度と質量を掛け合わせることで運動量を定義したように、4 元速度と質量を掛け合わせることで「**4 元運動量**」を作るのだ。これには意外な結果が待っている。

　しかし運動量を作るために 4 元速度と質量をただ掛け合わせただけでは不都合がある。それは単位の次元の問題である。普通の速度は距離を時間で割ったものだが、4 元速度は距離を「固有時」で割ったものである。固有時は時間に光速度 c を掛けて長さの単位に合わせたものであった。つまり、4 元速度は長さを長さで割っていることになるので無次元量になってしまっている。光速度 c の分だけ割り過ぎているのである。そこで 4 元運動量を定義する際にその分を掛けてやって、ちゃんと普通の運動量の次元に合わせておくことにしよう。

　本来こういうことは 4 元速度の定義のところで光速度 c を掛けて調整しておくべきなのだが、今回は話の流れもあって、私が学生時代から愛読している本に従った。それで、そのツケが 4 元運動量の定義の部分に回ってきただけの話である。教科書によってはちゃんと 4 元速度に光速度 c を掛けて定義してあるものもある。

　とにかく、次のように 4 元運動量 (p^0, p^1, p^2, p^3) を定義しよう。

$$(p^0, p^1, p^2, p^3) = (mcu^0, mcu^1, mcu^2, mcu^3)$$

これらは 4 元速度に mc を掛けただけのものなので当然次のような組み合わせは不変量になる。

$$(mc)^2 = (p^0)^2 - (p^1)^2 - (p^2)^2 - (p^3)^2$$

前に出てきた 4 元速度についての式の両辺に $(mc)^2$ を掛けてやっただけだ。この式はしっかり意味を考えて見なくてはならない。p のすぐ右上についている数字はべき乗を表すのではなく、ただの添え字である。そして括弧の外についている「2」は、2 乗を表している。

　さて、これで数式の上では憧れの $E = mc^2$ にもうかなり近付いている。これをちょっといじるだけで良い。このまま一気になだれ込みたいところだが、正しい議論のためにこの 4 元運動量の意味を確認しておく必要があるだろう。

1.10. $E = mc^2$ を導く

前節の一番最後で計算した結果をここで使ってやろう。4元運動量の各成分は次のように表せることになる。

$$(p^0, p^1, p^2, p^3) = (\gamma mc, \ \gamma mv_x, \ \gamma mv_y, \ \gamma mv_z)$$

p^0 についてはまだ意味が良く分からないが、他の3つについては普通の運動量の定義に γ がついただけである。γ というのは $1/\sqrt{1-v^2/c^2}$ のことであって、速度 v が光速度 c と比べて極端に小さいときにはほとんど 1 に近い。よって4元運動量の3つの部分は、日常の速度においては、普通の運動量の定義と同じものになるのである。

ここで我々は、はたと考えを改めて、こちらを本当の運動量として受け入れることにするのである。今までは無邪気に質量と速度を掛け合わせただけで満足していたのだが、運動量の本質というのはもっと別のものであって、なぜか、$p = mv/\sqrt{1-v^2/c^2}$ と表せる量なのだ、と考えることにする。我々はこれまでその低速の極限で成り立つ $p = mv$ という定義でうまく現象が言い表せていたのでそれを長い間楽しんでいただけなのだ。

実際この考えを受け入れなければ、今まで通りの方法で運動量保存則が使えないことが分かる。光速に限りなく近くまで加速した物体 A が、同じ程度の質量を持つ静止した物体 B に衝突したとしよう。あまりに勢いが強いので物体 B をも光速近くまで加速することが起こり得る。その反作用で物体 A は減速するかも知れないが、それでもまだ光速にかなり近いということがありうるだろう。

もしこのときに今まで通りの運動量の定義を使っていた場合、速度にはそれほどの変化が見られないので運動量はほとんど変わりがないことになってしまう。今までの定義では、運動量が mc で頭打ちになってしまうので、これまでのような普通の運動量の足し算が使えなくなってしまうのである。

その点、新しい運動量の定義は便利であって、これまで通り普通の足し算で計算できる。運動量保存則を変更する必要もない。やはり、この新しい定義が本物だと考えた方が良いであろう。これは好みの問題ではなく、加速器による粒子衝突の実験などで日常的に確認されていることである。

第1章　特殊相対性理論

------- 趣味の提案 -------
相対論に対して一切の疑いがなくなるほどに理解したいというこだわりを持つ人は、この衝突計算の方法を専門書で学んで自分で幾つかの問題を解いてみるといいだろう。これはそんなに難しいものではない。

そういうわけで、p^1 は p_x であって、p^2 や p^3 もそれぞれ p_y, p_z と書いてやって問題ない。よって先ほどの式は

$$(mc)^2 = (p^0)^2 - p_x^2 - p_y^2 - p_z^2$$

と書けるのであるが、式をすっきりさせるために、運動量をまとめて $\boldsymbol{p}^2 = p_x^2 + p_y^2 + p_z^2$ で表してやろう。

$$(mc)^2 = (p^0)^2 - \boldsymbol{p}^2$$

残る問題は「では p^0 の正体は何でしょう？」という点だけである。それを探ってやるために、この式を p^0 について解くことをしてやれば、

$$p^0 = \sqrt{(mc)^2 + \boldsymbol{p}^2}$$
$$= mc\sqrt{1 + \frac{\boldsymbol{p}^2}{(mc)^2}}$$

のようになる。さらにこのルートの中身は $\boldsymbol{p}^2$ が $(mc)^2$ に比べて非常に小さいときには次のような近似で展開できる。こういう計算に慣れていない人は微分の教科書で「テイラー展開」なんかの項目を参考にして欲しい。

$$p^0 = mc\left(1 + \frac{\boldsymbol{p}^2}{2(mc)^2} + \ldots\right)$$
$$= mc + \frac{\boldsymbol{p}^2}{2mc} + \ldots$$

ここまで来たら、そろそろ気付いて欲しいものだ。この式の右辺の第2項は力学に出てくる運動エネルギーの式 $E = \frac{1}{2}mv^2 = p^2/2m$ に似ている、と。ただ分母に c が余分なだけである。すると、この式全体に c を掛けてやれば、これはエネルギーについての式になるのではないか。

1.10. $E = mc^2$ を導く

$$E \;=\; p^0 c \;=\; mc^2 + \frac{\boldsymbol{p}^2}{2m} + \ldots$$

p^0 の正体は「物体の持つ全エネルギー E を c で割ったもの」だったのだ、と解釈することにしよう。もし $\boldsymbol{p} = 0$ であるならば、物体が動いていないときのエネルギーを表しており、それが $E = mc^2$ となるわけだ。有名な公式はこうして導かれるのである。しかし当時、この式を根拠にして「物体は静止しているだけでエネルギーを持つ」と言い切ってしまうのはなかなか勇気の要ることだったろうと思う。

すぐ上の式は物体の運動量が 0 に近いときの近似式に過ぎない。どんな場合にでも成り立つ正確な表現にしたければ、次のように書くべきだろう。

$$E^2 = (mc^2)^2 + (\boldsymbol{p}c)^2$$

この式は非常に面白い。と言うのも、もし $m = 0$ だとすると $E = pc$ となるが、これは電磁気学で導かれるところの、電磁波の持つ運動量とエネルギーの関係式と同じになっているのである。このことから光の質量は 0 であると考えられるようになった。光のエネルギーと物質のエネルギーが一つの式でまとめて表されるようになったというわけだ！

いや、しかし質量とは何だったろうか。それはニュートン力学で定義された概念であって、加速も減速もしないような光に対してはそもそも当てはめることのできない考えだったはずなのだ。だから光の質量などと言うのは、どうにもおかしな話である。

ところが 20 世紀初めには光を粒子のようなものだと解釈する考えが出てきた。光を「質量 0 の粒子」であるとして受け入れることで、大変都合良く素粒子を分類できたのである。質量が小さい粒子ほど、ほんの小さなエネルギーだけで光速近くまで加速してしまい、減多に止まることがない。光の粒子というのはそのような状態の極限的存在であると考えることにしても話が合うわけだ。要するに、光の質量は「便宜上」0 なのである。

第1章 特殊相対性理論

1.11 質量は増大するのか

前節で出てきた「新しい」運動量の定義をもう一度見てもらいたい。

$$p_x = \gamma\, m\, v_x$$
$$p_y = \gamma\, m\, v_y$$
$$p_z = \gamma\, m\, v_z$$

ニュートン力学での運動量の定義は「質量×速度」であった。その考えを当てはめて比較してみると、「運動する物体の質量は γ 倍に増えているのだ」と解釈すれば、この運動量の定義を大した違和感もなく受け入れることができそうである。しかしこのような考えには問題があるのだ。この節では、啓蒙書などで今でも良く見られる誤解を解いておきたいと思う。

ところで、これまでに次のような解説を聞いたりしたことはないだろうか？

● 「物体が光の速さに近付くと、加速に使ったエネルギーはその物体の質量を増加させるのに使われてしまう。よって、物体を光の速さにまで加速させることは永遠にできない。」

● 「光の速さに近付くと物体の質量はどんどん増えるので、いくら力を加えても重すぎて加速できなくなってしまう。物体を光速にするには無限の力が必要である。」

果たしてこのような解説はどこまで正しいだろうか？

上のような「質量の増加」を説く人に対して不利な証拠を突き付けよう。ニュートン力学では、運動量の変化率が力を表していたのだった。

$$F = \frac{dp}{dt}$$

これと同じように、相対論における新しい運動量の定義を時間で微分してやることで力を計算してみよう。ここで気を付けなくてはならないのは、

1.11. 質量は増大するのか

γ の中にも速度が含まれているということである。高校の微分の知識で十分計算できるが、納得してもらう為に丁寧にやっておこう。

$$\begin{aligned}
F &= \frac{\mathrm{d}p}{\mathrm{d}t} = m\frac{\mathrm{d}(\gamma v)}{\mathrm{d}t} \\
&= m\left(\gamma\frac{\mathrm{d}v}{\mathrm{d}t} + \frac{\mathrm{d}\gamma}{\mathrm{d}t}v\right) \\
&= m\left[\left(1-\frac{v^2}{c^2}\right)^{-\frac{1}{2}}\frac{\mathrm{d}v}{\mathrm{d}t} + \frac{\mathrm{d}\left(1-v^2/c^2\right)^{-\frac{1}{2}}}{\mathrm{d}t}v\right] \\
&= m\left[\left(1-\frac{v^2}{c^2}\right)^{-\frac{1}{2}}\frac{\mathrm{d}v}{\mathrm{d}t} + \left(-\frac{1}{2}\right)\left(1-\frac{v^2}{c^2}\right)^{-\frac{3}{2}}\left(-\frac{2v}{c^2}\right)\frac{\mathrm{d}v}{\mathrm{d}t}v\right] \\
&= m\frac{\mathrm{d}v}{\mathrm{d}t}\left[\left(1-\frac{v^2}{c^2}\right)^{-\frac{1}{2}} + \left(1-\frac{v^2}{c^2}\right)^{-\frac{3}{2}}\frac{v^2}{c^2}\right] \\
&= m\frac{\mathrm{d}v}{\mathrm{d}t}\left(1-\frac{v^2}{c^2}\right)^{-\frac{1}{2}}\left(1 + \frac{v^2/c^2}{1-v^2/c^2}\right) \\
&= m\frac{\mathrm{d}v}{\mathrm{d}t}\left(1-\frac{v^2}{c^2}\right)^{-\frac{1}{2}}\left(\frac{1-v^2/c^2+v^2/c^2}{1-v^2/c^2}\right) \\
&= m\frac{\mathrm{d}v}{\mathrm{d}t}\left(1-\frac{v^2}{c^2}\right)^{-\frac{1}{2}}\left(\frac{1}{1-v^2/c^2}\right) \\
&= m\frac{\mathrm{d}v}{\mathrm{d}t}\left(1-\frac{v^2}{c^2}\right)^{-\frac{3}{2}} \\
&= \gamma^3 m\frac{\mathrm{d}v}{\mathrm{d}t}
\end{aligned}$$

これはちょうどうまい具合に、力と加速度の関係式になっている。これをニュートンの運動方程式 $F = ma$ と比べてみれば、$\gamma^3 m$ の部分が質量を表していることになる。つまり運動している物体は、質量が γ^3 倍になったかのように振舞うのであって、先ほど考えたような γ 倍ではないのである。

しかも、それだけではない。今の計算では速度をただのスカラーとして計算したが、丁寧にベクトルとして計算してやると進行方向によって質量が異なることが分かる。これもやってみせよう。慣れないと少々困惑するかも知れないが、難しすぎるということはないだろう。

$$\begin{aligned}
\boldsymbol{F} &= \frac{\mathrm{d}\boldsymbol{p}}{\mathrm{d}t} = m\frac{\mathrm{d}(\gamma\boldsymbol{v})}{\mathrm{d}t} \\
&= m\left(\gamma\frac{\mathrm{d}\boldsymbol{v}}{\mathrm{d}t} + \frac{\mathrm{d}\gamma}{\mathrm{d}t}\boldsymbol{v}\right) \\
&= m\left[\gamma\frac{\mathrm{d}\boldsymbol{v}}{\mathrm{d}t} + \frac{\mathrm{d}\left(1 - \boldsymbol{v}^2/c^2\right)^{-\frac{1}{2}}}{\mathrm{d}t}\boldsymbol{v}\right] \\
&= m\left[\gamma\frac{\mathrm{d}\boldsymbol{v}}{\mathrm{d}t} + \left(-\frac{1}{2}\right)\left(1 - \frac{\boldsymbol{v}^2}{c^2}\right)^{-\frac{3}{2}}\left(-\frac{1}{c^2}\frac{\mathrm{d}\boldsymbol{v}^2}{\mathrm{d}t}\boldsymbol{v}\right)\right] \\
&= m\left[\gamma\frac{\mathrm{d}\boldsymbol{v}}{\mathrm{d}t} + \left(1 - \frac{\boldsymbol{v}^2}{c^2}\right)^{-\frac{3}{2}}\frac{1}{2c^2}\frac{\mathrm{d}(v_x^2 + v_y^2 + v_z^2)}{\mathrm{d}t}\boldsymbol{v}\right] \\
&= m\left[\gamma\frac{\mathrm{d}\boldsymbol{v}}{\mathrm{d}t} + \left(1 - \frac{\boldsymbol{v}^2}{c^2}\right)^{-\frac{3}{2}}\frac{1}{2c^2}\left(2v_x\frac{\mathrm{d}v_x}{\mathrm{d}t} + 2v_y\frac{\mathrm{d}v_x}{\mathrm{d}t} + 2v_z\frac{\mathrm{d}v_x}{\mathrm{d}t}\right)\boldsymbol{v}\right] \\
&= m\left[\gamma\frac{\mathrm{d}\boldsymbol{v}}{\mathrm{d}t} + \left(1 - \frac{\boldsymbol{v}^2}{c^2}\right)^{-\frac{3}{2}}\frac{1}{c^2}\left(\boldsymbol{v}\cdot\frac{\mathrm{d}\boldsymbol{v}}{\mathrm{d}t}\right)\boldsymbol{v}\right]
\end{aligned}$$

これによると、加速度ベクトルと速度ベクトルが直交している場合には第 2 項は 0 になる。つまり進行方向に垂直に力を加えた場合には、質量が元の γ 倍になったかのように振舞うことが分かる。

このように方向によって質量が異なるので、これらの質量を「**縦質量**」「**横質量**」と呼んで区別することがある。この概念はアインシュタインの初めの論文にも控えめに載せられているものだ。

方向によって質量の大きさが違うだって!? このような性質を持つものを質量だと認めても良いだろうか？ 確かに、速度が増加するほど加速されにくくなるという現象は起こる。しかしそれによって重力に引かれる度合いが増したりするのだろうか？ 方向によって重力に引かれる度合いが異なったりするものだろうか？

もう一つ、別の話をしよう。前に求めたエネルギーと運動量の関係式

$$E^2 = (mc^2)^2 + (pc)^2$$

に相対論的な運動量の定義を代入して計算してやると次のようになる

1.11. 質量は増大するのか

$$E^2 = (mc^2)^2 + (\gamma mvc)^2$$
$$= (mc^2)^2 + \frac{(mvc)^2}{1 - \frac{v^2}{c^2}}$$
$$= \frac{(mc^2)^2 \left(1 - \frac{v^2}{c^2}\right) + (mvc)^2}{1 - \frac{v^2}{c^2}}$$
$$= \frac{(mc^2)^2 - m^2 c^2 v^2 + (mvc)^2}{1 - \frac{v^2}{c^2}}$$
$$= \frac{(mc^2)^2}{1 - \frac{v^2}{c^2}}$$
$$= \gamma^2 (mc^2)^2$$
$$\therefore E = \gamma mc^2$$

なぜか面白い具合にこのような綺麗な形にまとまってしまうのである。質量とエネルギーの関係式である $E = mc^2$ と比較すると、運動している物体の質量がもとの質量の γ 倍に増加したのではないかと考えたくなるかも知れない。γ 倍になるというのはさっきから良く出てきている話だ。昔はこれを「相対論的質量」とか「運動質量」とか呼んだものだ。しかしそもそも $E = mc^2$ という関係式は、運動量が 0 である場合に限っての表現なので、動いている物体に対しては同じように適用するべきではない。

今計算した結果は速度 v で運動している物体が持っている「運動エネルギーを含めた全エネルギー」が元の静止質量のエネルギーの γ 倍に増加するという、ただそれだけの意味でしかないのだ。

人々におかしな誤解をさせないために、最近の科学者たちは「静止質量」だとか「運動質量」だとかいう言葉で質量の種類を区別しなくなってきたようである。つまり静止質量こそが本当の意味での質量であって、他はどれも質量と呼ぶのにふさわしくない。「質量」と言えば「静止質量」のことだけを表すということにしよう、という合意がほぼ浸透してきている状況である。それで、最近では「静止質量」という言葉でさえ死語となりつつある。

では運動によって質量が増加するという考えは完全に間違いなのだろう

か。いや、見かけ上運動量が0である物体に対してはこの考えを当てはめても良いかも知れない。見かけ上運動量が0の状態とは、例えば、静止している「熱された鉄の塊」などである。この物体は熱された分だけエネルギーをもっており、この物体を構成する個々の分子は内部で激しい運動をしている。しかし、全体の運動量は0である。偉そうに表現すれば、「重心系で見た速度が0である」という言い方になる。つまり、物体を構成する個々の分子はバラバラにかなりの速度で運動しているが、全体の重心を考えれば静止しているという意味である。

このような物体の質量は、熱される前に比べてその熱エネルギーに相当する分だけ、質量が増加していると考えられる。すなわち、その物体を構成する分子の運動によって全体の質量が増加しているということではないだろうか。鉄を熱したくらいの熱エネルギーを質量に換算してもごくわずかで、現在の測定精度に掛かるか掛からないかというくらいにしかならないから、このような直接的な確認が行われたことがあるのかどうかは私は良く知らない。

しかし、原子核から核エネルギーを取り出した前後で質量に差が出るというのは確認済みの事実であって、運動エネルギーだろうが他の形態だろうが、とにかく内部のエネルギーに相当するだけの質量増加があると考えてもいいという強い根拠になっている。

厳密なことを言えば、この内部で激しく運動する物体の集合体は、全運動量が0であるだけでなく、全角運動量も0になっていなくては静止質量と完全に等価だとは言えない。一般相対論によれば、回転する物体と静止する物体とで、周囲に作る重力場の形が違うことが分かるからである。

内部にエネルギーを持つ物体はその内部エネルギーに相当する分だけ、質量が増加しているのだという。すると、我々が普段目にしている物質の質量の内、どこまでが本当の質量なのだか、分かったものではない。

物質は分子運動している分だけ、少々重い。では分子運動していないときの質量が本当の質量だと言えるだろうか？その分子の中ではもっと小さな質量の何かが、高速で動き回っているのではないだろうか？その中身、そのまた中身。それ以上中身のない、本当の質量はどこにあるのだろうか。そんなものは本当にあるのだろうか。

ひょっとしたら、最終的には、光のような質量のない粒子が寄り集まっ

て、あたかも質量があるかのような一つの粒子として振舞っているようなレベルがあるのではないだろうか。そのような考えに行き着くのは自然なことだろう。このような想像をするのは楽しいが、しかし余りに無邪気過ぎる。残念ながらその考えを支持する根拠はない。光の粒はお互いに結び付くほどの引力を持っていないのは明らかだし、無理な仮定を置くことで何とかそれで現実を説明しようとしても、現在、基本粒子だと考えられている素粒子の振る舞いを説明するには仕組みが単純すぎる。

この辺りの複雑な事情は素粒子論を学べば嫌でも見えてくる。そしてそこには質量の原因を説明するもっと面白い理論がある。あれこれ想像して遊ぶ前に、やるべき努力はまだ沢山ある。もちろん、ここにとどまって、いつまでも空想の世界で遊んでいてもいい。

1.12 物体は縮むのか

どうしても書くべきだと思っていたことはここまでで書いてしまったので、少し落ち着いた。相対論には付き物となっているような良くある話題について、まとめを兼ねて軽い気持ちで書いてみようと思う。この節では棒の長さが短くなる話について書いてみよう。

物の長さを知ろうと思ったら、人はその物体の一方の端と反対側の端の座標を「同時に」測らなくてはならない。それが長さを測るという行為の本質だ。それ以外の方法があるかどうかを考えてみるといい。他の物体と並べて比較するという方法がありそうだが、これもものさしを持ってきて並べるのと同じことであって、結局は同じことをしているに過ぎない。

長さを測る対象が止まっている場合にはこれを実行するのは簡単である。両端の座標がずっと変化していないことを確認しつつ、その座標を読めばいい。しかし相手が動いている場合にその長さを測るのは非常に難しいことだ。なぜなら人は2つの場所に同時に存在することは当然できないし、二つの場所の出来事を同時に知ることさえできないのだ。

離れた場所にテレビカメラを付けておいて、二ヶ所以上を同時に見ることができるかも知れない。しかしその並べられたカメラの映像は本当に同

第 1 章　特殊相対性理論

時なのだろうか？映像が届くまでには時間がかかる。我々はその映像が「いつ」のものなのか逆算しなければならない。

　映像が電波に乗って光速で届くとしよう。光速は秒速 30 万 km だ。よって 30 万 km 離れたところに設置されたカメラの映像を見るとき、我々は「これは 1 秒前の映像だな」と言うだろう。ちょっと待て！それで解決だろうか？勝手にそう決めただけではないのか？どうして離れた場所の時間が分かるのだ？

　離れた場所に同じ時が流れているなんてことは人間が勝手に信じているに過ぎない。遠く離れた恋人同士が「同じ時間に夜空を見上げてお互いのことを考えましょう」なんて約束したとしても、お互いに離れているのだから、その「同時」と呼んでいる瞬間にはお互いに何の影響も及ぼし合うことができないのだ。言っている意味が分からないかも知れないが、分かりやすいように地球と火星基地との遠距離恋愛なんかを想像してみよう。つまり、相手が本当に約束を守って夜空を見上げていたかどうかは、数十分遅れのテレビ電話でしか確認のしようがないのだ。もはや約束を守っていたかどうかだけが重要なのである。

　しかし時間を決めないでは社会の約束が成り立たない。なんとか辻褄が合うように同時という概念を定めることにした。何か一定の速度を持つものを用意して、それがどれだけの時間をかけて移動したかで距離が分かる。ここから逆算すれば、情報が何秒かけて手元に届いたかが分かる。つまり、何秒前の情報であるかを知ることができる。そう決めておけばどこにも矛盾が起きないはずだった。

　実際、らくだや馬車や徒歩で情報を運ぶことを考えている場合は何の問題もない。このまま科学技術が進歩して行けばお互いを隔てた時間差は縮まり、やがてほとんど同時に行き来できるようになるだろうと思っていた。宇宙のどこにいても相手が「同時」に何かをしているかどうかをその場で確かめ合うことができるはずであった。

　ところが何と、お互いの間を結ぶ速度には上限があったのだ。そしてその速度は、どんな立場で見ても同じ。動いている人にも止まっている人にも同じ。そもそも上限があるというのはそういうものだ。もし立場によって上限速度に違いがあればそれは上限速度ではあり得ない。

　そんな不思議な速度があるなら、先ほどの「同時」の考えは、立場によっ

て変わってしまうことになるだろう。互いの相対速度がその速度に近付けば近付くほど、その影響は大きく出る。ある人にとって同時であると思っていたものが、別の人にとっては同時ではない。そもそも「同時」なんていうのは遠く離れた点と自分のいる点との関係を人為的に結びつけようとしただけのものだったのだ。

　一気に話を元に戻すが、そんな危うい概念を使って、人は物の長さを測る。他にいい方法はなく、そうせざるを得ないのだ。ある人は「両端を同時に測った」と主張する。しかし別の人は「あなたが測定に使った両端のデータはそれぞれ別の時間に測ったものです」と主張する。
　果たして運動する物体の長さは本当に縮んでいるのだろうか。それとも単なるデータの読み間違えだろうか？
　人は同時に両端を見ることはできない。ただ、しばらく後で手に入れた情報を一つに合わせて分析すると、物体が縮んだと推論せざるを得ない結果になっているというだけである。誰が本当の姿を見ているかなんてことは誰にも言えない。我々は自分のいる一点のみを手探りで確認しながら移動して、宇宙全体を推測するだけの哀れな存在なのだ。

―――― 趣味の提案 ――――
　新しい同時の概念を受け入れる限りは、運動しているときの方が止まっていたときよりも物体の長さが短くなっていると結論せざるを得ない。このことを自力で確認してみてはどうだろう。ローレンツ変換を使って計算してみてもいいが、それ以外でもいい。説明のやり方を自分で見つけるのが楽しいのだ。

1.13　なぜ光の速さを越えられないのか

　自分から見て右手方向と左手方向に 2 基のロケットがそれぞれ光速の 90% で飛び去ったとする。自分から見て、2 基のロケットの相対速度は光速の 180% である。これは相対論に反する事実なのではないかという質問を

第 1 章　特殊相対性理論

たびたび受けるのだが、これは相対論的には何の問題もない。

　相対論が問題にしている相対速度というのは、一方のロケットの視点に立ったときの、もう一方のロケットの速度のことである。これは 180% にはならない。自分を基準にしたとき、光速以上で移動する物体は宇宙には一切無いらしいということがローレンツ変換から導かれるのである。簡単なのでやってみせよう。(ただし、最近では宇宙自体が膨張しているらしいことが分かってきたので、その場合には相対速度が光の速さを超えることもあり得る。これは特殊相対論が間違っていたわけではなくて議論の適用範囲外の現象が加わっているのだと考えてもらいたい。)

　まずは場面をしっかり設定しておこう。O さんから見て、2 基のロケット A, B がそれぞれ v_A, v_B という速度で互いに反対方向へ進んでいるものとする。もう少し具体的に、ロケット A が x 軸上をマイナスの方向へ、ロケット B がプラスの方向へ向かっているものとしよう。これは O さんの視点ではロケット B が、T 秒の間に、$v_B T$ だけ移動するということである。しかしこれは飽くまでも O さんの使っている (x, t) という座標系を使った視点だ。$t = 0$ のときに三者が同じ位置に重なっていたと考えると計算しやすくて、T 秒後のロケット B の位置は次のように表せる。

$$t = T$$
$$x = v_B T$$

これをローレンツ変換を使って、ロケット A の視点 (x', t') に移してやればいいのである。ローレンツ変換は次のように表せる。

$$t' = \frac{t + v_A x/c^2}{\sqrt{1 - v_A{}^2/c^2}}$$
$$x' = \frac{x + v_A t}{\sqrt{1 - v_A{}^2/c^2}}$$

22 ページに書いたのとは少し符号が違うが、これはロケット A が O さんから見て $-v_A$ で飛んでいるから v のところに $-v_A$ を代入したのである。

1.13. なぜ光の速さを越えられないのか

これを使って変換してやるとロケット B の位置は次のようになる。

$$t' = \frac{T + v_A v_B T/c^2}{\sqrt{1 - v_A{}^2/c^2}}$$

$$x' = \frac{v_B T + v_A T}{\sqrt{1 - v_A{}^2/c^2}}$$

ロケット A の視点では、ロケット B は t' 秒の間に x' だけ移動したことになるのだから、x'/t' を計算してやれば、それがロケット B の速度である。

$$\frac{x'}{t'} = \frac{v_A + v_B}{1 + v_A v_B/c^2}$$

この結果が「**速度の合成則**」と呼ばれる有名な公式だ。v_A, v_B が光速 c に比べて極端に小さい場合には分母は 1 となり、普通の足し算になる。日常ではその状態を体験しているわけだ。そしてそれが当たり前だと勝手に思い込んでいる。この式を初めて見る人は色々いじって楽しんで欲しい。光速以下の速度を幾ら足し合わせても光速を越えることがないことが分かるだろう。

以上の話から、物体をどうしても光速以上に加速できない理由も分かってもらえるだろうか。同じことなのだ。我々は物体を加速しようとすれば、力を加えて徐々に速度を上げて行くしかない。ロケット A から x 方向にミサイルを発射して、速度 v_A にまで加速したとする。そのミサイルは O さんにとっては止まって見えるだろう。そのミサイルの中にはさらに強力な加速装置が仕組んであって、そこからさらに速度 v_B を加える素晴らしい加速をしたとしよう。それでも A から見れば、これは決して光速を越えることがないのだ。

自分が物体を光速以上に加速させるのは不可能。誰かが代わりに加速させたとしてもやはり同じことなので不可能。しかし、だからと言って、光速以上の物体がこの世に絶対に存在しないとまで言えるだろうか。誰かが徐々に加速したわけではなくて、最初から光速を越えているような物体があったらどうだろう？それは物体ではなくて光のようなものかも知れないが、実は相対論はそのような存在を否定できないのである。

否定できない以上はそういう粒子がひょっとするとあるかも知れないと言うので、すでに「**タキオン**」という名前だけは付けられている。これは

ギリシャ語を元にした造語であり、「速い粒子」くらいの意味である。残念ながらこれまで見つかったことはないし、存在する証拠もない。もしそういうものがあって制御できるようなものであったなら、工夫次第で過去に信号を送れることも分かっている。それでは因果律が成り立たなくなるので、そのようなものは無いだろうと考える人の方が多い。

　タキオンが存在しないだろうと考える人が多いもう一つの理由は、その質量が虚数になることが導かれてしまうからだ。その理屈はすぐに示せる。幾つか前の節で $E = \gamma mc^2$ という式を導いて、運動する物体のエネルギーは静止時の γ 倍になることを説明した。(43 ページ) その式の γ の部分を左辺に移動させて両辺を 2 乗すれば説明の準備は完了だ。

$$\left(1 - \frac{v^2}{c^2}\right) E^2 = m^2 c^4$$

　ここで、もし $v > c$ ならば左辺は負となる。そのために右辺にある m は虚数でないといけないわけだ。ちなみに、$m > 0$ ならば、必ず $v < c$ でなければいけないし、もし $m = 0$ であるならば、光に限らず $v = c$ でなければならないというのもこの式で説明できてしまう。

　さあ、虚数の質量とは何だろうか？ そんなものに果たして意味があるのだろうか。

　科学者たちは一般の人が考えるよりも遥かにロマンチストであり、可能性のあるものはどんなに「在り得なさそう」であっても徹底的に探し求めるのである。そしてすでに散々努力を払ってきているので、素人が安易な考えで「こうしてみたらどうか」などと提案しようものなら、「そんなことくらいはとっくに考えてみた」と苛立ちたくもなるのである。そのせいで彼らは石頭のリアリストのように思われてしまっているのだろう。

〜哲学〜
科学とは何だろうか

　科学的であるとか、非科学的であるとか言うときに、一体、その違いは何によって決まるのだろうかと思うときがある。要するに、科学とは何だろうかという定義が知りたいのである。ところがその答えを一言で説明してくれているようなものはなくて、その答えはあまり明確ではない。深く調べようとすると、すぐに難しい哲学的な話へと引きずり込まれることになる。そこまで苦労して知りたくはないわ、という人のために、私がたどり着いた結論を簡単に紹介しておきたい。専門家から見れば馬鹿らしいほど浅い話だが、全ての人はこれくらいのことは知っておくべきだと思うのだ。

　まず簡単に言えば、「物事に理屈をつけて説明しようとすること」が科学の始まりなのだそうだ。しかしそれなら宗教だって、人生の諸問題に理屈を付けて説明しようとしているわけだから同じではないか。科学の源流は古代ギリシャまで遡れるわけだが、事実、そこで行われていた議論はまだ宗教と区別の付かないものだった。人間の思考の弱さ故に、多くの推論の中に容易に誤りが入り込んでしまうのである。そして長い間、人々は誤りに気付かずにただ昔の人の言ったことを信じているだけだった。
　人はどんな誤りを犯すのか、どうやったらそれらを取り除くことができるのかを分析したのが、ベーコンやデカルトなどに代表される16〜17世紀の哲学者たち。彼らの著作では客観性を重要視すること、実験に頼ること、対照実験の大切さなどが議論されており、「近代科学の父」と言うとき、ニュートンやガリレイの名ではなく彼らの名前が出てくることも多い。
　最近のテレビ番組では「科学」を装うために実験映像などを紹介していることがあるが、その多くにおいて、偉大な哲人らがもう何百年も昔に指摘してくれたことが、どんなにか無視されていることだろう。

　こういう話は小学生の内にでも理科の範囲でしっかり教えておくべきだと思うのだが、現在の義務教育ではあまり重要視されてはいない。高校の

現代社会や世界史の授業で中世の哲学者が出てきたときに、何やら難しい話として軽く紹介されるだけである。結局頭に残るのは「我思う故に我あり」なんて上っ面の言葉だけだ。

　とにかく、科学はこのとき、客観性を重要視することで宗教を断ち切ったのである。そしてこの方法に従って行けば、やがていつかは絶対的な共通の真理と呼べるものに到達できるに違いないと、科学は強く信じている。そう、信じているだけであり、この方法でそれが達成されるかどうかには明確な根拠はない。ただ今までこの方法を信じて試してきた結果がうまく行き過ぎているので、この方法論に対する人々の信仰はいよいよ強いものとなってきている。私もこのやり方が確からしいと強く信じている。

　一方、主観的な思い、信念、感情、感覚などは、誤りが入り込みやすいという理由で科学からは排除されてしまった。そしてこれらを研究する役目は宗教の側に任されたのである。我々が接している宗教はその務めを果たしているだろうか。科学は慎重を期すために一時的にこれらを対象から外しているだけであって、これらが研究に値しないものだと結論を下したわけではない。我々は科学の成功に目を奪われて、主観的なものの研究を疎かにしてはいないだろうか。
　誰かの言ったことをただ学んで受け入れるだけではなく、自ら行うことによって試しているだろうか。たとえ自分で試してみたとして、その結果を見て下したその判断は本当に正しいと言い切れるだろうか。判断の基準と根拠について、我々は度々立ち戻って考え直さないといけない。

　　　　お帰りの案内 ： 1.3 節から来られた方→ 11 ページへ

第2章 座標変換の理論

　一般向けの解説本ではここまでに話した範囲の内容を膨らませて一冊の本に仕上げているものが多い。しかし、これが特殊相対論の全てだとは思って欲しくない。特殊相対論の話はまだ続く。

2.1 座標変換とは何か

　「**座標変換**」というのは、ある事件の起きた場所と時間が、別の座標を使っている立場ではどの場所のどの時間で起きた事だと判断されるかを求める作業のことである。第1章の内容で、特殊相対論というのが座標変換の理論に他ならないということが分かってもらえたと思う。

　しかし座標変換というのは相対論だけでなく、物理のあらゆる分野で当たり前のように使われているテクニックである。特殊相対論の場合はローレンツ変換という新しい変換の提案が主題になっているというだけのことだ。

　良く使う技というのは、それなりに深く研究されているものである。この章ではローレンツ変換に限ることはしないで、座標変換に関する色んなテクニックを学んでいくことにしよう。これは一般相対論を学ぶ為に最低限必要な基礎でもある。

　我々は物体の位置を座標で測る。どこかに基準点を決めて、その位置を0とする。これを「原点」と呼ぶ。そして、原点から、縦、横、高さの方向に線を伸ばしてやり、その線の上に原点からの距離を測るための目盛りを書く。

　真っ直ぐな線ばかりで空間を埋め尽くしてやれば、ジャングルジムのようになるだろう。空間には目盛りを振った無数の細い線が縦横無尽に引か

第 2 章　座標変換の理論

れているのだと想像して欲しい。慣れてくればそんなに多くの線を書かなくてもイメージできるようになるので、普通は、原点を通る 3 つの線にまで省略する。このようにして、縦に幾つ、横に幾つ、高さが幾つという、3 つの数字の組み合わせによって、物体の位置を決めることができる。

　これを哲学者デカルトにちなんで、「デカルト座標」と呼ぶ。「直交直線座標」と呼ぶこともある。

　空間に線を引いて位置を決めるやり方はデカルト座標だけではない。横軸に対して、縦軸を斜めに引いてもいい。これを「斜交直線座標」と呼ぶ。面倒でおかしなやり方だと思うかも知れないが、そんなに珍しいものではなく、この本でも少し後で自然に使う必要が出てくるものだ。

　この他にも、原点からの直線距離と、原点から見たある方向から角度でどれくらいずれているかを表す「極座標」というやり方もある。極座標は、平面の場合には、原点を中心に同心円を幾つも描き、また、原点から放射状に直線を幾つも引くことで、角度と距離を知るための補助にできる。この無数の円と直線とは直交するだろう。よって、極座標は「直交曲線座標」の一種だと言える。

　直交しない曲線座標もあって、楕円や双曲線を使った座標なんかがそうだ。このようにして、座標と言っても色々な方法が採用できるわけだ。場合によっては非常に特殊な座標を選んだ方が便利になることもあるのだが、通常最も簡単なのはやはりデカルト座標であろう。

　ところで、面上の一点を示すためには 2 つの数字の組み合わせが必要であるし、空間内の一点を特定するためには 3 つの数字の組み合わせが必要になる。どんな座標を使って表しても、このことは変わらない。「当たり前」だと思えることほど説明が難しいものなので、このことについては私は説明を省略させてもらうが、実は大事なことである。平面は 2 次元だとか、空間は 3 次元だとか言うのは、この組み合わせの要素の個数のことを言っているのである。

　このように座標の描き方にも多数のやり方があるとすると、ある人が「あ

2.1. 座標変換とは何か

る一点」を指し示すためにある数字の組み合わせで表現したとしても、別の座標を使っている人にとっては、その同じ点の位置を別の数字の組み合わせで言い表すことになることだろう。よって、その為の翻訳作業が必要になる。座標変換と聞けば響きはかっこ良いが、単にそれだけのことなわけだ。

それはそんなに難しいものではない。例えば、極座標からデカルト座標への変換は良く使うので具体的に書いておこう。2 次元の場合には次のような式に当てはめてやればいい。

$$x = r\cos\theta$$
$$y = r\sin\theta$$

逆に変換したければ、これよりは少々面倒であるが、

$$r = \sqrt{x^2 + y^2}$$
$$\theta = \tan^{-1}\frac{y}{x}$$

のように計算できる。3 次元の場合には、

$$x = r\sin\theta\cos\phi$$
$$y = r\sin\theta\sin\phi$$
$$z = r\cos\theta$$

であり、逆に計算したければ、

$$r = \sqrt{x^2 + y^2 + z^2}$$
$$\theta = \tan^{-1}\frac{\sqrt{x^2 + y^2}}{z}$$
$$\phi = \tan^{-1}\frac{y}{x}$$

となる。

さて、誰もがみんなデカルト座標だけを使うようにすれば、座標変換なんて面倒な翻訳作業は必要なくなるのではないかと思われるかも知れないが、そうは行かない。

たとえ皆がデカルト座標を使ったとしても、どこを原点に選ぶかは各人の自由である。その選択によって同じ点を表すにも数字が変わって来るだろうから、お互いに変換の必要が出てくる。

動くものを基準にして座標を選ぶ人もいるだろう。例えば列車の中にいる人にとっては、自分と同じように移動しているものを基準にして位置を測った方が便利なことがあり、それは普通に行われていることである。

それだけではない。ある人が考えるデカルト座標の軸の向きと、別の人が思い描いているデカルト座標の軸の向きが違う場合もある。この場合には回転変換をして、互いに翻訳してやらないといけないことになる。

2.2　見かけの力

次に、異なる座標を採用している人から見たときに、物体の運動がどのように表されるかを調べることにしよう。物体の運動と言えば、ニュートンの運動方程式である。それは微分を使って次のように表されるのだった。

$$
\begin{aligned}
F_x &= m\frac{\mathrm{d}^2 x}{\mathrm{d}t^2} \\
F_y &= m\frac{\mathrm{d}^2 y}{\mathrm{d}t^2} \\
F_z &= m\frac{\mathrm{d}^2 z}{\mathrm{d}t^2}
\end{aligned}
\tag{1}
$$

このように同じ形の式が x, y, z の 3 成分に対してそれぞれ独立に成り立っている。今からこれを座標変換してみよう。

とは言っても、この本では極座標のような面倒な座標への変換は扱わない。そういうことは「力学」や「解析力学」の専門書で散々論じられる話であるが、ここではごく簡単な例だけを示すことにする。

まずは、等速運動している列車の中の人が物体の運動を論じるとどうなるだろうかと考えてみる。窓の外に見える景色は次々と後へ飛び去って行くが、列車の中は平穏無事だ。列車の乗客は、車内にある物体の位置については、動いている列車のどこかを基準にして論じ、外の世界との関係はあまり考えないでいることだろう。

2.2. 見かけの力

列車が x 方向に速度 v で進んでいるとすると、外の世界の座標 (x, y, z) と、車内の人の使う座標 (x', y', z') との間に、

$$\begin{aligned} x' &= x - vt \\ y' &= y \\ z' &= z \end{aligned} \tag{2}$$

という関係があることになる。ただし簡単にするために $t = 0$ の瞬間には両者が基準にしているものが同じ位置にあったと仮定している。t 秒後には列車は vt だけ先へ進んでいるから、外の世界の人が x だと言っている点は、車内の人にとっては vt だけ後方に見えるという意味である。

さて、物体の運動は (1) 式で表せるとのことだったが、これを (x', y', z') を使って書き換えたらどうなるだろう。手続きは簡単だ。(2) 式を代入してやればいい。y' や z' については何も変わらないのはすぐ分かる。x' については、$x = x' + vt$ と書き換えて (1) 式に代入してやればいいのであり、難しくもない。

ということは、$x = x' + vt$ を t で 2 階微分してやる必要が出てくる。vt の項は t で一回微分しただけでは v が残るが、もう一度微分する必要があるので結局はきれいに消えてしまうだろう。よって、列車内で成り立つ運動方程式は、$F_x = m\frac{d^2 x}{dt^2}$ という、外の世界と全く同じ形となっていることが分かる。実際、列車が安定して静かに走っているときには、我々は車内の物体の動きについて何らの違和感も感じない。ボールを真上に投げ上げても、ボールが列車の後方へと飛び去ることはない。普通に地面に立っているときと同じ法則が成り立っているのである。

それがどんな速度であろうとも、慣性系においては、どこでも同じニュートン力学が成り立つ。それが成り立たなくなるのは、列車が加速や減速を掛けたとき、あるいは、列車が左右に揺れたりする場合だ。吊り革は勝手に揺れ、立っている乗客は前のめりに倒れたりする。次にその状況について計算してみよう。

列車が加速する場合を考える。計算しやすいように加速度は一定だとし

第 2 章　座標変換の理論

よう。そのとき、

$$x' = x - v_0 t - \frac{1}{2}at^2$$
$$y' = y \tag{3}$$
$$z' = z$$

という座標変換を使えばいい。速度を v_0 と書いたのは、今回、列車の速度は刻々と変化するからだ。v_0 というのは $t=0$ の時点での列車の速度を表している。この式の理屈は前と同じで、t 秒後に列車は $v_0 t + \frac{1}{2}at^2$ だけ前に進んでいるから、という意味である。

(3) 式の一番初めの式を $x = x' + v_0 t + \frac{1}{2}at^2$ と書き直して (1) 式に代入してみよう。第 2 項は先ほどと同じであるから消える。しかし第 3 項は t で一回だけ微分すると at となり、もう一度微分すると a が残る。つまりこの場合、運動方程式の x 成分だけは、

$$F_x = m\left(\frac{\mathrm{d}^2 x}{\mathrm{d}t^2} + a\right)$$

のように僅かな変更を受けるということである。これは何を意味していると解釈できるだろうか。この式を少し移項して表してやると分かりやすい。

$$F_x - ma = m\frac{\mathrm{d}^2 x}{\mathrm{d}t^2}$$

つまり車内の物体には、列車の加速度 a とは反対の方向に、ma だけの力が余分に掛かっているように「見える」という意味である。その合力によって物体が加速するのだ。たとえ $F_x = 0$ であったとしても物体はこの ma という力によって勝手に加速することになる。本当は誰も押してなんかいない。作用反作用の法則を満たさないこの力を「**見かけの力**」と呼ぶ。

列車が加速しているときに後方に向かって力を受けるのも、急ブレーキによって前のめりになるのも、吊り革が揺れるのも、すべてこの見かけの力で説明が付く。座っている客がシートに押し付けられるのもそうだ。加速中にボールを真上に投げ上げれば、ボールは後ろへ行くだろう。

しかし本当は、列車が加速したときに、物体が列車の動きに付いて来れていないので、相対的に位置に差が出るだけの話に過ぎないのである。その物体を列車の動きに付いて来れるように引っ張ってやるためには力が要るので、あたかも物体に力が掛かっているように思えるわけだ。

「座標変換により力が生じる」という説明を聞くと、SFっぽくて素人にはえらくかっこ良く聞こえるわけだが、やっていることはこんなに単純な内容なのである。そうがっかりしないで欲しい。一般相対性理論ではこの考えが基本にあって、そこから「重力さえも見かけの力の一種に過ぎない」という話になり、SFのような話へと発展して行くことになるのであるから。

2.3 ガリレイの相対性原理

　前節では、慣性系であれば速度の如何を問わず、同じようにニュートン力学が成り立つのだという話をした。これはつまり、列車の窓を閉じていれば、自分が動いているのか止まっているのか、車内にある物体の力学現象を観察した限りでは判別できないということだ。
　このことを「**ガリレイの相対性原理**」と呼ぶ。また前節の (2) 式の変換を「**ガリレイ変換**」と呼ぶ。ガリレイはニュートンが生まれる直前に没しているので、ニュートン力学と絡めた説明の仕方は後世のものである。しかしガリレイはニュートン以前にこのことに気付いていたので、彼に栄誉を帰してそのように呼ぶわけだ。

　さて、列車の窓を開けて外を見てもいいだろう。本当は自分の乗っている列車の方が完全に止まっていて、空気や地面や線路や建物が一斉にこちらに向かって移動して来ているのかも知れないとも考えられるではないか。そういう考え方は何もアインシュタインの相対性理論で初めて提案されたわけではないのだ。
　時々、「石が飛んで来てお前に当たったんじゃない。相対論によればお前が進んできて石に当たったとも考えられる。」なんて馬鹿話を得意げに語る人がいたりするが、これは別に相対論に特有の思想ではないということだ。
　念のため言っておくが、科学者は本気で「止まっているのは列車の方かも知れない」などと疑っているわけではない。列車が速度を上げるときには、車内には見かけの力が働くだろう。そのことを理由にして、実際に動いたのは自分の方なのだと判断することができるからだ。しかし、ひとたび慣性系になってしまえば、本当はどちらが動いているかなんてものは理論上は意味がない。ニュートン力学でさえも、絶対的な基準となる座標の

存在というものを前提としていない理論なのである。

2.4　4次元的世界観

　ガリレイ変換には慣性系から慣性系への座標変換だという意味がある。そういう意味ではローレンツ変換と同じである。ガリレイ変換にも時間 t が含まれているだろう。そこで、ちょっと面白い考え方をお見せしよう。

　我々は時間を横軸に、位置を縦軸にして物体の運動をグラフにすることができる。y 軸や z 軸まで表そうとすれば平面図や立体図では描けないし、重要ではないので省略しよう。次のような具合になる。

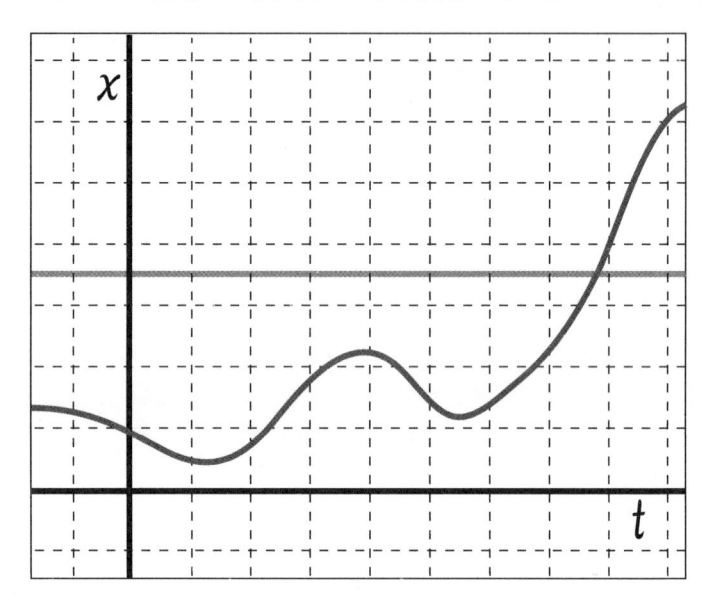

　曲線は加速減速を繰り返している物体を表し、横一文字に引かれた直線は同じ位置でずっと停止している物体を表している。これらの物体の運動を別の慣性系から見たら、どう見えるだろうか。この同じグラフの上に重ねて、x' 軸を描いてやることにしよう。ガリレイ変換を使えばいい。

　いや、本当に書き直すべきは x' 軸ではないのだ。そもそも t 軸、x 軸とは何かと言えば、それぞれ、$x = 0$、$t = 0$ であるような直線のことである。すると、x' 軸としては、$t' = 0$ となるような直線を引くべきであろう。こ

2.4. 4次元的世界観

こで出してきた t' というのは、動いている人が感じる時間のことである。しかしニュートン力学では、時刻というのは動いている人にも止まっている人にも共通のものであるという前提を無意識の内に使っていたので、結局は $t = 0$ となる直線を引けばいいことになる。つまり、x' 軸は前と同じでいいことになる。

同じように、t' 軸について考えてやろう。これは $x' = 0$ となるような直線を引くべきであり、ガリレイ変換の式（57 ページの (2) 式）に当てはめてやると、$x = vt$ である。つまり、t' 軸を x-t グラフの上に重ねて描く場合には、斜めを向いた直線として表してやるべきだと言える。

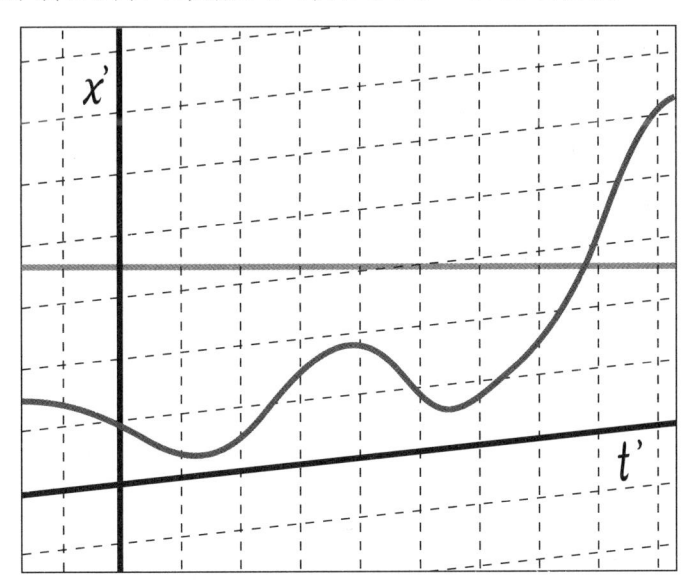

このグラフは正しいだろうか？ 例えば横一文字の直線は、x' 系から見れば、徐々に x' のマイナスの方へ移動しているように見えるだろう。どうやらこれで合っているようだ。

さあ、どうだ!? これが斜交座標なのだ。自分はデカルト座標しか使うつもりはないと心に決めていた読者も、知らない間に斜交座標と同じ理屈を使っていたことになるではないか。

y 軸や z 軸を追加すれば 4 次元になって図では表せなくなるが、そのような 4 次元のグラフというものをイメージしてみよう。その上に物体の運動が表されているとする。同じグラフ上に別の斜交座標を引き直してやれ

ば、それぞれの点の座標は幾つであると読み換えてやればいいことになるのか…。ガリレイ変換というものをそのような完全に幾何学的な意味で捉えることもできる。

4次元から4次元への座標変換という幾何学的考えは、何もアインシュタインの相対性理論の専売特許というわけではないことが分かる。

2.5　光はなぜ一定速度か

我々の日常感覚を素直に表しただけのガリレイ変換でさえ、グラフにすれば斜交座標を使って表されることを見た。動く列車の中にいる人は、自分の使っている座標は普通だと思っているが、駅のホームで立っている人から見れば、ひしゃげているのである。しかし実際にどこか曲がっているのが見えたりするわけではない。こんなものは、説明の上での話に過ぎないのである。

ではローレンツ変換を図で表してみたら、どんなことになっているのだろう。詳しく説明しないが、ガリレイ変換と同じ要領で自分でやってみたらいいだろう。例えばこんな感じになる。

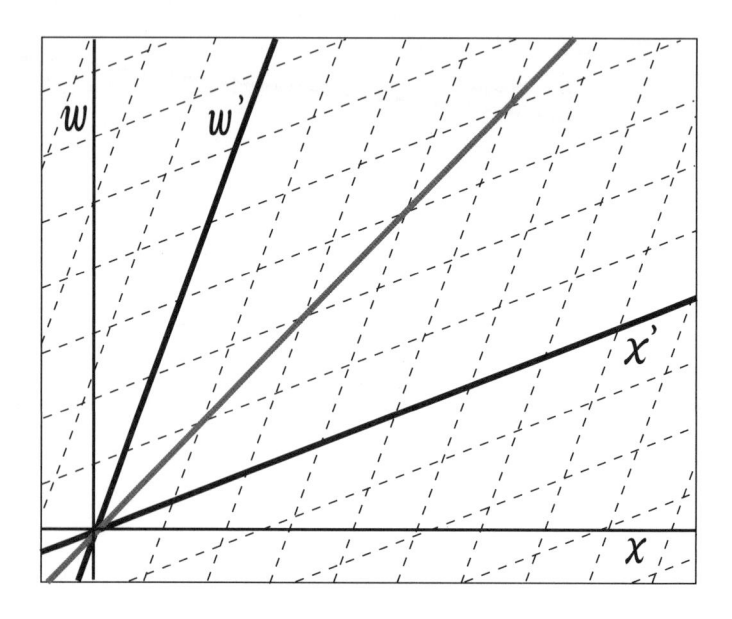

2.5. 光はなぜ一定速度か

　この図のことを「**時空図**」と呼ぶ。相対論では時間を縦軸で表すのが伝統なので、そのやり方に合わせて描いてある。見て分かるように、何と x' 軸の方までもが傾いてしまっているのである。それでも斜交座標であるという点ではガリレイ変換と大差ないとも言えるだろう。

　これらの軸の傾きは相対速度 v が大きいほど大きくずれて行く。x' 軸の傾きが β であるとき、w' 軸の傾きは $1/\beta$ である。この図では時間を w で表しているので、ちょうど 45°の傾きが光の速さを表していることになる。物体の上限速度は光速であるから、それ以上傾けた図を考える必要はない。

　二つの軸が共に傾いた結果として、この図の中にひし形が沢山出来ているのが見て取れるだろう。相対速度が光速に近付くほど、そのひし形がどんどん潰れて行くことになる。運動している相手にとっては、そのひし形こそが真四角であると認識され、逆に我々の使っている座標軸の方がひし形に潰れていると見られているわけだ。だからこの図は、我々にとってだけの図であって、全ての慣性系に共通のものではない。

　この図の上に線を描くことで、色んな物体の運動を表すことができる。縦に直線を引けば、それは時間の経過によって位置が変わらないということだから、静止している物体を表す。少し右上に傾いた直線を描けば、x 軸方向へ等速運動する物体を表しているし、左上に傾いていれば負の方向へ進んでいることになるだろう。徐々に傾きが変わってゆく曲線が描き込んであるなら、それは加速や減速を意味する。ただし、決して 45°を越えて寝かせるような線を引いてはならない。それは光の速さを超えてしまっているからだ。

　我々にとって静止している物体は縦方向の直線として描かれるが、相対運動している別の慣性系にとっては静止しているようには見えないだろう。ところが、我々にとって 45°に見える直線は、相手にとっても 45°の直線に見える。それが、光の速さが誰から見ても一定であることを表している。

　相対論に対する根本的な問いの答えがこの辺りに隠されていそうな気がする。なぜ光は誰から見ても同じ速さなのか。例えばこんなことを考えてみよう。仮に、宇宙を創造された神様がおられると仮定し、この世界がそのお方によって設計されたものだと想像してみよう。なぜここでわざわざ宗教染みた仮定を持ち出すかと言えば、「誰から見ても光が同じ速さであるように見えるなどというこの奇妙で非常識な我々の世界は、一体どのよう

な方法で実現されているのだろうか」という考え方をしてみる為である。そのトリックは意外に簡単なのかも知れない。

　つまりは、この時空図の上に世界の設計図を描き、全宇宙の全ての粒子の衝突予定図を作成してやる。光は必ず45°の傾きで移動するようにし、その他の粒子の軌跡は決して45°以下の傾きを持たないようにしてやる。計画が出来たら、あとは世界をその通りに運用してやればいいわけだ。

　やがて、これらの粒子の集まりによって生まれた知的生命はこんなことを言い出すだろう。「不思議だ … 誰から見ても光の速さが同じに見えるなんて、一体どうなってるんだ … 」彼ら被造物は、神様が世界の設計に用いられた特別な慣性系があるなんてことに気付くことはない。彼らは粒子の衝突によって時間を計り、粒子の衝突によって空間を感じるからだ。彼らはやがて相対論と同じものを考え出すのではないだろうか。

　我々が将来、素晴らしい計算力を持つコンピュータを手にしたとき、それを使って宇宙そのものをシミュレートし、この神様の真似事ができるだろうか。コンピュータの中で生まれた人工生命たちがやがて加速器を発明し、粒子を光速近くまで加速する実験を始めたときに、不完全な神である技術者たちは焦り始めるかも知れない。「やめてくれ！ そんなに光速に近付けると小数点の計算精度に誤差が出て、何かおかしな事が起きてしまう！」

　こんなことを考えていると、生命とは、知性とは何か、自由意志はあるのか、我々の意識とは単なる粒子の衝突の結果なのだろうかと、取り留めもなく思考が膨らみ過ぎてしまう。粒子たちは衝突が起きるその瞬間までは互いに無関係であるとすると、どの粒子とどの粒子が衝突したという事実のみが意味を持つのであろう。どこで、とか、いつ、というのは関係ない。そういうものは、粒子の衝突パターンに過ぎない知性が勝手に作り出す概念だ。そんな衝突記録の蓄積に過ぎないものが時間や空間の正体なのだろうか。知性とは、宇宙とは、そんな動きの無い、どこかにしまわれたデータベースに過ぎないものだろうか。我々は今、この瞬間も生きていて、考えているというのに！

　この考えは電磁気学も量子力学も入っていない単純なものだし、あまり書くとボロが出るのでこれくらいにしておこう。

2.6 多変数関数の微分

　ニュートンの運動方程式をガリレイ変換してみても式の形は変わらないのだった。ガリレイ変換もローレンツ変換も、慣性系から慣性系への変換という意味では似たものである。では、運動方程式をローレンツ変換してみたらどうなるのだろうか。すぐに試してみたいところだが、実はガリレイ変換ほど簡単には済まない。運動方程式には時間 t で微分する計算が含まれているだろう。ガリレイ変換では暗黙の内に $t' = t$ だと考えていたから何も考えずに t' で置き換えるだけで良かったが、ローレンツ変換の場合にはこの部分をどう扱ったら良いのだろうか。

　このテクニックを知るためには微分について、高校レベル以上のことを学ばないといけない。読者は相対論の本を買ったつもりなのに、中身はだんだん微分の教科書みたいになってきたので面食らっているかも知れない。しかし頑張ってもらいたい。たとえ運動方程式の変換なんかに興味がなかったとしても、今から書くことを知らないままではこの本を最後まで読むことはできないのである。

　高校で学ぶ微分と言えば、1 変数の関数 $f(x)$ を x で微分するだけであった。ここでは多変数の関数 $f(x,y,t)$ について考えてみよう。変数 x,y,t をそれぞれごく僅かに変化させたとすると、関数 f も僅かに変化する。その変化は次のように表せるだろう。

$$\Delta f \;=\; f(\,x+\Delta x,\; y+\Delta y,\; t+\Delta t\,) - f(x,y,t)$$

この式は次のように変形できる。

$$\begin{aligned}
=\;& f(\,x+\Delta x,\; y+\Delta y,\; t+\Delta t\,) \\
& + f(\,x,\; y+\Delta y,\; t+\Delta t\,) \;-\; f(\,x,\; y+\Delta y,\; t+\Delta t\,) \\
& + f(\,x,\; y,\; t+\Delta t\,) \;-\; f(\,x,\; y,\; t+\Delta t\,) \\
& - f(x,y,z)
\end{aligned}$$

　最初と最後の行以外は勝手に付け加えたものであるが、前後のプラスマイナスで打ち消しあうようになっているから、等号が成り立つのである。

第 2 章 座標変換の理論

これを並べ替えてさらに変形をしてみよう。

$$\begin{aligned}
=\ & \frac{f(x+\Delta x, y+\Delta y, t+\Delta t) - f(x, y+\Delta y, t+\Delta t)}{\Delta x}\Delta x \\
& + \frac{f(x, y+\Delta y, t+\Delta t) - f(x, y, t+\Delta t)}{\Delta y}\Delta y \\
& + \frac{f(x, y, t+\Delta t) - f(x,y,t)}{\Delta z}\Delta t
\end{aligned}$$

この分数で書いた部分はどこかで見た形式だ。もし微小変化を 0 へと近付ける極限を考えれば、高校で習った微分の定義とほとんど変わらないのではないだろうか。

$$\begin{aligned}
\mathrm{d}f\ =\ & \lim_{\mathrm{d}x,\mathrm{d}y,\mathrm{d}t\to 0}\frac{f(x+\mathrm{d}x,y+\mathrm{d}y,t+\mathrm{d}t) - f(x,y+\mathrm{d}y,t+\mathrm{d}t)}{\mathrm{d}x}\mathrm{d}x \\
& + \lim_{\mathrm{d}x,\mathrm{d}y,\mathrm{d}t\to 0}\frac{f(x,y+\mathrm{d}y,t+\mathrm{d}t) - f(x,y,t+\mathrm{d}t)}{\mathrm{d}y}\mathrm{d}y \\
& + \lim_{\mathrm{d}x,\mathrm{d}y,\mathrm{d}t\to 0}\frac{f(x,y,t+\mathrm{d}t) - f(x,y,t)}{\mathrm{d}t}\mathrm{d}t
\end{aligned}$$

変数が多くてごちゃごちゃしている点だけが普通の微分と違うだけで、そんなに複雑ではないので良く見てほしい。一つの変数だけを変化させて他の変数は変化させないまま微分するという意味になっている。通常の微分と似てはいるがちょっとだけ違うので、これを「**偏微分**」と呼ぶことにしよう。一方、これと区別するために通常の微分のことを「**常微分**」と呼ぶことがある。このままの式ではごちゃごちゃして分かりにくいので新しい記号を用意して書き直そう。

$$\mathrm{d}f = \frac{\partial f}{\partial x}\mathrm{d}x + \frac{\partial f}{\partial y}\mathrm{d}y + \frac{\partial f}{\partial t}\mathrm{d}t$$

かなりすっきりした。この形式を f の「**全微分**」と呼ぶ。変数が幾つに増えようとも、このような関係が成り立っているのである。それは同じことをすれば確かめられるであろう。その手順が分かりやすいようにわざわざ変数を 3 つにして説明してみたのだ。偏微分というのは何だか難しい数学操作のように思えるが、計算方法は全く大したことない。他の変数は定数のように考えて、通常の微分と同じ計算をしてやればいいだけだ。

ところで常微分と偏微分はわざわざ記号を変えてまで区別する必要があるだろうか。その説明が分かりやすくなるように、変数の一つをわざと t

としておいたのである。ここまで x, y, t は対等な変数のふりをしてきたが、もしここで x や y が実は t の関数になっていたとしたらどうだろう。t が変化することによって f はもちろん直接の変化を受けるが、$x(t)$ も $y(t)$ も変化するので、そちらからの影響も出てくるだろう。それらを考慮して t の微分を計算したい場合には上の式の両辺を dt で割ってやればいい。

$$\frac{df}{dt} = \frac{\partial f}{\partial x}\frac{dx}{dt} + \frac{\partial f}{\partial y}\frac{dy}{dt} + \frac{\partial f}{\partial t}$$

この式の左辺が t による常微分であり、t が変化したときの f の全体としての変化率を意味している。それを具体的に求める為には右辺を計算することになるのであるが、第3項には t による偏微分が入っている。このように、偏微分と常微分は明確に意味と役割が違っているのである。しかし1変数関数の場合にはその区別はなくなる。

2.7　運動方程式のローレンツ変換

　必要な知識を学んだので、ようやくこれからニュートンの運動方程式のローレンツ変換にチャレンジできる。動機は前節の初めの部分で話した通りだ。結論から先に言っておくと、ほとんど原型を留めない形になる。そのことに触れている本は多いのだが実際に計算してくれている本は少ない。具体的に求めても、以降の話にはほとんど繋がらないからである。しかしこの本は初心者向けの趣味の本であって、気になるものは気になるし、知りたいものは知りたいのだ。それに、前節で学んだ内容を生きた知識とするために応用してみるという目的もある。あまり深入りはしないが、できるところまでやってみよう。

　まず知っておいてほしいのは、座標変換というのは次のような形に表せるということだ。

$$\begin{aligned} t' &= Q_t(x, t) \\ x' &= Q_x(x, t) \end{aligned}$$

ここでは y と z については省いて書いてある。ローレンツ変換の場合には、この関数 Q_x, Q_t の中身がそれぞれ次のようになっているのである。

$$Q_t(x,t) = \gamma(t - vx/c^2)$$
$$Q_x(x,t) = \gamma(x - vt)$$

ということは、前節の知識を使えば、K 系での微小量 $\mathrm{d}x, \mathrm{d}t$ と K' 系での微小量 $\mathrm{d}x', \mathrm{d}t'$ との間には、次のような関係が成り立っていると言えるわけだ。

$$\mathrm{d}t' = \mathrm{d}Q_t(x,t) = \frac{\partial Q_t}{\partial x}\mathrm{d}x + \frac{\partial Q_t}{\partial t}\mathrm{d}t$$
$$\mathrm{d}x' = \mathrm{d}Q_x(x,t) = \frac{\partial Q_x}{\partial x}\mathrm{d}x + \frac{\partial Q_x}{\partial t}\mathrm{d}t$$

これを具体的に計算してやれば、要するに、

$$\mathrm{d}t' = \gamma\left(\mathrm{d}t - \frac{v}{c^2}\mathrm{d}x\right)$$
$$\mathrm{d}x' = \gamma(\mathrm{d}x - v\,\mathrm{d}t)$$

ということである。なーんだ、まるでローレンツ変換の式そのままじゃないか、と思うかも知れないが、この関係式の根底にはちゃんと今やったような思考過程が存在しているのである。物理学というものは単なる思い付きと雰囲気で式変形しているわけではなく、ちゃんと疑問を持って調べればこのように根拠が見付かるはずなのだ。

　さて、運動方程式では x を t で 2 階微分しているのだが、その為にはまず 1 階微分から考えないといけない。まずは $\mathrm{d}x/\mathrm{d}t$ を座標変換してやろう。ああ … うーん、困った。上では「$\mathrm{d}x' = \cdots$」などの形で関係式を書いてしまったが、今回の計算のためには「$\mathrm{d}x = \cdots$」という形で書いておいた方が良かったのだ。ローレンツ変換の逆変換を使って表しておいた方が良かったというわけだ。まぁ、それをちゃんと導いて使ってやると、次のように変形できる。

$$\frac{\mathrm{d}x}{\mathrm{d}t} = \frac{\gamma(\mathrm{d}x' + v\,\mathrm{d}t')}{\gamma(\mathrm{d}t' + (v/c^2)\,\mathrm{d}x')}$$
$$= \frac{\frac{\mathrm{d}x'}{\mathrm{d}t'} + v}{1 + (v/c^2)\frac{\mathrm{d}x'}{\mathrm{d}t'}}$$

これは良く考えてみれば、導出過程も結果も、第 1 章で求めた「速度の合成則」(49 ページ) そのものではないか。$\frac{\mathrm{d}x}{\mathrm{d}t}$ や $\frac{\mathrm{d}x'}{\mathrm{d}t'}$ の部分をそれぞれ v_A, v_B とでも置いてやればそのことが分かりやすいだろう。

$$v_A = \frac{v_B + v}{1 + (vv_B/c^2)}$$

次に、2 階微分の変換を計算する為にはこの左辺の v_A の微小変化 $\mathrm{d}v_A$ と v_B の微小変化 $\mathrm{d}v_B$ との間にどんな関係が成り立っているかをやはり前節でやった考え方で計算してやる必要がある。今、上の式は $v_A = f(v_B)$ という 1 変数関数の形になっているのだから、

$$\mathrm{d}v_A = \frac{\mathrm{d}f}{\mathrm{d}v_B} \mathrm{d}v_B$$

という計算をしてやればいいのだろう。

$$\mathrm{d}v_A = \frac{1 - v^2/c^2}{(1 + vv_B/c^2)^2} \mathrm{d}v_B$$

その結果を $\mathrm{d}t = \gamma (\mathrm{d}t' + (v/c^2)\mathrm{d}x)$ で割ってやればいいのである。これ以上ページを割いて詳しく計算過程を示す必要はないだろう。それほど難しくはないので、ここでは結果だけを書いてしまおう。気になる人は自分で確かめてみて欲しい。v_A や v_B の表示も元に戻しておくことにする。

$$\frac{\mathrm{d}^2 x}{\mathrm{d}t^2} = \frac{1}{\gamma^3} \left(1 + \frac{v}{c^2} \frac{\mathrm{d}x'}{\mathrm{d}t}\right)^{-3} \frac{\mathrm{d}^2 x'}{\mathrm{d}t'^2}$$

加速度だけでなく速度にも関わる式になってきており、元と全く違った形になってしまっているのが分かると思う。

2.8 偏微分の座標変換

ここまでで、常微分の座標変換の方法については分かった。しかし物理では偏微分を含んだ式も良く使う。マクスウェル方程式を見ても、その中で使っているのは偏微分ばかりだ。偏微分を含んだ式を座標変換するにはどうしたら良いかも知っておいた方が良いだろう。

第2章 座標変換の理論

　ここで教科書のような堅い説明を始めると本を閉じられてしまう可能性が高いので、少しばかり砕けた説明をしようと思う。まず、関数 $f(x,y)$ があるとする。2.6 節で説明したように、次のような関係があると言えるだろう。

$$\mathrm{d}f = \frac{\partial f}{\partial x}\,\mathrm{d}x + \frac{\partial f}{\partial y}\,\mathrm{d}y \tag{1}$$

ところが、x と y は両方とも別の変数 (u,v) の関数だったとする。

$$x = x(u,v)\,,\quad y = y(u,v)$$

ということは、関数 $f(x,y)$ というのは、u と v の関数に書き換えることだってできるわけだ。となれば関数 f を例えば u で偏微分してやることだって意味のないことではない。そこで、(1) 式を見てみよう。左辺は $\mathrm{d}f$ となっているが、今だけはこれを v を固定した上で u のみ変化させたときの微小変化だと考えてみることにする。右辺の $\mathrm{d}x$ や $\mathrm{d}y$ も同様に、u だけを変化させたときの変化だと考えてみよう。その上で両辺を $\mathrm{d}u$ で割ってやれば、それは偏微分をしたのと同じ意味なので、次のように書けるだろう。

$$\frac{\partial f}{\partial u} = \frac{\partial f}{\partial x}\frac{\partial x}{\partial u} + \frac{\partial f}{\partial y}\frac{\partial y}{\partial u} \tag{2}$$

u と v の立場を入れ替えて同じ理屈を適用すれば、次の式も出来上がる。

$$\frac{\partial f}{\partial v} = \frac{\partial f}{\partial x}\frac{\partial x}{\partial v} + \frac{\partial f}{\partial y}\frac{\partial y}{\partial v} \tag{3}$$

　実はこの (2), (3) 式がすでに偏微分の座標変換のルールを表しているのである。これらの左辺では関数 f を u,v で偏微分しているが、右辺では x,y で偏微分している形になっているだろう。つまり (u,v) を使った座標系から (x,y) を使った座標系への変換になっているわけだ。

　これをもう少しすっきりと表現してやろう。ここまで関数 f を使って説明してきたが、f という記号はここでは本質ではないので省いて書くことが良く行われる。

$$\frac{\partial}{\partial u} = \frac{\partial x}{\partial u}\frac{\partial}{\partial x} + \frac{\partial y}{\partial u}\frac{\partial}{\partial y} \tag{4}$$

$$\frac{\partial}{\partial v} = \frac{\partial x}{\partial v}\frac{\partial}{\partial x} + \frac{\partial y}{\partial v}\frac{\partial}{\partial y} \tag{5}$$

右辺を見ると単に f を省いただけでなく順序も少し変えてあるのが分かるだろう。これには理由がある。ここで出てくることになった $\frac{\partial}{\partial u}, \frac{\partial}{\partial x}$ などの中途半端な記号は「**微分演算子**」と呼ばれており、そのすぐ後に来るものを偏微分しなさいという意味を持っている。だから例えば (2) 式の右辺第 1 項目で f を省いてそのままの順序にしておくと、この後に続く関数に $\frac{\partial x}{\partial u}$ を掛けておいてからその全体を x で偏微分しなさいという意味にとれてしまう。それで式の意味を誤解されないように (4) (5) 式では各項内での順序を変えておいたのである。

では、仕上げにこの公式の使い方を具体的に説明しておこう。ここまでは 2 変数を使ったが、幾つに増えても同じだということを印象付けたいので、3 変数でやってみる。例えば、デカルト座標で表された関数 $f(x,y,z)$ を x で偏微分したもの $\partial f/\partial x$ を極座標 (r,θ,ϕ) を使った表現に変換したいとする。

$\partial f/\partial x$ というのは、$\frac{\partial}{\partial x} f$ という具合に分けて書ける。この $\frac{\partial}{\partial x}$ の部分が微分演算子になっているわけだ。これの代わりに先ほど説明した変換の式を入れてやればいいので、次のような変換になる。

$$\frac{\partial f}{\partial x} = \frac{\partial}{\partial x} f = \left(\frac{\partial r}{\partial x} \frac{\partial}{\partial r} + \frac{\partial \theta}{\partial x} \frac{\partial}{\partial \theta} + \frac{\partial \phi}{\partial x} \frac{\partial}{\partial \phi} \right) f$$
$$= \frac{\partial r}{\partial x} \frac{\partial f}{\partial r} + \frac{\partial \theta}{\partial x} \frac{\partial f}{\partial \theta} + \frac{\partial \phi}{\partial x} \frac{\partial f}{\partial \phi}$$

関数 f が各項に入って 3 つに増えてしまうことについては全く気にしなくていい。そういうものなのだ。ただし関数 $f(x,y,z)$ のままだと計算できないので、(r,θ,ϕ) を使った形に書き直してやる必要がある。その結果、$f(x,y,z)$ は別の形の関数 $g(r,\theta,\phi)$ に変わる。この作業は変換式を代入してやればいいだけであるから簡単であろう。

あとは $\partial r/\partial x$ などの計算をやってやるのみだ。前に 3 次元の場合の極座標とデカルト座標の変換式を書いたことがある（55 ページ）が、それを使って具体的に計算してやろう。

む、いや！ 申し訳ない。具体例として極座標を選んだのは失敗だった。r を x で偏微分すると、結果は x,y,z を使った式として出てきてしまうだろう。そうなると右辺には x,y,z が含まれることになってしまって、極座標だけの式に変換したことにならないではないか。これを解決しようとし

第2章 座標変換の理論

て、逆に x を r で偏微分してやって、その結果の逆数を使うということは**絶対にしてはいけない**。常微分は単に微小量どうしの割り算というイメージで良いと説明してきたが、偏微分というのは、微分している変数以外の変数を人為的に固定した上での変化率を計算しているので、上下を引っくり返したものは全く意味が変わってしまっている。(4)(5) 式を見る限りでは分数に似た性質を持っているようにも見えるのだが、**決して分数のように扱ってはいけない**のである。

では今回のような場合にはどうするかと言うと、解決する為のテクニックは幾つかある。本当はそこまで書かないでおこうかと思ったのだが、第 5 章で一度だけこのテクニックが必要になる場面があるので、最も単純なやり方だけを紹介しておくことにしよう。

まず、デカルト座標から極座標への変換は次のように表される。

$$\frac{\partial}{\partial x} = \frac{\partial r}{\partial x}\frac{\partial}{\partial r} + \frac{\partial \theta}{\partial x}\frac{\partial}{\partial \theta} + \frac{\partial \phi}{\partial x}\frac{\partial}{\partial \phi}$$

$$\frac{\partial}{\partial y} = \frac{\partial r}{\partial y}\frac{\partial}{\partial r} + \frac{\partial \theta}{\partial y}\frac{\partial}{\partial \theta} + \frac{\partial \phi}{\partial y}\frac{\partial}{\partial \phi}$$

$$\frac{\partial}{\partial z} = \frac{\partial r}{\partial z}\frac{\partial}{\partial r} + \frac{\partial \theta}{\partial z}\frac{\partial}{\partial \theta} + \frac{\partial \phi}{\partial z}\frac{\partial}{\partial \phi}$$

これを行列を使って表してやると、次のように幾分すっきりとした形式で書ける。

$$\begin{pmatrix} \frac{\partial}{\partial x} \\ \frac{\partial}{\partial y} \\ \frac{\partial}{\partial z} \end{pmatrix} = \begin{pmatrix} \frac{\partial r}{\partial x} & \frac{\partial \theta}{\partial x} & \frac{\partial \phi}{\partial x} \\ \frac{\partial r}{\partial y} & \frac{\partial \theta}{\partial y} & \frac{\partial \phi}{\partial y} \\ \frac{\partial r}{\partial z} & \frac{\partial \theta}{\partial z} & \frac{\partial \phi}{\partial z} \end{pmatrix} \begin{pmatrix} \frac{\partial}{\partial r} \\ \frac{\partial}{\partial \theta} \\ \frac{\partial}{\partial \phi} \end{pmatrix} \tag{6}$$

逆に、極座標からデカルト座標への変換は次のように表されるだろう。

$$\begin{pmatrix} \frac{\partial}{\partial r} \\ \frac{\partial}{\partial \theta} \\ \frac{\partial}{\partial \phi} \end{pmatrix} = \begin{pmatrix} \frac{\partial x}{\partial r} & \frac{\partial y}{\partial r} & \frac{\partial z}{\partial r} \\ \frac{\partial x}{\partial \theta} & \frac{\partial y}{\partial \theta} & \frac{\partial z}{\partial \theta} \\ \frac{\partial x}{\partial \phi} & \frac{\partial y}{\partial \phi} & \frac{\partial z}{\partial \phi} \end{pmatrix} \begin{pmatrix} \frac{\partial}{\partial x} \\ \frac{\partial}{\partial y} \\ \frac{\partial}{\partial z} \end{pmatrix} \tag{7}$$

説明のために、(6)(7) 式をそれぞれ次のように簡略表現してやろう。

$$a = Ab \tag{8}$$

$$b = Ba \tag{9}$$

もし (8) 式の両辺に行列 $\boldsymbol{A}$ の逆行列 $\boldsymbol{A}^{-1}$ を左からかけてやれば、

$$\boldsymbol{A}^{-1}\boldsymbol{a} = \boldsymbol{b}$$

となり、これは (9) 式と同じものであることが分かる。要するに行列 $\boldsymbol{A}$ と $\boldsymbol{B}$ とはそれぞれ逆行列の関係にあるのである。だから、まず行列 $\boldsymbol{B}$ の中身を全て計算してやって、それを使って逆行列を求めてやれば、望みの行列 $\boldsymbol{A}$ と同じものを、極座標の変数を使った形で得ることができるのである。

しかし逆行列を計算する方法というのはまた色々と面倒ではある。それはここでは説明しないので、線形代数の教科書などを調べてみて欲しい。とりあえずここでは、こんな方法で問題を回避することもできるということさえ分かっていてもらえたらいいのだ。

ローレンツ変換を考える限りは今のような計算が必要な場面には出会わないので安心して続きを読んでほしい。次節の話はこの節で学んだことの応用を見るのにちょうど良いだろうと思う。興味がなければ軽く読み流してもらっても構わない。

2.9　マクスウェル方程式が不変となる変換

第 1 章では、光速がどの立場から見ても変わらないことを利用してローレンツ変換を求めたのだった (17 ページ) が、ここでは方法を変えて、マクスウェル方程式が不変となる条件で同じものを求めてみよう。このやり方は相対論が世に出る以前に提案され始めていたのだった。

座標 (x,y,z,t) を使う K 系と、座標 (x',y',z',t') を使う K' 系があり、K' 系は K 系に対して x 軸方向へ速度 v の相対速度を持つとする。これから両者の座標の間の関係を求めようとするのだが、まともにやると計算が大変なので、始める前にある程度の簡略化をさせてもらうことにする。前

第 2 章　座標変換の理論

にやったのと同じ考察によって、次の関係があることが言える。

$$
\begin{aligned}
x' &= A(x - vt) \\
y' &= y \\
z' &= z \\
t' &= Bx + Dt + Ey + Fz
\end{aligned}
\quad (1)
\quad (2)
$$

前にやったときには係数 E, F の部分は 0 であるとして出発した。その理由はやってみればすぐ分かると言って省略したわけだが、今回はそれとは違う計算をするので、この段階ではまだ念のために残しておいてある。ところで、なぜ今回も 1 次式で変換されなくてはならないと言い切れるだろうか。前にした説明は今回には当てはまらないので、もう少しマシな説明をし直さないといけない。まぁ、そんなに難しいことはなくて、逆変換を考えればいいだけのことだ。K 系と K' 系は互いに対等であるので、逆変換は v の方向が違うだけであって、

$$
\begin{aligned}
x &= A'(x' + vt') \\
y &= y' \\
z &= z' \\
t &= B'x' + D't' + E'y' + F'z'
\end{aligned}
\quad (3)
$$

のような形になるであろう。係数 $A \sim F$ にはどこか違いがあるかも知れないので念のためにダッシュを付けてある。さて、逆変換であるからには、(3) 式の右辺に (1)(2) 式を代入してやった場合に、右辺も左辺と同じようにただの x に戻ってくれないとおかしいのである。今の場合なら係数を調整することで対応できるが、もし x の 2 乗やら 3 乗やらを使っていたら、変換と逆変換が同じ形になることは無理なのが分かるだろう。

こういうことを考え始めると、実は係数 E, F も 0 でないといけないし、$A = D$ であることもこの段階から決まってしまうことになる。ああっ!? しまった！この後、磁場を B を使って表すのだった。このままでは記号がかぶってしまうではないか。ちょうどいいから、ここで記号を変えてま

2.9. マクスウェル方程式が不変となる変換

とめ直そう。結局、我々がこれからやるのは、

$$
\begin{aligned}
x' &= a(x - vt) \\
y' &= y \\
z' &= z \\
t' &= bx + at
\end{aligned}
$$

という変換を仮定して、係数 a, b を定めればいいだけだということになる。1.5節でやったときもここまで考えてから計算に入ればもっと楽だったわけだ。

さて、K 系でのマクスウェル方程式というのは、ベクトル表記をしないで成分に分けて書けば、次のような8つの式で表される。

$$-\frac{1}{c^2}\frac{\partial E_x}{\partial t} + \frac{\partial B_z}{\partial y} - \frac{\partial B_y}{\partial z} = \mu_0\, i_x \tag{4}$$

$$-\frac{1}{c^2}\frac{\partial E_y}{\partial t} + \frac{\partial B_x}{\partial z} - \frac{\partial B_z}{\partial x} = \mu_0\, i_y \tag{5}$$

$$-\frac{1}{c^2}\frac{\partial E_z}{\partial t} + \frac{\partial B_y}{\partial x} - \frac{\partial B_x}{\partial y} = \mu_0\, i_z \tag{6}$$

$$\frac{\partial B_x}{\partial t} + \frac{\partial E_z}{\partial y} - \frac{\partial E_y}{\partial z} = 0 \tag{7}$$

$$\frac{\partial B_y}{\partial t} + \frac{\partial E_x}{\partial z} - \frac{\partial E_z}{\partial x} = 0 \tag{8}$$

$$\frac{\partial B_z}{\partial t} + \frac{\partial E_y}{\partial x} - \frac{\partial E_x}{\partial y} = 0 \tag{9}$$

$$\frac{\partial E_x}{\partial x} + \frac{\partial E_y}{\partial y} + \frac{\partial E_z}{\partial z} = \frac{\rho}{\varepsilon_0} \tag{10}$$

$$\frac{\partial B_x}{\partial x} + \frac{\partial B_y}{\partial y} + \frac{\partial B_z}{\partial z} = 0 \tag{11}$$

μ_0 と ε_0 の積を $1/c^2$ と書き換えてあるが、そうした方が見やすかろうというだけであって、別に凝ったトリックをする意図はない。今からこの方

程式の中で使われている偏微分を、K' 系の座標を使った偏微分へと置き換えてやる。そのためには次のような関係式を使えばいい。

$$\begin{aligned}\frac{\partial}{\partial t} &= a\frac{\partial}{\partial t'} - av\frac{\partial}{\partial x'} \\ \frac{\partial}{\partial x} &= b\frac{\partial}{\partial t'} + a\frac{\partial}{\partial x'} \\ \frac{\partial}{\partial y} &= \frac{\partial}{\partial y'} \\ \frac{\partial}{\partial z} &= \frac{\partial}{\partial z'}\end{aligned}$$

これを当てはめれば、先ほどの 8 つの式は次のように姿を変えることになる。

$$-\frac{1}{c^2}\frac{\partial}{\partial t'}(aE_x) + \frac{av}{c^2}\frac{\partial E_x}{\partial x'} + \frac{\partial B_z}{\partial y'} - \frac{\partial B_y}{\partial z'} = \mu_0\, i_x \qquad (4')$$

$$-\frac{1}{c^2}\frac{\partial}{\partial t'}(aE_y + bc^2 B_z) + \frac{\partial B_x}{\partial z'} - \frac{\partial}{\partial x'}\left(aB_z - \frac{av}{c^2}E_y\right) = \mu_0\, i_y \qquad (5')$$

$$-\frac{1}{c^2}\frac{\partial}{\partial t'}(aE_z - bc^2 B_y) + \frac{\partial}{\partial x'}\left(aB_y + \frac{av}{c^2}E_z\right) - \frac{\partial B_x}{\partial y'} = \mu_0\, i_z \qquad (6')$$

$$\frac{\partial}{\partial t'}(aB_x) - av\frac{\partial B_x}{\partial x'} + \frac{\partial E_z}{\partial y'} - \frac{\partial E_y}{\partial z'} = 0 \qquad (7')$$

$$\frac{\partial}{\partial t'}(aB_y - bE_z) + \frac{\partial E_x}{\partial z'} - \frac{\partial}{\partial x'}(aE_z + avB_y) = 0 \qquad (8')$$

$$\frac{\partial}{\partial t'}(aB_z + bE_y) + \frac{\partial}{\partial x'}(aE_y - avB_z) - \frac{\partial E_x}{\partial y'} = 0 \qquad (9')$$

$$b\frac{\partial E_x}{\partial t'} + a\frac{\partial E_x}{\partial x'} + \frac{\partial E_y}{\partial y'} + \frac{\partial E_z}{\partial z'} = \frac{\rho}{\varepsilon_0} \qquad (10')$$

$$b\frac{\partial B_x}{\partial t'} + a\frac{\partial B_x}{\partial x'} + \frac{\partial B_y}{\partial y'} + \frac{\partial B_z}{\partial z'} = 0 \qquad (11')$$

ここで少し物理の視点で考えることが必要だ。上の (4') 〜 (11') 式では E_x などの関数を使っているが、これらは x, y, z, t で表された関数のままである。座標変換をする場合にはこれらも変換して、x', y', z', t' で表された形に直すのが普通である。その場合、元とは違った形の関数に変わるのだ

2.9. マクスウェル方程式が不変となる変換

から、E'_x などと置くことだろう。ところが、そのように形式的に変換しただけのものを E'_x と表記したとして、果たしてそれは K' 系においても電場の x 成分として認識される量であろうか？

つまり、ある点での電場や磁場は、どの立場から見ても同じ大きさを持つ電場や磁場のままでいいのか、という問題だ。まだその辺りに疑いがあるので、この式をこのままの状態で眺めてみることにしよう。

K' 系では (4') ～ (11') 式がマクスウェル方程式そのものだと見えるはずなのだ。いや、それが本当かどうかはともかく、今はそういう前提で計算を進めているのだからそこは疑ってもしょうがない部分だ。とにかくそう考えてみるならば、(5') (6') 式は、形式的には元の式 (5) (6) と同じ形をしている。だから、次のような関係が成り立っているのだと受け入れざるを得ないだろう。

$$
\begin{aligned}
E'_y &= aE_y + bc^2 B_z \\
E'_z &= aE_z - bc^2 B_y \\
B'_x &= B_x \\
B'_y &= aB_y + \frac{av}{c^2} E_z \\
B'_z &= aB_z - \frac{av}{c^2} E_y \\
i'_y &= i_y \\
i'_z &= i_z
\end{aligned}
$$

同じように、(8') (9') 式も元の (8) (9) 式と同じ形をしているのだが、こちらでは、

$$
\begin{aligned}
B'_y &= aB_y - bE_z \\
B'_z &= aB_z + bE_y \\
E'_x &= E_x \\
E'_y &= aE_y - avB_z \\
E'_z &= aE_z + avB_y
\end{aligned}
$$

であると考える必要がある。これらの主張には重なる部分があるわけだが、

第2章　座標変換の理論

対立してしまわないだろうか。いや、

$$b = -av/c^2$$

であると考えさえすれば、両方の主張がぶつかることは回避できる。すなわち、まとめれば、次のような関係があるというわけだ。

$$\begin{aligned}
E'_x &= E_x \\
E'_y &= a(E_y - vB_z) \\
E'_z &= a(E_z + vB_y) \\
B'_x &= B_x \\
B'_y &= a(B_y + \frac{v}{c^2}E_z) \\
B'_z &= a(B_z - \frac{v}{c^2}E_y)
\end{aligned}$$

重要なのは、今回のやり方で得られるのはローレンツ変換の式だけではなくて、同時に、**電場や磁場の変換規則までもがこうでなくてはならないということが自動的に導かれてくる**という点だ。

しかしまだまだ話は始まったばかりだ。残りの (4') (7') (10') (11') 式は、元の方程式の形からは少々外れた形になってしまっているのである。これらはどう考えればいいのだろう。元の式と同じ形式を保てるのだろうか。そしてそれは先ほどの電磁場の変換規則と対立することなく実現できるのだろうか。

まずは中でも簡単そうな (7') 式から見ていこう。簡単そうとは言っても、先ほどのように単純に元の形と比較することには意味がない。こんな試みはそもそもうまく行くはずがなかったんだと諦めてしまう考えもあろうが、実際にはできる道がある。(7') 式ではまだ B_x, E_y, E_z などが使われている形になっているが、この部分を、先ほど導いた変換を施した後の電磁場で置き換えてみるのはどうだろうか。試してみよう。そのためには逆変換が要る。これを求めるのは少々面倒だが、次のようになる。読者も苦労して

2.9. マクスウェル方程式が不変となる変換

みてほしい。

$$
\begin{aligned}
E_x &= E'_x \\
E_y &= k(E'_y + vB'_z) \\
E_z &= k(E'_z - vB'_y) \\
B_x &= B'_x \\
B_y &= k(B'_y - \frac{v}{c^2}E'_z) \\
B_z &= k(B'_z + \frac{v}{c^2}E'_y) \\
\text{ただし } k &= \frac{1}{a(1 - v^2/c^2)}
\end{aligned}
$$

これを (7') 式に代入してやれば、何と、次のような形にまとめることができるのである。

$$
\begin{aligned}
a\frac{\partial B'_x}{\partial t'} + k\frac{\partial E'_z}{\partial y'} - k\frac{\partial E'_y}{\partial z'} & \\
- v\left(a\frac{\partial B'_x}{\partial x'} + k\frac{\partial B'_y}{\partial y'} + k\frac{\partial B'_z}{\partial z'}\right) &= 0
\end{aligned}
\quad (12)
$$

この式の 1 行目はまさに元の (7) 式と同じ形式であり、2 行目も元の式の一つである (11) 式と同じ形式である！ここから言えることは、少なくとも $a = k$ でなくては元と同じ形式を保てないということだ。よって、

$$
a = \frac{1}{\sqrt{1 - v^2/c^2}}
$$

であることが計算できる。これで、我々が良く知っているローレンツ変換と同じものが導かれたわけだ。しかしこれで、めでたし、めでたし、と終わってしまうわけにはいかない。当初の目的は果たせたけれども、今やそれとは違うことが非常に引っ掛かる点として残ってしまうことになったからである。

方程式が変換に対して不変であると言うためには、この (12) 式の 2 行目が 0 でいてくれないと困ることになる。$a = k$ であることをここにも当てはめれば、つまり次の式が成り立っているべきだということだ。

$$
\frac{\partial B'_x}{\partial x'} + \frac{\partial B'_y}{\partial y'} + \frac{\partial B'_z}{\partial z'} = 0 \quad (13)
$$

これは元のマクスウェル方程式にもあった (11) 式と全く同じ形のものだが、この (13) 式が成り立っていることを証明なしに受け入れてしまってもいいのだろうか、と気になったりする。いや、しかしこのことは全く問題にするべきではない。我々は計算をしている途中で、当初の目的をすっかり忘れそうになってしまうことがある。今はマクスウェル方程式が変換によって不変であることを「証明」したいわけではない。むしろ逆で、不変となるためにはどうしたら良いのかを考えているのである。だから今回はこの式を前提条件として積極的に使ってやればいいわけだ。

余談だが、逆にマクスウェル方程式がローレンツ変換によって不変であることを証明したい場合には、(12') 式を見て、これが全ての v について成り立つので、1 行目と 2 行目は独立して成り立つべき、と結論付けてしまうことができる。

さて、まだ (11') 式を変換していないのに、(11) 式と同じものがこの段階で出てきてしまった。すると (11) 式を変換した結果である (11') 式からは、一体、何が導かれるというのだろうか。何だか気になる話だ。しかしまぁ、ここまで来ると、後は確かめ算に過ぎない。(11') 式は次のように変形される。

$$-\frac{av}{c^2}\left(\frac{\partial B'_x}{\partial t'} + \frac{\partial E'_z}{\partial y'} - \frac{\partial E'_y}{\partial z'}\right)$$
$$+ a\left(\frac{\partial B'_x}{\partial x'} + \frac{\partial B'_y}{\partial y'} + \frac{\partial B'_z}{\partial z'}\right) = 0$$

やはり、(7) 式と (11) 式に似たものがそれぞれ成り立つことが出てくるのであって、矛盾などどこにもないのである。

残ったのは (4') 式と (10') 式である。やり方は同じなので、細かい注意は省いてさっさと行こう。(4') 式は次のようになる。

$$a\left(-\frac{1}{c^2}\frac{\partial E'_x}{\partial t'} + \frac{\partial B'_z}{\partial y'} - \frac{\partial B'_y}{\partial z'}\right)$$
$$+ \frac{av}{c^2}\left(\frac{\partial E'_x}{\partial x'} + \frac{\partial E'_y}{\partial y'} + \frac{\partial E'_z}{\partial z'}\right) = \mu_0\, i_x$$

式が見やすくなるように、$a = k$ の関係はすでに認めても良いものとして使っている。また a の具体的な形もすでに求まっているが、同じく見や

2.9. マクスウェル方程式が不変となる変換

すさの理由でわざと a のままにしてある。この左辺だけを見ると、1 行目のカッコの中身は (4) 式と同じ形をしているし、2 行目のカッコの中身は (10) 式と同じ形をしている。しかし右辺も合わせて (4) (10) 式と同じ形になるように合わせようとすれば、右辺が次のように変換していてくれなければならないことが分かるだろう。

$$\mu_0\, i_x \;=\; a\, \mu_0\, i'_x + \frac{av}{c^2}\frac{\rho'}{\varepsilon_0}$$

これにより、次の変換が成り立っていることが言える。

$$i_x \;=\; a(i'_x + v\rho') \tag{14}$$

次に、(10') 式を変換してやろう。

$$a\left(\frac{\partial E'_x}{\partial x'} + \frac{\partial E'_y}{\partial y'} + \frac{\partial E'_z}{\partial z'}\right)$$
$$+ av\left(-\frac{1}{c^2}\frac{\partial E'_x}{\partial t'} + \frac{\partial B'_z}{\partial y'} - \frac{\partial B'_y}{\partial z'}\right) \;=\; \frac{\rho}{\varepsilon_0}$$

もうくどい説明は要るまい。この右辺についても、次のように変換していて欲しい。

$$\frac{\rho}{\varepsilon_0} \;=\; a\frac{\rho'}{\varepsilon_0} + av\,\mu_0\, i'_x$$

すなわち、次のような変換が成り立っていると結論できる。

$$\rho \;=\; a\left(\rho' + \frac{v}{c^2}i'_x\right) \tag{15}$$

(14) 式と (15) 式は K' 系から K 系への変換になっているので、逆の変換を計算しておいてやると、

$$\rho' \;=\; a(\rho - \frac{v}{c^2}i_x) \tag{16}$$

$$i'_x \;=\; a(i_x - v\rho) \tag{17}$$

となる。さあ、これで、すべてが収まった。めでたし、めでたしだ。

ところで、電荷の保存則というものがあった。

$$\frac{\partial \rho}{\partial t} + \frac{\partial i_x}{\partial x} + \frac{\partial i_y}{\partial y} + \frac{\partial i_z}{\partial z} = 0$$

第 2 章　座標変換の理論

　この式はマクスウェル方程式をいじれば自然に導かれてくるものではあるが、ついでだから、確認しておいてやろう。これを座標変換してやると、次のようになる。

$$\frac{\partial}{\partial t'}(a\rho - \frac{av}{c^2}i_x) + \frac{\partial}{\partial x'}(ai_x - av\rho) + \frac{\partial i_y}{\partial y'} + \frac{\partial i_z}{\partial z'} = 0$$

形式そのものが変わってしまうわけではないようだから話は簡単だ。これが K' 系でも電荷の保存則として意味を持つためには、

$$\rho' = a(\rho - \frac{v}{c^2}i_x)$$
$$i'_x = a(i_x - v\rho)$$
$$i'_y = i_y$$
$$i'_z = i_z$$

という関係が成り立っていると考えるより他にないわけで、これはすでに上で導いた (16)(17) 式と矛盾しないことが分かる。

　要するに、変換に対してマクスウェル方程式が不変であることを要請すると、ローレンツ変換の他に、電磁場や、電流密度、電荷密度の変換までもが自然に導かれて来るのである。
　しかし教科書などでは逆に、「ローレンツ変換によってマクスウェル方程式が不変となることを証明」しようとしているものが多い。そうした方が、ページ数を割くことなく、さらっと「一応触れておくべきこと」の説明が済んでしまうからだ。しかしその説明法を取った場合には、電磁場などの変換規則については人為的に導入しなければならず、少々強引な論法であるように見えてしまうこともあるだろう。どういうことかと言うと、「形式的には元と同じ形になったから、多分、この部分が K' 系では電場として見えているに違いない」とか、そういう判断を所々で加えて行かざるを得ないのである。これでは果たして式の不変性を証明しているんだか、式が不変となることを初めから仮定してしまっているんだか、見方によっては実に微妙である。教科書によっては計算に入る前からそれらを仮定として並べ上げてしまっていたりするから、「おいおい、その変換は一体どこから出てきたんだよ」と突っ込みたくなるし、本当に強引な論法に見える。し

かしそんなことは教科書の書き方の都合であって、相対論にとっては何の問題でもない。相対論というのは、そもそも式の不変性を要求するところから始まる体系であることを把握しておいてもらいたい。

なぜ電場が磁場の一部に化けるのか、なぜ磁場が電場の一部に化けるのか、その理由までは相対論は説明しない。ただ、相対論の二つの原理を認めるならば、どうしてもそこはそうでなくてはならないと結論づけるだけである。それが相対論による、ある意味とても簡潔な説明だとも言える。

だからと言って、物理的な解釈を差し挟む余地がないわけではない。電場の y 成分や z 成分が γ 倍に増えるように変換されるのは、ローレンツ変換によって x 軸方向の収縮が起こった分だけ、電気力線の密度が増すからだという見方ができる。電場の x 成分が変換の前後で変化しないのは、yz 面での収縮が起こらないからだと説明できる。

また、速度 v に比例して、磁場の z 成分が電場の y 成分に見えたり、磁場の y 成分が電場の z 成分として混じってきたりする点は面白い。これはまさにローレンツ力のことを表しているのである。自分にとってローレンツ力に見えているものは、ある立場では電場から受ける力に他ならなかったりする。

2.10　反変ベクトル・共変ベクトル

次にベクトルの座標変換の話をしよう。ベクトルには位置ベクトル、速度ベクトル、電場ベクトルなど色々あって、座標変換するとその成分が変更を受けることになるわけだが、そのときにどのようなルールで変換されるかによって二通りに分類される。一つが「**反変ベクトル**」であり、もう一つが「**共変ベクトル**」である。

ここでちょっと豆知識的なことを話しておいた方がいいかも知れない。高校までは「ベクトルとは大きさと方向を持った量である」と習うことがあるらしい。しかしそれだけではベクトルの定義としては不完全だと書いてある教科書もある。ベクトルには今言ったような座標変換のルールがあって、それに従った変換をする量だけをベクトルと呼ぶべきだと主張しているのである。しかし一方では、リンゴが幾つ、ミカンが幾つといった数字

を並べて一組の量として表したものも一種のベクトルであると説明している教科書もある。しかしリンゴやミカンは座標変換できないではないか。一体どちらの言い分が正しいのだろうか。

　実は両者とも間違いではない。ベクトルという概念には線形代数的な起源と幾何学的な起源の二通りあって、それらはほとんど似ているのだが、微妙に異なっている部分もある。高校までで習うベクトルというのは両者が混沌と入り混じったものとなっているわけだ。しかしここでは幾何学的なベクトルの肩を持って、ベクトルは二通りであると説明することにしよう。

　反変ベクトルの方が身近なので先ずこちらから説明しよう。例えば位置の微小変化を表すベクトル (dx, dy, dz) を考える。これを別の座標系で表したいときには、2.6 節で説明したように、次のような座標変換の計算をすることだろう。

$$dx' = \frac{\partial x'}{\partial x} dx + \frac{\partial x'}{\partial y} dy + \frac{\partial x'}{\partial z} dz$$
$$dy' = \frac{\partial y'}{\partial x} dx + \frac{\partial y'}{\partial y} dy + \frac{\partial y'}{\partial z} dz$$
$$dz' = \frac{\partial z'}{\partial x} dx + \frac{\partial z'}{\partial y} dy + \frac{\partial z'}{\partial z} dz$$

これと同じ変換規則を持つものは全て「**反変ベクトル**」と呼んでやろうというのである。「反変」などという呼び方をするのは次のような大したことない理由からである。

　思い切り単純な例で申し訳ないが、例えば元の座標系が 3 次元のデカルト座標であった場合、基本ベクトルは $(1,0,0)(0,1,0)(0,0,1)$ の 3 つである。この座標系からスケールが x 方向に 2 倍、y 方向に 3 倍、z 方向に 4 倍に引き伸ばされたような座標系に移ったとする。つまり、新しい座標系での基本ベクトルを古い座標で表してやれば $(2,0,0)(0,3,0)(0,0,4)$ になるということだ。位置の微小変化のベクトルの大きさはこのような新しい基本ベクトルを基準にして測られるので、x 方向については元の 1/2、y 方向には 1/3、z 方向は 1/4 になってしまう。基本ベクトルは 2 倍、3 倍、4 倍になったのに、これはそれとは「反対の変化」じゃないか、というのである。だから「反変」。この呼び名は単に歴史的な経緯によるものなので、あまり気

にしなくて良い。

　反変ベクトルには「位置の微小変化」の他にどんなものがあるだろう？いやいや、必死になって探すことはない。反変ベクトルはそこら中にありふれているのだ。例えば次のような形式で書ける座標変換を行う場合には、座標ベクトルそのものが反変ベクトルになっている。

$$x' = A\,x + B\,y + C\,z$$
$$y' = D\,x + E\,y + F\,z$$
$$z' = G\,x + H\,y + I\,z$$

　なぜだか分かるだろうか？ここでもし $\partial x'/\partial x$ を計算すれば係数 A が出てくるだろう。$\partial x'/\partial y$ を計算すれば係数 B だ。つまり上のような線形変換をする場合に限っては、座標変換自体が反変ベクトルのルールそのものだということになる。ローレンツ変換もこの場合に当てはまる。

　しかし極座標や他の曲線座標などへの変換ではこの話は成り立たないので、その場合には座標ベクトルは反変ベクトルではない。ただ初めに説明したように、「座標の微小変化」ならば極座標への変換であっても反変ベクトルとしての条件を満たしている。

　反変ベクトルは他にもいくらでもある。そのことを説明するために「スカラー量」について説明しておこう。

　座標変換しても値が変化を受けない量を「**スカラー量**」と呼ぶ。高校までの数学では、「成分が 1 つで方向を持たないものをスカラー、複数の成分を持っていて方向と大きさを表すものをベクトル」という具合に分かりやすい言葉で習ってきたかと思うが、まぁ、それでもほとんど認識を変える必要はないだろう。座標変換というのは位置そのものが変わるわけではなく位置の表し方が変わるだけなので、元々方向性を持たない量が変換によって値が変わってしまうことはないはずであり、結局のところほとんど同じことを言っているに過ぎないのだから。ただ「1 つの成分で表される量」という表現では曖昧な点が多いので、ちょっと意味が変わることを覚悟しつつもこういう定義をしておくわけだ。

　話を元に戻そう。反変ベクトルに、スカラー量を掛けたり割ったりした

第 2 章　座標変換の理論

量も反変ベクトルである。なぜならスカラー量というのは座標変換しても値を変えない量であって、変換則に影響を与えないからである。

　微小な座標変化を微小時間で割ったもの、すなわち速度ベクトルも反変ベクトルである。なぜなら時間は位置座標の変換に関係のないスカラー量だからである。いや、これはニュートン力学の場合だけの話だった。ややこしいことに相対論においては時間は座標の一つのように変換されるから、スカラー量ではない。相対論では代わりに固有時がスカラー量となっており、固有時で微分してやらねば反変ベクトルの変換則を崩すことになる。

　同様に加速度ベクトルもそうである。よってこれらに質量を掛けた運動量ベクトルや力のベクトルも皆反変ベクトルだということになる。こうしてみると世の中、反変ベクトルだらけだろう。

　普段良く目にするベクトルの多くが反変ベクトルだというので、共変ベクトルというのは一体どんな特殊なベクトルなのだろう、と思うかも知れない。しかし、共変ベクトルだって実は身近にあるのだ。

　$(x, y, z) \to (x', y', z')$ という座標変換をしたときに、次のような変換則に従うようなベクトル (q_x, q_y, q_z) を「**共変ベクトル**」と呼ぶ。

$$
\begin{aligned}
q'_x &= \frac{\partial x}{\partial x'} q_x + \frac{\partial y}{\partial x'} q_y + \frac{\partial z}{\partial x'} q_z \\
q'_y &= \frac{\partial x}{\partial y'} q_x + \frac{\partial y}{\partial y'} q_y + \frac{\partial z}{\partial y'} q_z \\
q'_z &= \frac{\partial x}{\partial z'} q_x + \frac{\partial y}{\partial z'} q_y + \frac{\partial z}{\partial z'} q_z
\end{aligned}
$$

ちょっと見慣れない不自然な変換に思えるかも知れない。しかし偏微分の座標変換がまさにこの形式になっているのである。2.8 節の説明を $(x, y, z) \to (x', y', z')$ という変換に当てはめれば、

$$
\begin{aligned}
\frac{\partial}{\partial x'} &= \frac{\partial x}{\partial x'} \frac{\partial}{\partial x} + \frac{\partial y}{\partial x'} \frac{\partial}{\partial y} + \frac{\partial z}{\partial x'} \frac{\partial}{\partial z} \\
\frac{\partial}{\partial y'} &= \frac{\partial x}{\partial y'} \frac{\partial}{\partial x} + \frac{\partial y}{\partial y'} \frac{\partial}{\partial y} + \frac{\partial z}{\partial y'} \frac{\partial}{\partial z} \\
\frac{\partial}{\partial z'} &= \frac{\partial x}{\partial z'} \frac{\partial}{\partial x} + \frac{\partial y}{\partial z'} \frac{\partial}{\partial y} + \frac{\partial z}{\partial z'} \frac{\partial}{\partial z}
\end{aligned}
$$

ということであって、微分演算子のベクトル $(\frac{\partial}{\partial x}, \frac{\partial}{\partial y}, \frac{\partial}{\partial z})$ はまさに共変ベクトルだということになる。

ここまで分かれば話は簡単だ。反変ベクトルと同じことが言える。要するに、スカラー量を座標で偏微分して作られているベクトルは皆、この変換則に従う共変ベクトルだということだ。

例えば電場ベクトルなんかがそうだ。電場はスカラー量である電位 ϕ を座標で偏微分したものだからである。他に多くは思い付かないが、共変ベクトルを身近に感じるにはこれだけでも十分だろう。

「共変」という名前の由来は「反変」の反対だ。基本ベクトルが変換されるのと同じ規則で変換されることを意味している。

最後に、少し訂正しておいた方が良いと思うことがある。ここまで分かりやすいようにと思って「座標の微小変化」は反変ベクトル、「座標の偏微分」は共変ベクトルというイメージで説明してきたのだが、ただ闇雲にそのように信じていると痛い目に遭う可能性があるので注意が必要だ。

なぜなら、反変ベクトルと共変ベクトルをお互いに変換する方法があるからである。しばらく後で出てくるのだが、その方法を使えば、共変ベクトルとして振舞うように座標を表現することも可能になる。つまり、どの物理量が共変だとか反変だとか考えるのは本質的ではないのだ。

ベクトルそのものには反変とか共変とかいう区別はなくて、ベクトルの成分の表示の仕方に二通りあると言った方が良いのである。だから「反変ベクトル」「共変ベクトル」という言葉を使うより、本当は「ベクトルの反変成分」「ベクトルの共変成分」という呼び方をした方が誤解がなくていいのかも知れない。これは 2.15 節でもう少しだけ詳しく話そう。

2.11　縮約の意味

反変ベクトルの変換則と共変ベクトルの変換則は形式が良く似ていて、2つの間に何か単純な関係が成り立っていそうに思えるのだが、実際にそうなっている。変換の係数を行列で表したときに、一方の転置行列を取ったものは他方の逆行列になっているのだ。そこらの教科書をさっと流し読みした程度では、2つの変換則が互いに逆行列の関係にあると信じてしまいそうな説明がされているが、こっそり添え字が入れ替わっていたりするので、この点、気を付けなくてはならない。

第2章 座標変換の理論

反変ベクトルと共変ベクトルの変換を行列形式で表すと、

$$\begin{pmatrix} a'_x \\ a'_y \\ a'_z \end{pmatrix} = \begin{pmatrix} \frac{\partial x'}{\partial x} & \frac{\partial x'}{\partial y} & \frac{\partial x'}{\partial z} \\ \frac{\partial y'}{\partial x} & \frac{\partial y'}{\partial y} & \frac{\partial y'}{\partial z} \\ \frac{\partial z'}{\partial x} & \frac{\partial z'}{\partial y} & \frac{\partial z'}{\partial z} \end{pmatrix} \begin{pmatrix} a_x \\ a_y \\ a_z \end{pmatrix}$$

$$\begin{pmatrix} b'_x \\ b'_y \\ b'_z \end{pmatrix} = \begin{pmatrix} \frac{\partial x}{\partial x'} & \frac{\partial y}{\partial x'} & \frac{\partial z}{\partial x'} \\ \frac{\partial x}{\partial y'} & \frac{\partial y}{\partial y'} & \frac{\partial z}{\partial y'} \\ \frac{\partial x}{\partial z'} & \frac{\partial y}{\partial z'} & \frac{\partial z}{\partial z'} \end{pmatrix} \begin{pmatrix} b_x \\ b_y \\ b_z \end{pmatrix}$$

のようになるが、これらをそれぞれ、

$$\boldsymbol{a}' = \boldsymbol{A}\boldsymbol{a}$$
$$\boldsymbol{b}' = \boldsymbol{B}\boldsymbol{b}$$

と略して表すことにすると、

$$\boldsymbol{A}^t = \boldsymbol{B}^{-1}$$

という関係になっているのである。ここで、$\boldsymbol{A}^t$ というのは $\boldsymbol{A}$ の転置行列の意味であり、$\boldsymbol{B}^{-1}$ というのは $\boldsymbol{B}$ の逆行列の意味である。

この関係から大変役に立つ応用を導くことができる。ちょっと線形代数の知識が必要になるかも知れないが、先ほどの式 $\boldsymbol{a}' = \boldsymbol{A}\boldsymbol{a}$ の両辺の転置行列を取ってやると $\boldsymbol{a}'^t = \boldsymbol{a}^t \boldsymbol{A}^t$ となる。これを $\boldsymbol{b}' = \boldsymbol{B}\boldsymbol{b}$ の両辺にそれぞれ左から掛けてやると、

$$\begin{aligned} \boldsymbol{a}'^t \boldsymbol{b}' &= (\boldsymbol{a}^t \boldsymbol{A}^t)(\boldsymbol{B}\boldsymbol{b}) \\ &= \boldsymbol{a}^t \boldsymbol{B}^{-1} \boldsymbol{B}\boldsymbol{b} \\ &= \boldsymbol{a}^t \boldsymbol{b} \end{aligned}$$

となる。つまり $\boldsymbol{a}^t$ と $\boldsymbol{b}$ の積、

$$\begin{pmatrix} a_x & a_y & a_z \end{pmatrix} \begin{pmatrix} b_x \\ b_y \\ b_z \end{pmatrix} = a_x b_x + a_y b_y + a_z b_y$$

2.11. 縮約の意味

すなわち a と b の内積を取ったものは、座標変換の前後で同じ値を取ることを意味している。反変ベクトルと共変ベクトルの内積を取った量はスカラーになるというわけだ。

内積を取れば 1 成分の量になるので、スカラーになるのは当たり前だと思うかも知れない。しかしここではもう少し深い意味があるのだ。ある座標系で 2 つのベクトルの内積を取って作ったスカラーと、同じベクトルをそれぞれ別の座標系に変換した後で内積を取って作ったスカラーとが同じ値を示すということなのだ。

これが特殊な状況であることが分かるだろうか？例えばデカルト座標で表された 2 つのベクトルを考える。もちろん、これらの内積が計算できる。しかしこれらのベクトルをそれぞれ極座標で表してやって、それぞれの動径 r どうしと偏角 θ どうしを掛け合わせたものの和を取ってやった場合、それはデカルト座標での内積と同じ結果になるだろうか？普通はならない。しかし、反変ベクトルと共変ベクトルの組み合わせならこれが成り立つというのだ。

このような組み合わせでスカラー量を作ることは内積よりも深い意味を持つので特別に「**縮約**」という呼び方をする。ベクトルがスカラーに縮むというニュアンスである。少し後でテンソルについても似たような計算を説明することになると思うが、そこまで進めばこの用語の意味がしっくり感じられることだろう。

では納得できるようにもう少しだけ具体的に計算してみよう。3 次元で計算すると項の数がやたら増えるので、2 次元の場合で勘弁してもらいたい。

$$a'_x = \frac{\partial x'}{\partial x} a_x + \frac{\partial x'}{\partial y} a_y$$

$$a'_y = \frac{\partial y'}{\partial x} a_x + \frac{\partial y'}{\partial y} a_y$$

$$b'_x = \frac{\partial x}{\partial x'} b_x + \frac{\partial y}{\partial x'} b_y$$

$$b'_y = \frac{\partial x}{\partial y'} b_x + \frac{\partial y}{\partial y'} b_y$$

であることを使って、aとbの内積を計算してやると、

$$\begin{aligned}
& a'_x b'_x + a'_y b'_y \\
&= \left(\frac{\partial x'}{\partial x} a_x + \frac{\partial x'}{\partial y} a_y \right) \left(\frac{\partial x}{\partial x'} b_x + \frac{\partial y}{\partial x'} b_y \right) \\
&\quad + \left(\frac{\partial y'}{\partial x} a_x + \frac{\partial y'}{\partial y} a_y \right) \left(\frac{\partial x}{\partial y'} b_x + \frac{\partial y}{\partial y'} b_y \right) \\
&= \frac{\partial x'}{\partial x} \frac{\partial x}{\partial x'} a_x b_x + \frac{\partial x'}{\partial x} \frac{\partial y}{\partial x'} a_x b_y + \frac{\partial x'}{\partial y} \frac{\partial x}{\partial x'} a_y b_x + \frac{\partial x'}{\partial y} \frac{\partial y}{\partial x'} a_y b_y \\
&\quad + \frac{\partial y'}{\partial x} \frac{\partial x}{\partial y'} a_x b_x + \frac{\partial y'}{\partial x} \frac{\partial y}{\partial y'} a_x b_y + \frac{\partial y'}{\partial y} \frac{\partial x}{\partial y'} a_y b_x + \frac{\partial y'}{\partial y} \frac{\partial y}{\partial y'} a_y b_y \\
&= \left(\frac{\partial x'}{\partial x} \frac{\partial x}{\partial x'} + \frac{\partial y'}{\partial x} \frac{\partial x}{\partial y'} \right) a_x b_x + \left(\frac{\partial x'}{\partial x} \frac{\partial y}{\partial x'} + \frac{\partial y'}{\partial x} \frac{\partial y}{\partial y'} \right) a_x b_y \\
&\quad + \left(\frac{\partial x'}{\partial y} \frac{\partial x}{\partial x'} + \frac{\partial y'}{\partial y} \frac{\partial x}{\partial y'} \right) a_y b_x + \left(\frac{\partial x'}{\partial y} \frac{\partial y}{\partial x'} + \frac{\partial y'}{\partial y} \frac{\partial y}{\partial y'} \right) a_y b_y \\
&= \frac{\partial x}{\partial x} a_x b_x + \frac{\partial y}{\partial x} a_x b_y + \frac{\partial x}{\partial y} a_y b_x + \frac{\partial y}{\partial y} a_y b_y \\
&= a_x b_x + a_y b_y
\end{aligned}$$

となる。さっき説明したことがちゃんと成り立っていることが分かるだろう。「縮約」というのは具体的にはこういう計算が行われているのだということを心に留めておいてもらいたい。次節では、いかにも相対論っぽい雰囲気の漂う省略記法を説明するつもりであるが、これを使うと形式的にいとも簡単に計算できてしまうため、今回のような面倒な計算過程を考える必要がなくなってしまうことになる。私が心配しているのは、相対論の教科書の多くがいきなり省略記法から説明しているために、本来何が行われているかのイメージを描けないまま使っている学生が多いのではないかということだ。

2.12　省略記法の導入

　座標変換の計算というのは似たような記号を沢山書き並べなくてはならないので非常に面倒くさい。この節ではその手間をなるべく減らすための

2.12. 省略記法の導入

方法を紹介しよう。例えば、次に書くのは共変ベクトルの変換則である。

$$\begin{aligned}
q'_x &= \frac{\partial x}{\partial x'}q_x + \frac{\partial y}{\partial x'}q_y + \frac{\partial z}{\partial x'}q_z \\
q'_y &= \frac{\partial x}{\partial y'}q_x + \frac{\partial y}{\partial y'}q_y + \frac{\partial z}{\partial y'}q_z \\
q'_z &= \frac{\partial x}{\partial z'}q_x + \frac{\partial y}{\partial z'}q_y + \frac{\partial z}{\partial z'}q_z
\end{aligned}$$

これまでは具体的なイメージを描くことを重視したので、このように x, y, z 成分についての 3 通りの式をわざわざ並べて書いてきたが、ベクトル $\boldsymbol{q}$ の成分を (q_x, q_y, q_z) と書く代わりに、(q_1, q_2, q_3) のように区別してやり、座標も (x, y, z) ではなく、(x_1, x_2, x_3) と表してやり、さらにこれを q_i や x_i のように表して「i には 1〜3 の数字が入ります」と決めておけば、次のような式を 1 つ書くだけで、上の 3 つ分の式の内容を一気に言い表せてしまう。

$$q'_i = \frac{\partial x_1}{\partial x'_i}q_1 + \frac{\partial x_2}{\partial x'_i}q_2 + \frac{\partial x_3}{\partial x'_i}q_3$$

添え字 j を導入して $\sum$ 記号を使えば、さらに簡略化して書くことができる。

$$q'_i = \sum_j \frac{\partial x_j}{\partial x'_i}q_j$$

こうしておけば「i, j にはそれぞれ (1〜3 ではなく)0〜3 の数字が入るとします」と言い換えるだけで話を 4 次元にも拡張できて便利なわけだ。

しかし、簡略化はもっと極端なところまで進む。$\sum$ 記号も書くのをやめてしまおうというのである。「無茶な!!」と思うかも知れない。しかしどうせ座標変換の計算（特に相対性理論）では、一つの項の中で同じ添え字の記号が 2 ヶ所以上使われているときは全ての成分について足し合わせることになるのだから、わざわざ $\sum$ 記号を書かなくても雰囲気で判別が付くだろうというわけだ。

$$q'_i = \frac{\partial x_j}{\partial x'_i}q_j$$

このやり方はアインシュタインが始めたので「アインシュタインの省略」とか「アインシュタインの書き方」とか呼ばれている。権威あるもののように聞こえるが、単なるサボりだ。しかし慣れてしまえば結構便利であり、逆に $\sum$ 記号が鬱陶しく思えるようになる。いいか？ 今後は一つの項の中

に同じ添え字が二つ以上使われていたらその記号についての $\sum$ 記号が省略されていると思え！

さらにもう一つ、便利な習慣を説明しておこう。

反変ベクトルの添え字は右上に書く習慣となっている。共変ベクトルの成分は逆に、添え字を右下に書いて表すことになっている。ここまでの解説で速度や運動量のベクトルの添え字が、べき乗と区別が付きにくいにも関わらず、わざわざ右上に書かれていたのは、それらが反変ベクトルであることを表していたのだ。こうしておけばそのベクトルが座標変換でどのような変換をするかが一目で分かるし、共変と反変を組み合わせて縮約を行おうとするときに間違えなくて済む。

ここまでのことを総合してみよう。前々節でやった反変ベクトル a^i と共変ベクトル b_i の変換則は、それぞれ、次のように書くだけで表せてしまう。

$$a'^i = \frac{\partial x'^i}{\partial x^j} a^j$$
$$b'_i = \frac{\partial x^j}{\partial x'^i} b_j$$

ここで偏微分の中の座標 x の添え字も右上に書いてあることに注意しよう。座標は反変ベクトルであるのでこのように書き方を徹底するのである。

さらに、これらのベクトル a^i と b_i の縮約を計算した結果、スカラー量 c になるということを表すには、次のように書くだけでよい。

$$c = a^i \, b_i$$

くどいようだが、本当はここに $\sum_i$ 記号が省略されていることを忘れてはいけない。

前節と前々節でやった内容は、上のたった3つの式で全て言い表されてしまった。

2.13 テンソル解析の基礎

　記号を省略したお陰で、より複雑なことも簡単に表せるようになった。その効果を実感してもらうことを兼ねて、ここでテンソルの説明もしてしまおう。そんなに難しい話ではないので身構える必要は全くない。

　ベクトルの成分は添え字が1つあれば表現できた。これを発展させて、添え字が2つで表される量 a^{ij} を考えよう。ベクトルは横一列に並べて一度に表せたが、これは縦横の行列で表すのが一番分かりやすいだろうと思う。しかし場所を食うのでここでわざわざそんな書き方はしない。そのためにわざわざ a^{ij} という略表現で全ての成分を代表しているのだから。この行列の各成分が座標変換によって次のような変換規則に従うとき、これを「**2階の反変テンソル**」と呼ぶ。

$$a'^{ij} = \frac{\partial x'^i}{\partial x^k}\frac{\partial x'^j}{\partial x^l} a^{kl}$$

　k と l についての2つの $\sum$ 記号が省略されていることを忘れてはいけない。もし省略せずに書けば、和を取ったもののさらに全体を同じ数だけ和を取るのだから、恐ろしいことになっていたことだろう。

　どうして「2階」と呼ぶのかと言えば、添え字が2つあるからだ。ちなみに「1階のテンソル」と言えばベクトルのことだし、「0階のテンソル」と言えばスカラーのことだ。もちろん3階、4階といった高階のテンソルもあるが、それは少し後で説明する。

　2階の反変テンソルを作るのはとても簡単だ。2つの反変ベクトルの組み合わせを作ってやればいい。

$$a^{ij} = s^i\, t^j$$

　これは縮約ではない。$\sum$ 記号も省略されていない。テンソル量 $\boldsymbol{a}$ の (i,j) 番目の成分はベクトル $\boldsymbol{s}$ の i 番目の成分とベクトル $\boldsymbol{t}$ の j 番目の成分の積で表されるということを表しただけのものだ。

　このように、テンソル量というのはベクトルを組み合わせて簡単に作ることができて、意外に身近なものであることが分かるだろう。しかしテンソル量が全てベクトルの組み合わせで出来ているものだと思ってはいけない。先に書いた規則に従って変換される量があれば、例えベクトルの組み

合わせで表すことができなくとも、テンソル量だとみなすのである。

同じように「**2階の共変テンソル**」なんてのも定義できる。次のような規則に従う成分 b_{ij} を持つ集まりだ。2つの添え字は両方とも下側に付ける。

$$b'_{ij} = \frac{\partial x^k}{\partial x'^i}\frac{\partial x^l}{\partial x'^j} b_{kl}$$

これも 2 つの共変ベクトルの組み合わせで作ることができるわけだが、反変テンソルと全く同じような話なのでもう説明をするまでもないだろう。

さらに、2 つの変換則が混じった量だってあり得る。

$$c'^i_j = \frac{\partial x'^i}{\partial x^k}\frac{\partial x^l}{\partial x'^j} c^k_l$$

これは「**2階の混合テンソル**」と呼ばれる。混合テンソルは先に説明したテンソルと同じように反変ベクトルと共変ベクトルを組み合わせることで作ることもできる。

$$c^i_j = s^i\, t_j$$

反変と共変の組み合わせだからと言って、これを前に出てきた「縮約」と混同してはいけない。縮約は同じ成分どうしを掛け合わせて和を取ったものだが、これはただあらゆる組み合わせを作っただけなので縮約とは違う。良く見るといい。2 つの添え字の記号が違っているだろう。よって和の記号が省略されているわけではない。

テンソルを組み合わせることで、いくらでも高階のテンソルを作ることができる。小文字ばかりで書くと分かりにくいので、次の例ではテンソルは大文字を使って書くことにしよう。

$$U^{ij}_{kl} = S^{ij}\, T_{kl} \quad , \quad U^{i}_{\ jkl} = S^{i}_{\ j}\, T_{kl}$$

もし上側の添え字と下側の添え字に同じ文字を使ったならば、その成分の全てについて和を取るという意味に変わり、この操作によって 2 階低いテンソルが作られることになるだろう。この操作を「**縮約**」と呼ぶ。例え

ば次の 2 つの例では、右辺に同じ記号が含まれているので、左辺はその成分が消えた量になっている。

$$U^j_{\ l} = S^{ij}\, T_{il} \quad , \quad U_{jk} = S^i_{\ j}\, T_{ki}$$

 前に説明した縮約は 2 階から 0 階へのごくせまい意味の縮約だったわけだ。繰り返すが、この簡単に見える操作の裏に、前にやったような面倒な計算があることを忘れてはいけない。

 そろそろ添え字を上に書いたり下に書いたりする便利さが分かってきたことだろう。添え字を見ればどの変換に対応しているかがすぐに分かるわけだ。例えば次のようなテンソル

$$D^{ij}_{\ \ klm}$$

があれば、これは座標変換によって、

$$D'^{ij}_{\ \ klm} = \frac{\partial x'^i}{\partial x^o}\frac{\partial x'^j}{\partial x^p}\frac{\partial x^q}{\partial x'^k}\frac{\partial x^r}{\partial x'^l}\frac{\partial x^s}{\partial x'^m}\, D^{op}_{\ \ qrs}$$

のような変換を受けるのだな、と分かる。ちなみに、もしこの式を添え字を使わないでバカ正直に書き下そうとすれば、5 階のテンソルなので、3 次元の場合、$3^5 = 243$ 個の項で表される式を 243 個書き並べなくてはならない。4 次元の場合、$4^5 = 1024$ 個の項で表される式を 1024 個書き並べることになる。

 さて、ここまでの説明に少々の誤りが含まれていることを注意しておかなければならない。「2 階の共変テンソルは 2 つの共変ベクトルを組み合わせれば作ることができる」と説明した。また、「混合テンソルは共変ベクトルと反変ベクトルを組み合わせて作ることができる」とも言った。この説明に例外があるのだ。

 少し前に「微分演算子は共変ベクトルである」と説明したが、微分演算子と他の共変ベクトルとの組み合わせを作っても 2 階の共変テンソルにはならないし、微分演算子と他の反変ベクトルとの組み合わせを作っても 2 階の混合テンソルにはならないのである。

 なぜなら、微分演算子には「その後に続くもの全体を微分する」という性質があり、組み合わせた相手のベクトルの変換則の式の全体に作用して

しまって複雑な変換則を作り出してしまうからである。ただし、座標変換が線形変換である場合にはこのことを心配する必要がない。2階微分すれば0になるので余計な項は消えてしまうためだ。つまり特殊相対論の範囲ではローレンツ変換を考えればいいだけなのでこういう問題は起こらないのだが、こういうことがあるということはこの段階でもちゃんと知らされているべきだろう。

具体的にどのようなことが起きるかについては第5章のリーマン幾何学の冒頭で説明することになると思う。この少々厄介な性質がリーマン幾何学の基礎になっているのである。

電場ベクトルのように、スカラー量を偏微分して作った共変ベクトルの場合にはこのような問題は起こらない。何を偏微分するかがすでに確定しているから他の部分にまで影響を及ぼすことがないからである。単独の微分演算子を共変ベクトルとして扱う場合にだけは、今言ったことに気を付ける必要があるということだ。

2.14　計量とは何か

次に、ベクトルの反変成分と共変成分を変換するために役に立つ道具を説明しよう。脇道に反れているようだが、すぐに戻ってくるので安心して欲しい。

微小な距離 ds だけ離れた2点を考える。一方の点の位置をデカルト座標で (x, y) と表したとすると、もう一方の点は $(x + dx, y + dy)$ と表せるだろう。このとき、ds、dx、dy の間には次の関係が成り立っている。

$$ds^2 = dx^2 + dy^2 \tag{1}$$

もしもこの2点をデカルト座標以外の別の座標 (x', y') で表したとしても、2点間の距離 ds は変わらないはずだ。そこでそれを2乗してやった値 ds^2 を別の座標系で表してやることを考えてみよう。なぜ2乗した値を考えるかと言えば、その方が楽だからである。上の関係式で ds の2乗を外そうとすれば平方根を使わなくてはならないし、それが正の値であることを常に意識しなくてはならないことになる。

2.14. 計量とは何か

ds^2 をどんな座標系で表したとしても、次のような dx' と dy' を組み合わせて作った項の和で表せるはずである。

$$ds^2 = A\,dx'^2 + B\,dx'\,dy' + C\,dy'\,dx' + D\,dy'^2 \qquad (2)$$

なぜなら、dx は微少量なので dx' と dy' の一次式で表されるだろうし、dy も同様であり、それらをそれぞれ 2 乗して和を取ったものが ds^2 なのだから必ずこの形式になるというわけである。これについては後で実例を示せば納得してもらえるだろう。

大切なのはこの 4 つの係数 A, B, C, D である。この情報さえあれば、2 点間の微小距離 ds^2 をそれぞれの座標系でどのように表せば良いのかが分かる。この係数だけを取り出して次のようにきれいに並べて表したものを「**計量**」と呼ぶ。英語で言えば「metric」。長さを測るための基準という意味だ。

$$\begin{pmatrix} A & B \\ C & D \end{pmatrix}$$

ちゃんと並べ方に規則があることに気を付けてもらいたい。察しがついているかも知れないが、この少し後でしっかり定義しよう。これを先ほどのデカルト座標の場合の式 (1) に当てはめれば、

$$\begin{pmatrix} 1 & 0 \\ 0 & 1 \end{pmatrix}$$

と表せることになる。この単位行列みたいなのがデカルト座標の場合の計量である。

ところで先ほどの (2) 式を見たときに第 2 項と第 3 項は一つにまとめてもいいのではないかと気になった人がいるかも知れない。項をまとめずにわざわざこのように分けて書いたのには訳がある。dx, dy で表すのをやめて dx^1、dx^2 のように添え字を使って表してやればその利点が見えてくるだろう。ついでに係数 A, B, C, D も添え字を使った g_{ij} という書き方に変えて、添え字で区別して表してやることにしよう。こうすることで、

$$ds^2 = g_{11}(dx^1)^2 + g_{12}\,dx^1\,dx^2 + g_{21}\,dx^2\,dx^1 + g_{22}(dx^2)^2$$

と書けて、

$$= \sum_i \sum_j g_{ij}\,dx^i\,dx^j$$

のように $\sum$ 記号を使ってまとめることができるのである。アインシュタインの省略記法を使えば、結局、

$$ds^2 = g_{ij}\,dx^i\,dx^j$$

と書くだけでいいことになる。そこらの教科書では「無限小線素 ds^2 が上のように表せるとき、g_{ij} を計量と呼ぶ」という一文だけで説明してあることが多く、これだけでは何のことか分からないのが普通だと思うのだが、噛み砕けばこういう意味だったというわけだ。

　先ほど計量を書き並べるときの規則を説明するのを飛ばしたが、ここまで来れば説明は簡単だ。g_{ij} を行列の (i,j) 成分として並べて表示してやればいいのである。

$$\begin{pmatrix} g_{11} & g_{12} \\ g_{21} & g_{22} \end{pmatrix}$$

g_{12} と g_{21} は一つの項にまとめられるはずだったが、このような形式で書き表したいがためだけにわざわざ二つに分けておいたというわけだ。二つの値を同じに合わせておけば計量はいつも対称行列で表せて、計算の手間が省ける。しかし計量が非対称となるような数学もあるらしいので、この説明は怪しいものである。

　さあ、ここまでの内容を実例を使って確認しておこう。デカルト座標から極座標への変換を考える。

$$x = r\cos\theta$$
$$y = r\sin\theta$$

座標の微小変化は次のような変換規則を持つのであった。

$$dx = \frac{\partial x}{\partial r}\,dr + \frac{\partial x}{\partial \theta}\,d\theta$$
$$dy = \frac{\partial y}{\partial r}\,dr + \frac{\partial y}{\partial \theta}\,d\theta$$

これを今回の場合について計算してやれば、

$$dx = \cos\theta\,dr - r\sin\theta\,d\theta$$
$$dy = \sin\theta\,dr + r\cos\theta\,d\theta$$

である。ここで ds^2 を計算してやれば

$$
\begin{aligned}
ds^2 &= dx^2 + dy^2 \\
&= (\cos\theta\, dr - r\,\sin\theta\, d\theta)^2 + (\sin\theta\, dr + r\,\cos\theta\, d\theta)^2 \\
&= (\cos^2\theta\, dr^2 - 2r\cos\theta\sin\theta\, dr\, d\theta + r^2\sin^2\theta\, d\theta^2) \\
&\quad + (\sin^2\theta\, dr^2 + 2r\sin\theta\cos\theta\, dr\, d\theta + r^2\cos^2\theta\, d\theta^2) \\
&= dr^2 + r^2\, d\theta^2
\end{aligned}
$$

であるから、係数だけを取り出して並べれば、

$$
\begin{pmatrix} 1 & 0 \\ 0 & r^2 \end{pmatrix}
$$

となる。これが 2 次元極座標の計量である。これを見ると計量というのは場所によって値が変化するものだということが分かる。これは微小な偏角 $d\theta$ の大きさが同じであっても、座標原点から離れるに従って、2 点間の隔たりが大きくなっていくことを表している。

2.15 反変・共変の変換

大変面白いことに、計量は 2 階の共変テンソルの変換則に従うのである。計量の成分 g_{ij} の添え字を二つとも下側に書いてあるのはこのための伏線だったのだ。なぜこれが共変テンソルであるのか分かるだろうか？簡単だ。先ほどのこの式を思い出してもらいたい。

$$ds^2 = g_{ij}\, dx^i\, dx^j$$

無限小線素 ds^2 は明らかにスカラー。一方、微小変位 dx^i、dx^j はすでに説明したように反変ベクトルだ。よって g_{ij} は 2 階の共変テンソルでなければ辻褄が合わないのである。あっけない説明だが、このような論法はこの後も良く使う。面白かろ？

それで計量のことを「**計量テンソル**」と呼んだりもする。親切に書いておくと、計量の成分は

$$g'_{ij} = \frac{\partial x^k}{\partial x'^i}\frac{\partial x^l}{\partial x'^j} g_{kl} \tag{1}$$

のような変換を受けるということだ。さあ、この変換則は使えるぞ！

　ここに、ある反変ベクトル A^i があったとしよう。いや、言い直しておいた方がいい。このような表現は良く使うのだが、誤解を招きやすいから慣れるまでは丁寧に言っておこう。えーと、ここに、あるベクトル A があり、それを反変成分で表した A^i があるとしよう。つまり、その成分は、座標変換をするときには

$$A'^m = \frac{\partial x'^m}{\partial x^n} A^n$$

という変換を受けるということだ。ここで添え字として m と n を使ったのには理由がある。これからこの式を (1) 式の両辺に掛けようとしているのだが、そのときに添え字の記号が重複しないように配慮してあるのだ。しかし普通に掛けるのではなく、縮約を計算してやりたいので、添え字の m を j に書き換えてから掛けることにする。

$$g'_{ij} A'^j = \frac{\partial x^k}{\partial x'^i} \frac{\partial x^l}{\partial x'^j} g_{kl} \frac{\partial x'^j}{\partial x^n} A^n \tag{2}$$

　この式の右辺の変形を見ていこう。2 番目の偏微分と 3 番目の偏微分の x'^j が打ち消し合って

$$= \frac{\partial x^k}{\partial x'^i} \frac{\partial x^l}{\partial x^n} g_{kl} A^n \tag{3}$$

となるのが分かるだろうか？偏微分は割り算のように扱うべきではないと前に厳しく注意したのに、ここではまるで約分をしたみたいな扱いになっている。しかしこの変形が成り立つことはちゃんと展開して考えるべきである。2.8 節で説明した偏微分の座標変換の式をアインシュタインの省略法で表現すると、まるで約分したように見える公式が成り立つのである。この変形は今後は断りなく頻繁に使うことになるので覚えておいて欲しい。さらにこの (3) 式の 2 番目の偏微分は $l = n$ のときに限って 1 であり、それ以外は 0 になるから、$l = n$ となる項だけが生き残ることになる。よって、

$$= \frac{\partial x^k}{\partial x'^i} g_{kl} A^l \tag{4}$$

となる。この結果から何が分かるだろうか？ $g_{ij} A^j$ という固まりに注目してやれば、この部分はあたかも共変ベクトルのように振舞うということを示しているのである。それで、この固まり、すなわち、反変ベクトル A^j と

2.15. 反変・共変の変換

g_{ij} の縮約を取ることで作られた新しい共変ベクトルを A_i と表してやることにしよう。

$$A_i = g_{ij} A^j \tag{5}$$

先ほどの (2) 式から (4) 式に至る変形結果にこれを当てはめれば、

$$A'_i = \frac{\partial x^k}{\partial x'^i} A_k$$

という関係を導いたに他ならないというわけだ。確かに共変ベクトルの変換則になっている。計量テンソルというのは反変ベクトルを共変ベクトルに変換する道具として使えるということが言えるのである。

ここまで来れば、逆に共変ベクトルを反変ベクトルに変換するような量も存在するのではないか、という興味がわいてくることだろう。確かにある。簡単な話だ。(5) 式は行列計算のルールと同じであることに注目しよう。これは行列 g_{ij} を縦行列 A^j に左から掛けたら縦行列 A_i になるというのと同じことを表しているのである。よって行列 g_{ij} の逆行列 g^{ij} を両辺に掛けてやれば次の式を得るだろう。

$$g^{ij} A_i = A^j$$

これが求めていたもの、すなわち「計量テンソルの逆行列」を共変ベクトルに掛けてやれば反変ベクトルになることを表す式である。

この「計量テンソルの逆行列」は 2 階の反変テンソルだが、ややこしいことにこれも「計量テンソル」と呼ばれる資格がある。なぜなら、こんな方法があるなら反変だろうが共変だろうが自由に変換できるわけで、すでに反変か共変かなんて区別は大した意味を持っていないからである。

以前の説明では、あたかも「座標は反変ベクトル」というイメージを植え付けてきたわけだが、この変換法を使えば、共変ベクトルのように変換する座標も作ることができる。それは一体どのような座標だろうか？抽象的なものだと思っているだろうか。いやいや、それは絵に書いて見せることができるほど具体的で簡単である。

斜交座標を例に取って説明しよう。y 軸が斜めを向いている場合だ。その座標上に、あるベクトル $\boldsymbol{A}$ を考える。その座標成分は次の図のように表現される。

第 2 章　座標変換の理論

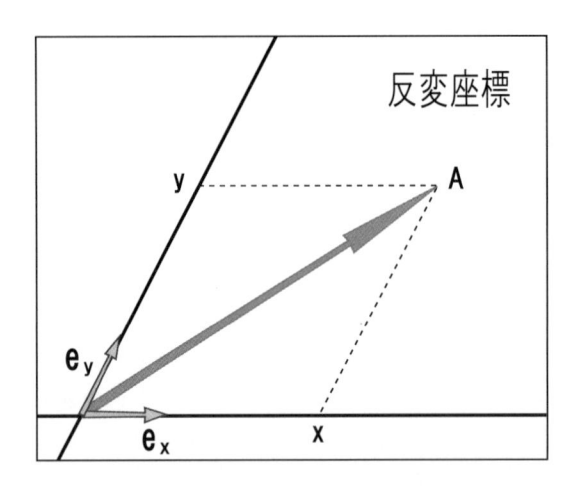

[図：反変座標]

つまり、x 座標を知りたければベクトルの先端から y 軸に平行に線を引いてやり、それが x 軸と交わったところの数値を読むわけだ。y 座標についてもベクトル A の先端から x 軸に平行に線を引いてやり、y 軸と交わったところの数値を読む。これは我々が慣れ親しんでいる方法であり、反変ベクトル的な変換をする座標成分である。

しかしこれとは違った方法でベクトル A の座標を決めることもできる。次の図のようにするのだ。

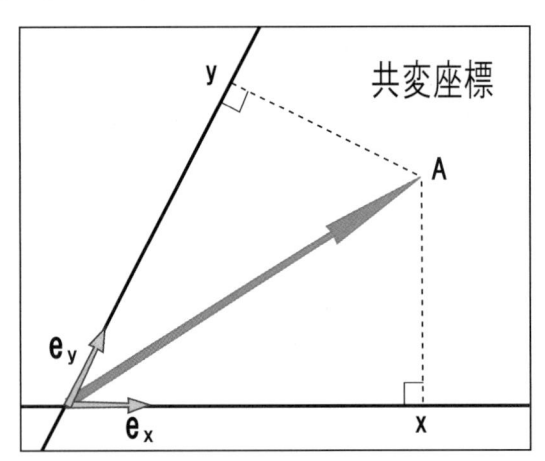

[図：共変座標]

つまり、x 座標を知りたければベクトル A の先端から垂直に x 軸に線を降ろしてやり、x 軸と交わったところの値を読む。また、y 座標を知りた

2.15. 反変・共変の変換

ければベクトル A の先端から y 軸に向かって垂直に線を降ろしてやり、y 軸と交わったところの値を読む。これだって一理あるやり方だろう？これが共変ベクトル的な座標成分の決め方である。なぜこのやり方で共変ベクトルとなるのかはずっと後の方（5.2 節）で説明するので、今は深く悩まずに、後でそちらを参考にしながら考えてみて欲しい。

デカルト座標を使っている限りにおいてはこれら 2 つの方法のどちらを使おうとも全く違いはなかった。デカルト座標の計量テンソルが単位行列になっているのは反変と共変に違いがないことを表しているのである。

我々が反変ベクトル的な座標を愛用しているのには訳がある。ベクトル A を表すときに、x 軸方向の単位ベクトル e_x と y 軸方向の単位ベクトル e_y を使って、

$$A = x\,e_x + y\,e_y$$

と書き表すことができるという利点があるからだ。平行四辺形を作ってベクトルの合成、分解を行う方法を中学の頃から練習させられてきたと思うが、まさにその表現がそのまま使える状況になっているわけだ。

では共変ベクトル的な座標を使う利点はないのだろうか。ないことはない。共変的な座標 (x, y) では次のような関係が成り立っている。

$$x = A\cdot e_x \;,\;\; y = A\cdot e_y$$

つまり、ベクトル A の x 座標を知りたければ、x 軸方向の単位ベクトル e_x とベクトル A の内積を計算してやるだけでいい。しかし … うーん、使えそうであまり使えないだろ？

このように二通りの座標の決め方が存在することについて、人間にとって使いやすいかどうかという基準だけで一方を無視するわけにも行くまい。これらは表裏の関係で存在しており、実際、こうして理論上無視できない所にまで顔を出してきてしまっている。

ところで、反変ベクトルを共変ベクトルに変換するのにわざわざ計量テンソル g_{ij} を使わなくても 2 階の共変テンソルなら何でもいいんじゃないかと思うかも知れないが、実はその通りである。しかし今見たように、デカルト座標では反変と共変に違いがないのであった。よってデカルト座標の場合に「単位行列」になるような共変テンソルを使うのがもっとも自然であり、ちょうどそれが計量テンソルだというわけだ。

2.16　4次元の演算子

　ここまでテンソル解析の一般論を話してきた。思ったより少々長い道のりになってしまったが、それもこれも、物理法則を座標変換に対して形が変わらないような形式で書き表したいという目的の為である。あと一歩でそこへたどり着く。

　ただしかし、ここまでの話をそのまま4次元に拡張しただけで全てうまく行くほど甘くはない。なぜなら、我々がこれから扱うのはただの4次元空間ではなくて、「ミンコフスキー空間」だからだ。

　それでここまでの話にほんの少しの修正を加えることが必要になっている。ついでだから、これから使う数学的道具のいくつかをここで準備しておくことにしよう。

　以前の説明では2点間の微小距離 $\mathrm{d}s$ は座標変換によって変化しないと書いた。しかし相対論においては座標変換によって変化しない量は、

$$\mathrm{d}s^2 \;=\; -\mathrm{d}w^2 + \mathrm{d}x^2 + \mathrm{d}y^2 + \mathrm{d}z^2$$

として表される量である。これがミンコフスキー空間の特徴であった。よってミンコフスキー空間での計量は単なる4次元の単位行列ではなく、

$$\eta_{ij} = \begin{pmatrix} -1 & 0 & 0 & 0 \\ 0 & 1 & 0 & 0 \\ 0 & 0 & 1 & 0 \\ 0 & 0 & 0 & 1 \end{pmatrix}$$

と表される量である。これを「ミンコフスキー計量」と呼ぶ。相対論で基本となる計量なので、特別に η_{ij} という記号を使って表すことが多い。特殊相対論の範囲ではこの計量さえ知っていれば十分である。反変ベクトルを共変ベクトルに変化させるにはこの計量との縮約を取ってやればいいことになる。

　逆に共変ベクトルを反変ベクトルに変化させるには η_{ij} の逆行列である η^{ij} が必要だが、それは η_{ij} と全く同じものになっている。

　これまで説明した一般論からの修正点というのは実はただこれだけだ。

2.16. 4次元の演算子

電磁気学で ∇ (ナブラ) という記号が出てきたのを思い出してもらいたい。知らない人は、そういうものがあるのだな、くらいに記憶に留めて下されば結構である。

$$\nabla \equiv \left(\frac{\partial}{\partial x}, \frac{\partial}{\partial y}, \frac{\partial}{\partial z} \right)$$

これを4次元に拡張してやって、

$$\left(\frac{\partial}{\partial w}, \frac{\partial}{\partial x}, \frac{\partial}{\partial y}, \frac{\partial}{\partial z} \right)$$

という4次元ベクトルを作ってやる。こんな拡張をしなければならない理論的な必然性はあまりない。ただこういうものを準備しておくことで、数式を美しく表現するのに役に立つのだ。

ところで偏微分の記号というのは分子と分母の両方に ∂ 記号を書かなくてはならず、何だか面倒くさいので、次のような略記号を導入して数式を書き下すときの負担を軽減することにしよう。

$$\partial_i = \frac{\partial}{\partial x^i}$$

こうしておけば、∇ を4次元に拡張したベクトル演算子の i 番目の成分を表すために ∂_i と書くだけで良く、大変すっきりした表現ができる。この記号の添え字が右下に付いているのはこれが共変ベクトルであることを表しているのである。

この省略法はやたらと使えばいいというものではない。逆にこの書き方をすることで分かりにくくなることがあるので、状況に応じて使い分けることになるだろう。

さて、∂_i は共変ベクトルだが、これとミンコフスキー計量 η^{ij} とを組み合わせて縮約をしてやることで ∂^i という反変ベクトルが作れるはずだ。それは、

$$\partial^i = \eta^{ij} \partial_j = \left(-\frac{\partial}{\partial w}, \frac{\partial}{\partial x}, \frac{\partial}{\partial y}, \frac{\partial}{\partial z} \right)$$

となる。最後の等号の使い方があまり正しいものではないが、まぁ言いたいことは伝わるだろう。

さて、今紹介した2つの4次元の微分演算子を組み合わせて縮約を取ってみたらどうなるだろう。それはスカラー的な演算子になるはずだ。実際

第2章 座標変換の理論

次のようになる。

$$\partial^i \partial_i = -\frac{\partial^2}{\partial w^2} + \frac{\partial^2}{\partial x^2} + \frac{\partial^2}{\partial y^2} + \frac{\partial^2}{\partial z^2}$$

$$= -\frac{1}{c^2}\frac{\partial^2}{\partial t^2} + \nabla^2$$

ここで ∇^2 と書いた部分は、「ラプラス演算子」または「ラプラシアン」と呼ばれ、力学でも電磁気学でも良く使う記号である。代わりに $\triangle$ という三角記号が使われることもある。

そして今求めた演算子はその 4 次元的な拡張となっているので、洒落で四角い記号で表し、「4 次元ラプラシアン」とか、数学者ダランベール (d'Alembert) に因んで「ダランベール演算子」あるいは「ダランベルシャン」と呼ばれている。

$$\Box \equiv \partial^i \partial_i$$

これでダランベルシャンはスカラー的な演算子なのだいうことが分かった。これからの議論でどう使うかはお楽しみに。

あと、心配のし過ぎかも知れないが、読者がつまづかないかと心配になるところが幾つかあるので書いておこう。今後、計量と計量の縮約計算が出てくることが良くある。例えば、$g_{ik}\, g^{kj}$ という感じのものだ。この計算というのは良く良く考えてみれば、行列どうしの積と同じルールの計算である。そして、g_{ik} と g^{kj} とは、互いに逆行列の関係にあるのだったから、この計算結果は、単位行列になるのである。それを次のように表す。

$$g_{ik}\, g^{kj} = \delta^i{}_j$$

ここで使っている $\delta^i{}_j$ というのは「クロネッカーのデルタ記号」と呼ばれているもので、$i = j$ のときに 1 で、$i \neq j$ のときに 0 となることを表すものである。単位行列の成分を表すのにちょうど良い記号だろう。この記号も後の方で良く使われるので意味を覚えておいて欲しい。

さらにもう一つ、$\delta^i{}_i$ なんてものが出てきたら、どう計算したら良いだろうか。これを即座に 1 だと考えてしまう間違いが良くある。添え字に同じ

2.16. 4次元の演算子

記号が使われているときには和の記号が省略されていると考えるのだから、4次元の場合には、

$$\begin{aligned}\delta^i{}_i &= \delta^0{}_0 + \delta^1{}_1 + \delta^2{}_2 + \delta^3{}_3 \\ &= 1 + 1 + 1 + 1 \\ &= 4\end{aligned}$$

となるのである。

まぁ、これくらい説明しておけば、**多分**、大丈夫だろう。もし計算で分からない部分が出てきても、その裏にはちゃんとした理屈があるはずだから、何とかしてその仕掛けを見つけ出してみてほしい。もちろん、私の計算間違いや勘違い、誤植の可能性だってないわけではない。

第3章　相対性原理の実践

3.1　相対論的な運動方程式

　相対性原理とは、あらゆる慣性系が同等であると考え、どの慣性系でも同じ形の法則が成り立つことを要求するものである。

　第2章で学んだテクニックを使って、これから相対性原理を満たすことが一目で分かるような形に、物理の基本法則を書き直してやることにしよう。

　これが物理学の新しい流れであり、相対論が物理学の革命であると言われるのは実はこのことなのである。光速が誰から見ても一定であるという非常識さに世の衆が驚いて「これはまさに革命的な理論だ」と無邪気に叫んでいるのとはちょっと違って、こういう深い意味があるのである。

　手始めに力学法則から取り掛かろう。ニュートンの運動方程式

$$\boldsymbol{F} = m \frac{\mathrm{d}^2 \boldsymbol{x}}{\mathrm{d} t^2}$$

の右辺がローレンツ変換によってひどく形が変わってしまうことは第2章 (2.7節) ですでに確認した。

　では、形が変わらないようにする為にはどうしたらいいのだろうか。時間で微分している所の変換が厄介だったのだから、時間微分の代わりに固有時で微分してやれば良さそうだ。固有時は座標系によって変化しない量なので

$$\frac{\mathrm{d}}{\mathrm{d}\tau} = \frac{\mathrm{d}}{\mathrm{d}\tau'}$$

のようになり、座標変換後も同じ形が保証されるだろう。2階微分してもやはり大丈夫だ。

　しかしこれだけで全て解決してしまうほど甘くはない。右辺の分子のところのベクトル $\boldsymbol{x} = (x, y, z)$ はローレンツ変換すると時間 w を含んだ形に

変わってしまって、元の式とは違うものになってしまう。これを避けるにはどうしたら良いだろう。

　ここでちょっと考えに飛躍が必要かも知れない。時間と空間を分けて考えているからうまく行かないのである。ベクトル x の部分を (w,x,y,z) という4次元ベクトルだと考えてやれば、ローレンツ変換後もやはり4次元ベクトルで表されることになり、式の形式が変わらないではないか。

　そうするとなると、今度は左辺も4次元量にしておかなくては式が釣り合わないだろう。力というのは座標軸に沿って各成分ごとに測られる量であったはずだが、これにさらに4つ目の成分を付け加えるとなると、それは「力の時間軸方向の成分」ということになるだろうか。訳の分からない量である。しかし開き直って「力は4次元ベクトルで表される量である」と認めてしまうことにしよう。この量を4つの成分を持つ力という意味で「**4元力**」と呼ぶ。3元力である F と区別するために、ここの解説では $f(f^0, f^1, f^2, f^3)$ という記号を使って表すことにしよう。

　ところで、こんな風に人為的に作り変えてしまった式に意味があるだろうか。実はそこが大事で、ここまでに考えたことは参考に留めておいて、ちょっと微調整をしておいた方が良いだろう。取り敢えず、これは美意識の問題でしかないのだが、ニュートンの運動方程式が $F = \frac{dp}{dt}$ のように表せることに倣って

$$f = \frac{dp}{d\tau}$$

という式が成り立つように調整しておきたいと思う。f は4元量なので、右辺の運動量 p も4つの成分を持っていなくては式がアンバランスだが、これについては4元運動量というものがあることをすでに説明した。それを使えば良いだろう。この式に4元運動量の定義として前にも使った、

$$p = mcu = mc\frac{dx}{d\tau}$$

というものを代入してやると次のような形になる。

$$f = mc\frac{d^2 x}{d\tau^2}$$

微調整と言っても c が余分に付いてくることだけだったか。以降はこの式を使って説明していこう。

110

3.1. 相対論的な運動方程式

　この式はローレンツ変換しても形が変わらないのが明らかである。このように座標変換しても形式が変わらないものを「**共変形式**」と呼ぶ。座標と「共に」「変わる」わけではないのに共変と呼ぶのはおかしい気がするが、とにかくそう呼ばれている。どちらかと言えば「不変形式」と呼んだ方がいいくらいだ。この用語は、第 2 章で出てきた「共変ベクトル」とは関係ないようだ。全く別の概念として捉えた方が混乱しなくて済むだろう。いや、何か関係あるのだろうか。私には良く分からない。

　どこか理屈がはっきりしない気もするが、こういう条件を満たす法則こそが宇宙の真実の姿を表す法則として美しい、とアインシュタインは考えたわけだ。

　いくら相対性原理を満たしているからと言っても、この関係が本当に正しいとまで言えるのだろうか。そんな心配はしなくてもよい。4 元力 f がどんな意味を持つかについては、この式を使ってこれから考えるのである。4 元運動量や固有時の意味はすでに説明してあるのでこれを手がかりにすればいい。この式は 4 元力の定義式なわけだ。ただし通常の範囲においてはニュートン力学と同じになることを期待してこの式を作ってはある。では初めに、この式がニュートン力学的な極限でどのような意味を持つかを確認しておこう。

　まず、固有時で微分している部分であるが、固有時というのは、相対速度が光速に比べて極めて遅い場合には我々が普通に認識している時間とほとんど変わらない。

　なぜなら固有時の定義は

$$\begin{aligned} d\tau^2 &= dw^2 - dx^2 - dy^2 - dz^2 \\ &= (c\,dt)^2 - dx^2 - dy^2 - dz^2 \end{aligned}$$

であって、微小時間 dt の間に動く距離 dx, dy, dz は $c\,dt$ に比べれば無視できる程度だからである。ただ固有時には光速度 c が余分にかかっている点だけが違う。

$$d\tau \fallingdotseq c\,dt$$

　また 4 元運動量は $(\frac{E}{c}, \gamma m v_x, \gamma m v_y, \gamma m v_z)$ であるが、相対速度が遅い場合には γ はほぼ 1 なので、通常の運動量のように扱っていい。よって相対

論的運動方程式はニュートン力学の極限では

$$f = \frac{1}{c}\frac{d\boldsymbol{p}}{dt}$$

という形になる。これは光速度 c の違いがあるだけでニュートンの運動方程式と同じものである。4元力というのはニュートン力学的な極限では、我々が通常使っている力と同じものであって、ただ光速度で割られている分小さいだけだということだ。

ところで、4元力の第0成分 f^0 は何かと言えば、4元運動量の第0成分を入れてやれば

$$f^0 = \frac{1}{c^2}\frac{dE}{dt}$$

となり、エネルギーの変化、すなわち仕事率を c^2 で割ったものになっていることが分かる。

相対論的な速度で運動する他の視点から見れば、我々が力だと思っているものの一部が仕事率に見え、我々が仕事率だと思っているものの一部が力として観察されるのだろう。

さて、次は逆に相対論的な極限で4元力がどのように見えるかを考えてみたいが、こちらは日常とはかけ離れた現象なので、まぁ、式を見てそういうものだと理解するしかないだろう。

速度が光速に近付くにつれて γ は無限大に向かうので、運動量は無限大に近付いてゆく。逆に言えば運動量が無限にならない限り、物体は光速に到達できないということだ。さらに、分母にある固有時が0に近付くため、4元力はそれ以上に大きくなる。逆に言えば、物体の運動量を同じような割合で増加させていこうと思ったら、力をどんどん大きくしていかないといけないということだ。

しかしこれも少し誤解を生みそうな表現ではある。何もこの式によって新しい現象が発見できたわけではない。結局はただ、そういう風に考えられる量を4元力であると定義しただけに過ぎないのだ。

> **趣味の提案**
>
> ここの話はあまり深いところまでは突っ込めていないと感じている。この方程式を使った相対論的力学という応用があるので、その辺りを専門書で学んだり練習問題を解いたりしながら、さらに考えてみると良いと思う。

3.2 運動量ベクトルの変換

　ある点に質量 m の静止した質点が存在するとき、相対論的にはそこに mc^2 のエネルギーが存在していると解釈できる。ところが、それに対して速度 v で運動する人がこれを見れば、同じ点に γmc^2 のエネルギーが存在していると解釈できることになる。ところがエネルギーだけではない。同時に運動量 γmv もそこにあると見るだろう。

　ある人にはエネルギーにしか見えないものが、別の立場では運動量にもなるのである。

　逆は言えるだろうか？自分にはある瞬間、ある点に運動量 p があるように見えるとする。それを自分に対して速度 v で運動する人から見たら、この点の運動量はどのように変化して見えるだろう？これは難しい。ただ運動量 p とだけ言われても、元々の質量が不明だし、質点の速度も分からないからである。さらには、「速度も質量も異なるような複数の質点がその時たまたま同じ位置にあって、その合計が p だと言っているのかも知れない」と勘ぐることもできる。

　視点の違いによって運動量がどう変化して見えるかを求めるには、次の二つの約束がされていないと難しいということだ。一つ、速度の異なる複数の質点が同じ場所を占めているなどという計算を面倒にするような状況は起こっていないとすること。もう一つ、その質点の質量、すなわち静止時のエネルギーも知らされていること。

　いや、2 番目の条件は少々強過ぎる。代わりに、運動する質点の全エネルギー γmc^2 が知らされていても構わない。運動量が γmv なので、二つの情報から質点の速度 v が割り出せるはずだからだ。

　結局、ある人から見た運動量とエネルギーの情報さえあれば、その値を、

第3章 相対性原理の実践

別の人から見た値に変換できるということだ。冒頭では、静止エネルギーだけから別の視点でのエネルギーと運動量を両方導いたように話しているが、実は自分から見て運動量が 0 だという情報もこっそり使っていたのであった。

「エネルギーと運動量の値を一組にして扱えば、あらゆる慣性系での値が導き出せる」とは言ったが、その具体的な変換式の形がどうなるかを見てみないと気になるだろう。求めてみよう。

自分から見て、ある質点のエネルギーと運動量が E, p_x, p_y, p_z だという情報があるとする。そのとき、

$$\frac{\bm{p}}{E} = \frac{\gamma m \bm{v}}{\gamma m c^2} = \frac{\bm{v}}{c^2}$$

という計算ができるから、この物体の速度は

$$\bm{v} = \frac{c^2}{E}(p_x, p_y, p_z)$$

であるということが導かれる。また、その v を使って γ が計算できるから、この質点の質量は $m = E/(\gamma c^2)$ であることが分かる。あとは、自分に対して速度 $\bm{V}$ で運動している人から見て、この質点の速度 $\bm{v}$ がどう見えるかさえ分かれば…。ああ、こりゃ面倒くさい!! こんな回りくどい考え方じゃなくて、もっと簡単に計算できる方法はないものか。いや、それが別の方法でできそうなのだ。やってみよう。

質量 m が動いているとき、私にはそれが、

$$(E, p_x, p_y, p_z) = (\gamma m c^2, \gamma m v_x, \gamma m v_y, \gamma m v_z)$$

に見えるわけだ。それは質点の 4 元速度 (35 ページ) を使えば、

$$= (mc^2\, u^0,\, mc\, u^1,\, mc\, u^2,\, mc\, u^3)$$

と表現できる。…ああ、そうか。ちゃんと初めからエネルギーと運動量の次元を合わせておいてやれば、次のような非常に整った形式で表せるではないか。

$$\left(\frac{E}{c}, p_x, p_y, p_z\right) = mc\,(u^0, u^1, u^2, u^3) \tag{1}$$

運動量とエネルギーの組で作ったベクトルが、4 元速度ベクトルとこのような単純な関係になっているなんて気付かなかった。第 1 章では $E = mc^2$ の公式にたどり着くのに夢中になっていたからな。ああ、そうか、この左辺は 4 元運動量ベクトルに他ならないではないか。話は予定していたよりも簡単に済みそうだ。

とにかく、自分に対して速度 V で運動している別の慣性系にいる人にだって同じことが言えるはずで、質点のエネルギーと運動量が同じ形式で表せると主張しているはずだ。ということは、その質点の 4 元速度がその慣性系でどう見えるかをローレンツ変換で求めてやりさえすれば、それに mc を掛けるだけで、その慣性系でのエネルギーや運動量を求められることになる。4 元速度というのは反変ベクトルであって、ローレンツ変換と同じ形の変換に従う。だからこれまでずっと添え字を右上に書いてきたのだ。

$$\begin{aligned} u'^0 &= \gamma(u^0 - \beta u^1) \\ u'^1 &= \gamma(u^1 - \beta u^0) \\ u'^2 &= u^2 \\ u'^3 &= u^3 \end{aligned}$$

そして (1) 式の左辺の 4 元運動量ベクトルも同様に反変ベクトルであって、これもローレンツ変換と同じ変換則に従っていることになるんだなぁ。なんだ、分かってみればえらく簡単なルールではないか。

ちなみに、初めにチャレンジしようとした面倒な方法を使っても、長大な計算の末に同じ結果にたどり着くことは確認済みである。

3.3 エネルギー運動量テンソル

前節のような質点の話だけではもったいない。もっと質量がふわーっと広がって存在する状況についても考えよう。質量が連続した密度分布を持つと考えるのである。質量の密度というのは、相対論的に言えば「**エネルギー密度**」である。また同時に、単位体積あたりに存在する運動量「**運動量密度**」という概念も導入する。

考えることは先ほどとほとんど変わらない。運動する「密度 ρ の連続体」のエネルギー密度は、私には $\gamma \rho c^2$ に見えている。先ほどの議論の m を ρ

に変えただけのことだ。さて、本当にそれだけでいいだろうか。ローレンツ収縮により、連続体は進行方向に対して縮んでいるように私には見える。体積が縮んだ分だけ単位体積あたりの密度は γ 倍に増加しているように見えるはずなのだ。よってエネルギー密度 ε は、$\gamma^2 \rho c^2$ に見えているとするのが正解である。同様の理由で運動量密度 π も $\gamma^2 \rho v$ と表されることになる。これらを 4 元速度を使って表せば、

$$\text{エネルギー密度}: \varepsilon = \gamma^2 \rho\, c^2 = u^0 u^0 \rho c^2$$
$$\text{運動量密度}: \pi_x = \gamma^2 \rho\, v_x = u^0 u^1 \rho c$$
$$\pi_y = \gamma^2 \rho\, v_y = u^0 u^2 \rho c$$
$$\pi_z = \gamma^2 \rho\, v_z = u^0 u^3 \rho c$$

となる。なんと、ほとんど同じ形式できれいにまとまってしまった。c だけ違うのはエネルギーと運動量の次元の差だから仕方がない。それでこれを美しくまとめて表現するために、次のような行列を作ってやろう。

$$T^{\mu\nu} = \rho c^2 \begin{pmatrix} u^0 u^0 & u^0 u^1 & u^0 u^2 & u^0 u^3 \\ u^1 u^0 & u^1 u^1 & u^1 u^2 & u^1 u^3 \\ u^2 u^0 & u^2 u^1 & u^2 u^2 & u^2 u^3 \\ u^3 u^0 & u^3 u^1 & u^3 u^2 & u^3 u^3 \end{pmatrix}$$

これを「**エネルギー運動量テンソル**」と呼ぶ。4 元速度ベクトルは反変ベクトルなのであった。この行列は 2 つの 4 元速度の組み合わせで出来ているので、2 階の反変テンソルとして変換されるはずだ。4 元速度の概念に果たして使い道なんてあるのだろうかなんて言っていたこともあったが、今や大活躍だ。

このテンソルは 4 元速度ばかりで埋め尽くされていて、エネルギーと運動量のテンソルだという実感がわかないので、エネルギー密度 ε と運動量密度 π がどのように含まれているのかが分かるように書き直してみよう。

$$T^{\mu\nu} = \begin{pmatrix} \varepsilon & c\pi_x & c\pi_y & c\pi_z \\ c\pi_x & \rho c^2\, u^1 u^1 & \rho c^2\, u^1 u^2 & \rho c^2\, u^1 u^3 \\ c\pi_y & \rho c^2\, u^2 u^1 & \rho c^2\, u^2 u^2 & \rho c^2\, u^2 u^3 \\ c\pi_z & \rho c^2\, u^3 u^1 & \rho c^2\, u^3 u^2 & \rho c^2\, u^3 u^3 \end{pmatrix}$$

3.3. エネルギー運動量テンソル

右下の 9 成分は、物理的には応力テンソルを表しているのだが、なぜそう言えるのかについては、連続体の力学を学んで各自で考えてもらいたい。ちょっと詳しめの力学の教科書を手に取れば載っているだろう。私はこの部分について詳しく語るだけのネタを持ち合わせていない。

このテンソルを使えばエネルギー保存則や運動量保存則がさっぱりした形式で表されてしまう。例えば T^{01} を見よう。T^{01} には運動量密度が入っているのだが、見方を変えれば、

$$T^{01} \;=\; c\pi_x \;=\; c\gamma^2 \rho\, v_x \;=\; \frac{1}{c}\, v_x \gamma^2 \rho c^2 \;=\; \frac{1}{c}\, v_x\, \varepsilon$$

となり、x 方向の速度とエネルギー密度を掛けて c で割ったものとして解釈できる。つまり、$1 \times 1 \times v_x$ という大きさの箱の中に含まれるエネルギー量を c で割ったものである。これは面積が 1×1 の yz 平面を通って、x 方向へ 1 秒間に通り過ぎてゆくエネルギー量（を c で割ったもの）に等しい。すなわち、エネルギーの流量を表していると言えるわけだ。

下手な誤解が生じないようにちゃんと微小量を使って議論しよう。もし T^{01} に $\mathrm{d}y\,\mathrm{d}z$ を掛ければ、$\mathrm{d}y\,\mathrm{d}z$ の大きさの yz 平面を通って x 方向へ 1 秒間に通り過ぎてゆくエネルギー量（を c で割ったもの）に等しいということは納得してもらえるだろう。

$$T^{01}\ \mathrm{d}y\,\mathrm{d}z$$

これを x で微分して $\mathrm{d}x$ を掛ければ、微小距離 $\mathrm{d}x$ だけ離れた 2 点で、エネルギーの流量にどれだけの差があるかが求められることになる。

$$\frac{\partial T^{01}}{\partial x}\ \mathrm{d}x\,\mathrm{d}y\,\mathrm{d}z$$

流れの上流と下流の 2 点間に差があれば、エネルギーはその範囲内に徐々に蓄積されているか、あるいは元々その範囲内にあったものが余分に流出しているかのいずれかである。そうでなければエネルギーの総量は保存していないことになる。いや、y 方向や z 方向からの流入や流出も考えないといけないだろう。というわけで、次のようにすれば文句はあるまい。

$$\left(\frac{\partial T^{01}}{\partial x} + \frac{\partial T^{02}}{\partial y} + \frac{\partial T^{03}}{\partial z} \right)\ \mathrm{d}x\,\mathrm{d}y\,\mathrm{d}z$$

第 3 章　相対性原理の実践

　これが微小体積 $dV = dx\,dy\,dz$ の領域から単位時間あたりに流出しているエネルギーの総量（を c で割ったもの）である。もし値が負ならば微小領域への流入を表している。

　ところで、微小領域 dV のエネルギー（を c で割ったもの）は $\frac{1}{c}\varepsilon\,dV$ と表せるが、テンソルの成分を使って表現すれば、$\frac{1}{c}T^{00}\,dV$ である。つまり、次の式が成り立つことになる。

$$\left(\frac{\partial T^{01}}{\partial x} + \frac{\partial T^{02}}{\partial y} + \frac{\partial T^{03}}{\partial z}\right) dx\,dy\,dz = -\frac{1}{c}\frac{\partial T^{00}}{\partial t}\,dV$$

領域内のエネルギーが減少したときに流出量が増えるのだから、右辺に負がついているのである。式を整理すれば、

$$\frac{\partial T^{00}}{\partial (ct)} + \frac{\partial T^{01}}{\partial x} + \frac{\partial T^{02}}{\partial y} + \frac{\partial T^{03}}{\partial z} = 0$$

となり、これがエネルギー保存を意味する式だというわけだ。これをアインシュタインの記法で表せば、

$$\frac{\partial T^{0\nu}}{\partial x^\nu} = 0$$

となる。もっと略して、

$$\partial_\nu T^{0\nu} = 0$$

と書いてもいい。

　同じようにすれば運動量保存則も表せそうだ。例えば T^{11} を考える。

$$T^{11} = \rho c^2 u^1 u^1 = \rho c^2\,\frac{\gamma v_x}{c}\,\frac{\gamma v_x}{c} = \gamma^2 \rho\,v_x\,v_x = \pi_x v_x$$

であり、1 秒間あたりに yz 面を通って x 方向へ流れる運動量の x 成分を表している。後はエネルギー保存と同様の議論をするだけであるから、少々すっ飛ばしても分かるだろう。これに $dy\,dz$ を掛けて、x で微分して dx を掛ければ流量の差が求められて、y 方向や z 方向についても考慮すれば、次のようになる。

$$\left(\frac{\partial T^{11}}{\partial x} + \frac{\partial T^{12}}{\partial y} + \frac{\partial T^{13}}{\partial z}\right) dx\,dy\,dz$$

これが微小体積 $dV = dx\,dy\,dz$ の領域から単位時間あたりに流出している運動量の x 成分の総量である。

3.3. エネルギー運動量テンソル

ここで $\pi_x = T^{10}/c$ であることを使って、

$$\left(\frac{\partial T^{11}}{\partial x} + \frac{\partial T^{12}}{\partial y} + \frac{\partial T^{13}}{\partial z}\right) dx\, dy\, dz = -\frac{1}{c}\frac{\partial T^{10}}{\partial t} dV$$

となる。後は整理すれば、

$$\frac{\partial T^{1\nu}}{\partial x^\nu} = 0$$

である。y 成分や z 成分についても同じである。

エネルギー保存と運動量保存の 4 つの式は、一まとめに、

$$\partial_\nu T^{\mu\nu} = 0$$

と書き表せるというのがこの節での重要な結論である。

エネルギー保存と運動量保存が同じ土俵の上に並べられたことについて、神秘を感じているだろうか。それとも単にたまたま形式的にまとめるのに成功しただけだと考えているだろうか。もう少し掘り下げて見ておこう。

上に出てきた $\partial_\nu T^{\mu\nu}$ という量は 1 階の反変テンソル、すなわち反変ベクトルである。次のように定義し直せば分かりやすいだろうか。

$$\boldsymbol{A} = (A^0, A^1, A^2, A^3) = (\partial_\nu T^{0\nu}, \partial_\nu T^{1\nu}, \partial_\nu T^{2\nu}, \partial_\nu T^{3\nu})$$

このベクトル $\boldsymbol{A}$ の意味は直観的には説明しがたいが、$A^0 = 0$ はエネルギー保存を表している。あらゆる慣性系で $A^0 = 0$ が成り立つならば、他の 3 つの A^μ も常に 0 でなければならない。$\boldsymbol{A}$ がローレンツ変換と同じ変換則に従う以上、どれか一つの成分だけが常に 0 ということは有り得ないのである。

つまり、エネルギー保存があらゆる慣性系で成り立つならば、必ず運動量保存も成り立っていなければならないことになるし、逆も言える。つまり、2 種類の独立した法則がたまたま同じ形式の上に乗っかったわけではない。解析力学を学んでいるならば、エネルギー保存が時間変化の不変性に、運動量保存が空間的移動の不変性に関わっていることを知っているだろう。相対論は時間と空間に同じ資格を持たせているのだから、こうなって当然なのである。

ではこのような表現を可能にしたエネルギー運動量テンソルとは何者であろうか。

これは物質の存在状態を表す何か根源的な量なのであろうか？ 物質は「テンソル」として4次元の宇宙に存在しているのだが、それが人間にとっては見る立場によって様々な姿に見えてしまう…。いや、そんな大それた量ではないだろう。私は単なるメモ帳くらいの存在に思っている。成分が多い割には中の情報はすかすか。冗長性が高い。それでも大変便利な表現形式のメモ帳だ。

3.4　相対論的なマクスウェル方程式

次に電磁気学についても同様の書き換え作業をしてやろう。とは言っても、マクスウェル方程式がローレンツ変換しても形が変わらないことはすでに分かっている。と言うより、もともとローレンツ変換はマクスウェル方程式が形式を変えないようにと考え出された変換なのであった。しかしそのことが一目で明らかであるような形式に直しておきたいのだ。

以降、この章の終わりまでは少しレベルを上げる。電磁気学を学んでいない読者は置いてけぼりにされる可能性が高いが、次の章に進むのには何の問題もないので、「へぇ、そうなんだぁ」くらいに思って軽く読み流してもらえばいいだろう。しかし電磁気学をある程度まで知っている人にとってはちょっと感動する話ではあると思うのだ。

ベクトル形式で書いた「真空中のマクスウェル方程式」は、次の4つの式で表される。

$$-\frac{1}{c^2}\frac{\partial \boldsymbol{E}}{\partial t} + \mathrm{rot}\boldsymbol{B} = \mu_0 \boldsymbol{i} \tag{1}$$

$$\frac{\partial \boldsymbol{B}}{\partial t} + \mathrm{rot}\boldsymbol{E} = 0 \tag{2}$$

$$\mathrm{div}\boldsymbol{E} = \rho/\varepsilon_0 \tag{3}$$

$$\mathrm{div}\boldsymbol{B} = 0 \tag{4}$$

真空中であることを意識して、電束密度 $\boldsymbol{D}$ や磁場の強さ $\boldsymbol{H}$ を使わない形式にしてあるが、これは以前に 2.9 節で書いた 8 つの方程式 (4)〜(11) 式と同じものである。なぜこんなに形式が違って見えるかと言うと、電磁気学では偏微分が複雑に組み合わされたものの意味が分かりやすくなるよう

3.4. 相対論的なマクスウェル方程式

に、特別な略記法を使って工夫しているのである。それは例えば、ベクトル $\boldsymbol{Q}(q_x, q_y, q_z)$ と関数 $f(x, y, z)$ があったとしたら、

$$\mathrm{rot}\,\boldsymbol{Q} \equiv \left(\frac{\partial q_z}{\partial y} - \frac{\partial q_y}{\partial z},\ \frac{\partial q_x}{\partial z} - \frac{\partial q_z}{\partial x},\ \frac{\partial q_y}{\partial x} - \frac{\partial q_x}{\partial y}\right)$$

$$\mathrm{div}\,\boldsymbol{Q} \equiv \frac{\partial q_x}{\partial x} + \frac{\partial q_y}{\partial y} + \frac{\partial q_z}{\partial z}$$

$$\mathrm{grad}\,f \equiv \left(\frac{\partial f}{\partial x},\ \frac{\partial f}{\partial y},\ \frac{\partial f}{\partial z}\right)$$

という具合である。意味は電磁気学の教科書で学んでもらいたい。

さて、ここで磁場 $\boldsymbol{B}$ と電場 $\boldsymbol{E}$ との間に次のような関係を持つような、ベクトルポテンシャル $\boldsymbol{A}$ と静電ポテンシャル ϕ いうものを導入してやる。

$$\boldsymbol{B} = \mathrm{rot}\,\boldsymbol{A}$$
$$\boldsymbol{E} = -\mathrm{grad}\,\phi - \frac{\partial \boldsymbol{A}}{\partial t}$$

これらを先ほどの (1)~(4) の 4 つの式に代入してやると、(2) 式と (4) 式は自動的に満たされてしまい、もはや存在価値がなくなるし、(1) 式と (3) 式は次のような複雑で訳の分からない形へと変わってしまう。

$$\left(\nabla^2 - \frac{1}{c^2}\frac{\partial^2}{\partial t^2}\right)\boldsymbol{A} - \mathrm{grad}\left(\mathrm{div}\,\boldsymbol{A} + \frac{1}{c^2}\frac{\partial \phi}{\partial t}\right) = -\mu_0 \boldsymbol{i} \qquad (5)$$

$$\nabla^2 \phi + \mathrm{div}\frac{\partial \boldsymbol{A}}{\partial t} = -\frac{\rho}{\varepsilon_0} \qquad (6)$$

ここまでは電磁気学をざっと復習しただけである。ベクトルポテンシャルの考えに不慣れな読者は、この簡潔すぎて不親切な説明を自力で解読しようとは思わないでただ軽い気持ちで受け入れるだけにしておいた方が良いかも知れない。

相対論を使わない電磁気学では、ここからゲージ変換によってローレンツ条件というものを満たすようにして式の簡略化を試みることをするのだが、第 2 章で相対論的な演算子について学んだこの段階ではそんな手続きを経ないでも簡単に表すことができるようになっている。

第 3 章　相対性原理の実践

まず (6) 式を (5) 式の形に近付けることを考えてみよう。そのために次のように 2 つの項を追加してやる。

$$\left(\nabla^2 - \frac{1}{c^2}\frac{\partial^2}{\partial t^2}\right)\phi \ + \ \mathrm{div}\frac{\partial \boldsymbol{A}}{\partial t} \ + \ \frac{1}{c^2}\frac{\partial^2 \phi}{\partial t^2} \ = \ -\frac{\rho}{\varepsilon_0}$$

引いた分だけ後で足しているので差し引き 0 である。これでかなり似た形になっただろう。後ろの項の時間微分をくくり出してやれば、さらに似た形になる。

$$\left(\nabla^2 - \frac{1}{c^2}\frac{\partial^2}{\partial t^2}\right)\phi \ + \ \frac{\partial}{\partial t}\left(\mathrm{div}\boldsymbol{A} + \frac{1}{c^2}\frac{\partial \phi}{\partial t}\right) \ = \ -\frac{\rho}{\varepsilon_0}$$

ここで次元を合わせるために両辺を c で割ってやる。なぜなら (5) 式の grad の部分は空間座標による微分であって、一方、この式の同じ部分は時間微分になっているからである。

$$\left(\nabla^2 - \frac{1}{c^2}\frac{\partial^2}{\partial t^2}\right)\frac{\phi}{c} \ + \ \frac{\partial}{\partial w}\left\{\mathrm{div}\boldsymbol{A} + \frac{1}{c}\frac{\partial}{\partial t}\left(\frac{\phi}{c}\right)\right\} \ = \ -\frac{\rho}{\varepsilon_0 c}$$

全ての式が同じ形式で書けるようにするために、もう一つ工夫する。電磁気学でもやることだが、ベクトルポテンシャル $\boldsymbol{A}$ に静電ポテンシャル ϕ を加えて、「**電磁ポテンシャル**」と呼ばれる 4 元ベクトルに拡張してやる。また、電流密度 $\boldsymbol{i}$ に電荷密度 ρ を加えることで 4 元量に拡張した「**4 元電流密度**」$\boldsymbol{j}$ も導入しよう。つまり次のような量を定義するのである。

$$\boldsymbol{A} \equiv \left(\frac{\phi}{c}, \ A_x, \ A_y, \ A_z\right)$$

$$\boldsymbol{j} \equiv (c\rho, \ i_x, \ i_y, \ i_z)$$

これと、$c^2 = \varepsilon_0 \mu_0$ であることを使えば、次のように右辺まで (5) 式と同じ形に合わせることができる。

$$\left(\nabla^2 - \frac{1}{c^2}\frac{\partial^2}{\partial t^2}\right)A^0 \ + \ \frac{\partial}{\partial w}\left(\mathrm{div}\boldsymbol{A} + \frac{\partial}{\partial w}A^0\right) \ = \ -\mu_0 j^0 \qquad (7)$$

一方、(5) 式の方も grad などを使ってベクトル表記してあるが、実は次

3.4. 相対論的なマクスウェル方程式

のような 3 つの式の集合体である。

$$\left(\nabla^2 - \frac{1}{c^2}\frac{\partial^2}{\partial t^2}\right)A^1 - \frac{\partial}{\partial x}\left(\mathrm{div}\boldsymbol{A} + \frac{\partial}{\partial w}A^0\right) = -\mu_0 j^1$$
$$\left(\nabla^2 - \frac{1}{c^2}\frac{\partial^2}{\partial t^2}\right)A^2 - \frac{\partial}{\partial y}\left(\mathrm{div}\boldsymbol{A} + \frac{\partial}{\partial w}A^0\right) = -\mu_0 j^2 \quad (8)$$
$$\left(\nabla^2 - \frac{1}{c^2}\frac{\partial^2}{\partial t^2}\right)A^3 - \frac{\partial}{\partial z}\left(\mathrm{div}\boldsymbol{A} + \frac{\partial}{\partial w}A^0\right) = -\mu_0 j^3$$

(7) 式と (8) 式にはごく僅かな差が見られるが、4 次元の微分演算子の知識を使えばまるで問題ない。これらの 4 つの式は、次のような極めて簡単な一つの式でまとめて表せることになる。

$$\Box A^\mu - \partial^\mu(\partial_\nu A^\nu) = -\mu_0 j^\mu \quad (9)$$

このたった一つの式に、マクスウェル方程式の全てが集約されているのである。ああ、何と美しい表現だろうか。学部生の頃に「黒板にマクスウェル方程式を書いてみろ」と言われてこの式を書いたりなんかできたらかっこ良かっただろうなぁ。しかしこれをやると次から教授にマークされるという、危険を伴う諸刃の剣ではある。

ここまで、$\boldsymbol{A}$ や $\boldsymbol{j}$ の成分を何の説明もなく反変ベクトルとして扱ってきたわけだが、それにはちゃんと根拠がある。その説明は次の節で行うことにしよう。その前にちょっとした注意を挟んでおいた方がいいかも知れない。

教科書によってはマクスウェルの方程式を

$$\Box A_\mu - \partial_\mu(\partial_\nu A^\nu) = -\mu_0 j_\mu$$

のように表現してあり、両辺を共変ベクトルに合わせてあることがある。しかし「どっちが正しいんだ?」なんて訝ってはいけない。ミンコフスキー計量による反変と共変の変換をした場合、第 0 成分の両辺にマイナスが付くか付かないかだけの違いであって、結局どちらも間違ってはいないのだ。他にも次のように書いてあるものがある。

$$\Box A^\mu - \partial^\mu(\partial_\nu A^\nu) = \mu_0 j^\mu$$

あれ？右辺のマイナスがない！こんなときは慌てずにその教科書で使っているミンコフスキー計量の定義を見直してもらいたい。この本の定義と

比べて符号が全てひっくり返っている可能性がある。これも間違いではない。ミンコフスキー空間の線素 $\mathrm{d}s^2$ は通常の座標の場合とは違って、状況によって正負いずれも取り得る。それでどちらに決めるかは教科書の著者に任されているのである。

3.5　電荷の保存則

相対論的な形式を使うと色んな法則がシンプルにまとめられる。例えば電荷の保存則は次のようなものであったが、

$$\frac{\partial i_x}{\partial x}+\frac{\partial i_y}{\partial y}+\frac{\partial i_z}{\partial z} = -\frac{\partial \rho}{\partial t}$$

これも次のように書けてしまう。

$$\partial_\nu j^\nu = 0 \tag{1}$$

しかしこれはすでにマクスウェル方程式に含まれているのである。それを確かめたければ、前節 (9) 式の両辺を微分してやればいい。

$$\begin{aligned}\partial_\mu(\Box A^\mu) - \partial_\mu\partial^\mu(\partial_\nu A^\nu) &= -\partial_\mu(\mu_0 j^\mu) \\ \therefore \Box\partial_\mu A^\mu - \Box(\partial_\nu A^\nu) &= -\mu_0\,\partial_\mu j^\mu \\ \therefore 0 &= -\mu_0\,\partial_\mu j^\mu\end{aligned}$$

とまぁ、こんな具合だ。楽なものだろう。計算の途中で微分演算子の順序を入れ替えている部分が気になっている人もいるかも知れない。普通は気を付けないといけないところだが、ここではどうせ時間で微分するか座標で微分するか程度のことしかやっていないので順序の入れ替えは全く問題ないのである。

この (1) 式はどんな座標系でも成り立っているに違いない。もしそうでなければどんな奇妙なことになるかはすぐに気が付くことだろうから、疑って考えてみることは読者に任せることにしよう。

要するに、この (1) 式は座標変換によって形を変えてはならず、その右辺は常に 0 であることが要求される。つまり右辺はスカラー量であるから

左辺もスカラー量であるべきだ。左辺にある 4 元微分演算子 ∂_μ は共変ベクトルであるので、4 元電流密度は反変ベクトルでなければ全体としてスカラーとはならない。そうでなければこの式はどの座標系でも成り立つものにはならないだろう。

こうして前節 (9) 式の右辺が反変ベクトルであることが分かった。左辺も同じように変換しなければ常に成り立つ関係だとは言えない。偶然この系だけで成り立つ関係なのであろう、ということになってしまう。すでに説明したようにダランベルシャンはスカラー的な演算子であるから、電磁ポテンシャルは反変ベクトルに違いない。同じようなことは第 2 項を見ても言える。

つまり、前節 (9) 式が「共変形式」であるためには、電磁ポテンシャル $\boldsymbol{A}$ の成分を反変ベクトルとして表しておく必要があるわけだ。マクスウェル方程式がローレンツ変換によって形を変えないというのは「原理」であるから議論するようなことではなく、その原理を満たすための条件として、電磁ポテンシャルが反変ベクトルとして変換されることが導かれるのである。

3.6　ゲージ変換

電磁ポテンシャルとして別の組み合わせを使っても現象としては何も変わりがないという事実があり、そのような別の組み合わせを求めるための変換を「**ゲージ変換**」と呼ぶのであった。それは相対論を使わない電磁気学では任意の関数 χ を使って次のように表される。

$$\boldsymbol{A}' = \boldsymbol{A} + \operatorname{grad} \chi$$
$$\phi' = \phi - \frac{\partial \chi}{\partial t}$$

しかし、相対論的にはこれらを次のように一つにまとめることができる。

$$A'^i = A^i + \partial^i \chi$$

何もかも簡単に書けてしまう。電磁気学はまさに相対論で記述されることを待っていたかのようだ。

これを相対論的なマクスウェル方程式

$$\Box A^\mu - \partial^\mu(\partial_\nu A^\nu) = -\mu_0 j^\mu \tag{1}$$

に当てはめてやると、

$$\Box (A'^\mu - \partial^\mu \chi) - \partial^\mu \{\partial_\nu (A'^\nu - \partial^\nu \chi)\} = -\mu_0 j^\mu$$
$$\therefore \Box A'^\mu - \Box \partial^\mu \chi - \partial^\mu(\partial_\nu A'^\nu) + \partial^\mu \partial_\nu (\partial^\nu \chi) = -\mu_0 j^\mu$$
$$\therefore \Box A'^\mu - \cancel{\Box \partial^\mu \chi} - \partial^\mu(\partial_\nu A'^\nu) + \cancel{\partial^\mu \Box \chi} = -\mu_0 j^\mu$$
$$\therefore \Box A'^\mu - \partial^\mu(\partial_\nu A'^\nu) = -\mu_0 j^\mu \tag{2}$$

となって、変換後も元と同じ形の方程式が成り立つことがすぐに確かめられる。

この視点からなら電磁気学でやったことが非常に簡単に理解できるだろう。かつては少々複雑に見えたローレンツ条件、

$$\mathrm{div}\boldsymbol{A} + \frac{1}{c^2}\frac{\partial \phi}{\partial t} = 0$$

は相対論的に表せば次のように書けてしまう。

$$\partial_\nu A^\nu = 0 \tag{3}$$

これを (1) 式に代入すれば、電磁気学に出てくる「ローレンツゲージにおけるマクスウェル方程式」になるのがすぐに分かる。それはこんな式だった。

$$\Box A^\mu = -\mu_0 j^\mu \tag{4}$$

電磁気学でごちゃごちゃとこねくり回していたのは一体何だったの？と言いたくなるほどだ。

そもそもローレンツ条件とは何だったかと言うと、複雑な方程式の見通しを良くするための方策に過ぎず、ゲージ変換の自由度を利用して、「数式がきれいに見える条件」を探したのである。(3) 式が成り立っていれば、確かに (1) 式は単純な形にできるけれど、果たしてゲージ変換で A^i をそんな

3.6. ゲージ変換

都合の良い組み合わせにできるかなぁ、と試してみた。

$$\begin{aligned}
\partial_\nu A'^\nu &= \partial_\nu(A^\nu + \partial^\nu \chi) \\
&= \partial_\nu A^\nu + \partial_\nu \partial^\nu \chi \\
&= \partial_\nu A^\nu + \Box \chi
\end{aligned}$$

ここまで来たときに、χ として、次の条件を満たすような関数を選んでおいたなら、この式は 0 になるじゃないか、と気付いたのである。

$$\Box \chi \;=\; -\partial_\nu A^\nu \tag{5}$$

こうして、ローレンツ条件を満たすゲージ変換はいつでも可能だと分かったわけだ。相対論を使って電磁気学の復習をすると、実に見通しがいい！

ここまでの説明に何の違和感もない人はこの先を読み飛ばしてもらっていいのだが、私としては次のようなことが気になったことがある。

(5) 式を満たす χ を使えば、確かに $\partial_\nu A^\nu$ の部分を 0 にするようなゲージ変換ができる気がする。しかしその同じ χ を使って $\Box A^\mu$ の部分を変換した結果は $\Box(A^\mu - \partial^\mu \chi)$ となってしまうのであって、(1) 式の全体を変換したときに (4) 式の形に持っていくことはできないのではないか、という疑問だ。これを晴らすためには、(1) 式から (2) 式に至る変形過程を逆にしたかのような説明をした方が良い。まず (1) 式の左辺に、$\Box \partial^\mu \chi - \partial^\mu \Box \chi$ という 2 つの項を追加してやる。これらの追加した項はプラスマイナス 0 であるから等号で結ばれる。

$$\begin{aligned}
&\Box A^\mu \;-\; \partial^\mu(\partial_\nu A^\nu) \\
={}& \Box A^\mu \;+\; \Box \partial^\mu \chi \;-\; \partial^\mu(\partial_\nu A^\nu) \;-\; \partial^\mu \Box \chi \\
={}& \Box(A^\mu + \partial^\mu \chi) \;-\; \partial^\mu(\partial_\nu A^\nu + \Box \chi) \\
={}& \Box(A^\mu + \partial^\mu \chi) \;-\; \partial^\mu\{\partial_\nu(A^\nu + \partial^\nu \chi)\} \\
={}& \Box A'^\mu \;-\; \partial^\mu(\partial_\nu A'^\nu)
\end{aligned}$$

確かに、(5) 式の条件を 3 行目に当てはめれば、最後の行の第 2 項目は 0 であることが分かる。こうしてみれば、実に何ともない疑問だ。

~豆知識~

ローレンツは二人いる！

ヘンドリック・ローレンツ　（Hendrik Antoon Lorentz　1853-1928）　オランダ
ルードヴィヒ・ローレンツ　（Ludvig Valentin Lorenz　1829-1891）　デンマーク

　最近、「ローレンツ・ゲージ」や「ローレンツ条件」のことを「ローレンス・ゲージ」「ローレンス条件」と呼ぶ人が増えてきた。そして、「ローレンツ・ゲージ」などと呼ぶのは間違いである、と言い切る人までが出てきた。
　なぜなら、「ローレンツ変換」や「ローレンツ力」のローレンツ (Lorentz) と「ローレンツゲージ」のローレンツ (Lorenz) は全くの別人で、綴りも少し違うからである。
　彼らの業績をしっかり区別しておいて、日本人が英語で論文を書くときの恥ずかしい綴り間違いもなくそうというわけだろう。
　しかし、間違いだ、とまで言われると少し腹が立つ。私はずっと「ローレンツ・ゲージ」などの呼び名で習ってきたし、そう書いてある教科書の方が多かったし、それで通じていたのだ。物理に限らなければ、Lorenz という綴りでローレンツと呼ばれている人は幾らでもいる。彼がローレンスだというなら、サイクロトロンの発明でノーベル賞を取った有名な物理学者 Lawrence はどう読んで彼と区別するつもりだ、などと言いたくなるが、いや済まない、これは大人げない反論だったな。
　分が悪いことに、物理には「Lorentz-Lorenz の式」というものがあって、これも今話題にしている彼らがそれぞれに別々の動機から独立して導いた業績なのだが、昔から「ローレンツ・ローレンスの式」と呼ばれているのだ。
　この勢いではやがて時を待たずに「ローレンス・ゲージ」という呼び方の方が主流になるだろう。それで私はこの本で最後の抵抗をするのである。かつてはローレンツと呼ぶ方が主流であったことの生き証人となろうではないか。

第4章　一般相対論の入り口

4.1　結論から始めよう

　さあ、いよいよこれから一般相対論の話題に入って行くことになる。一般相対論の敷居が高いのは、結論にたどり着くまでにリーマン幾何学という数学を学ばなければならないからである。もしこのリーマン幾何学が会得できたなら、一般相対論はあっけないほど簡単に言い表すことができる。しかし、そこへたどり着くまでに多くの学生が撃墜されてしまうのだ。

　リーマン幾何学を学んでいる途中でつらいのは、自分が全体から見て今どれくらいの地点にいて、どこまでやったら相対論の話題にたどり着けるのかが分からないということである。それで本質ではない部分で悩んだり、無駄な時間を費やしてしまうことも多い。目標を知らなければ、そして自分の位置を知らなければ勉強は大変つらいものとなる。自分が何をやっているのか、何に力を入れていいのかが見えなくなるからだ。これは人生でも同じである。

　それともう一つ、独学で相対論の勉強をした人の中には、私の他にも不思議な体験をした人がいるかも知れない。リーマン幾何学を長い時間かけて何とかコツコツと学んできた割には、相対論の公式はあっと言う間に記述できてしまう。それで、そんなバカな、と思われるかも知れないが、それが結論だということに気付かずに通り過ぎてしまうのである。その頃までにはリーマン幾何学にかなりの消化不良を感じており、それでも何とか理解しようと教科書を読み進めているのであるが、教科書の著者としては、「ここまで学んでこれたのだから、あとはとやかく言わなくても意味は分かるでしょ？」という気持ちなのであろう。教科書には余計な解説も「やっとたどり着いたね、おめでとう！」の言葉もなく、さらりと書いてあるだけなのである。

それで本書では、まず初めに一般相対論の結論とも言える公式を書いてしまって、その意味を説明することから始めようと思う。そして、その本当の意味を知りたければ、やっぱりリーマン幾何学を学ぶ必要があるのであるが、パズルを解くように間を埋めていけばいいだろう。

4.2 代表的な二つの公式

一般相対論から導かれる大切な式はただ二つだけだ。一つは次のような「**測地線の方程式**」である。

$$\frac{d^2 x^\lambda}{d\tau^2} + \Gamma^\lambda_{\mu\nu} \frac{dx^\mu}{d\tau} \frac{dx^\nu}{d\tau} = 0$$

ここでは表面上の説明だけを軽くしておこう。この式の中に出てくる Γ 記号は「**クリストッフェル記号**」と呼ばれており、まあ、略記号である。展開すると少々大変なことになるが、とりあえず、「計量」の組み合わせで出来ている、ということだけ頭に入れておいてもらえればいい。

もう一つは「**重力場の方程式**」別名「**アインシュタイン方程式**」である。

$$G^{\mu\nu} = \frac{8\pi G}{c^4} T^{\mu\nu}$$

右辺に出てくる $8\pi G/c^4$ は定数である。G はニュートン力学に出てくるのと同じ重力定数、c は光速度を表している。そう考えると非常に簡単な式に思えるが、実は複雑である。左辺の G は「アインシュタイン・テンソル」と呼ばれており、その定義はあとで示すことにする。それを見たらきっと嫌になるだろう。右辺の T は、第 3 章で論じた「エネルギー運動量テンソル」をそのまま使えばよい。

念のために書いておくと、記号の肩に載っている μ, ν は添え字であってべき乗を表すのではない。0〜3 までの数字が入る。例えば x^0 は時間軸を表すし、$x^1 \sim x^3$ は空間の 3 つの座標を表している。それはリーマン幾何学を学べば自然に分かることであろう。

4.2. 代表的な二つの公式

　測地線の方程式は、光を含めたあらゆる物体が 4 次元時空の中でたどる道筋を表している。物体は光を含めすべて、曲がった 4 次元時空の中をまっすぐに進んでいるのである。測地線というのは「直線」のことである。地球上で 2 点間の距離を測るときに引く線は「測地線」と呼ばれており、それと似た概念であるのでこう呼ばれているのである。例えば地球の表面に直線を引いたとすると、それは球面の上の直線なので、球面に沿って曲がっている。曲がってはいるが、線を引いた本人から見れば、それはやはり直線なのだ。この例と相対論の違いは次元の数である。地球の表面は曲がった 2 次元であり、相対論では曲がっているのは 4 次元であると考えるのである。直線と言っても、地球の上にいろんな向きに線が引けるように、4 次元の中にもいろんな線が引ける。同じように、ある線は光の進路を表しているし、別の線はゆっくり動く物体の進む道筋を表している。だから、「全ての物体は曲がった時空をまっすぐに進む」という説明を聞いても全ての物体が同じコースを通ると誤解してはいけない。

　例えば、2 次元のグラフを考えてみよう。このグラフの横軸を時間にして、縦軸を進んだ距離とする。このグラフの上に直線を引くことによって、いろんな速度で進む物体を表すことができる。直線の式は $y = ax$ である。この直線の式が「測地線の方程式」に当たる。もし、横にまっすぐに線を引けば、これは時間によって位置が変わらないことを表すので静止した物体を意味するし、傾き a が大きい直線ほど速度の大きな物体の等速運動を表すことができる。ところが、このグラフ用紙の方眼の印刷がずれていたり、グニャリと曲がっていたらどうなるだろうか？ 普通は使い物にならないグラフ用紙を作ったメーカーを訴えるところだが、ここにバカ正直にグラフの方眼だけを信じる人がいた場合、ここに描いた直線は直線だと理解してもらえないだろう。まっすぐな線を引いたつもりでも、曲がっていると判断されるのである。グラフの上で曲がった線は何を表しているだろうか？ これは速度が変化したことを表している。つまり、加速したことを意味する。

　これと同じなのである。世の中の全ての物体は、慣性の法則に従って、止まっているものはずーっと止まっているし、動いているものは同じ速度で動きつづける。これはグラフで言えば直線で表される。ところが物体は直線上を進んでいるつもりなのに、時空（グラフ）の方が曲がっているので、加速したように観察されるのである。時空（グラフの方眼）は質量が

第4章　一般相対論の入り口

あると、曲がってしまう。星の重力で宇宙船の進路が曲げられると、我々には星の重力に引かれて加速したように思えてしまうのだが、実は曲がった時空間の中をまっすぐ等速直線運動をしているだけなのである。我々はグラフの方眼だけを信じるバカ正直な人間なのだ。そして「測地線の方程式」はグラフが曲がっていても、ものともせずに直線を表すことのできる万能方程式なのである。

次に「重力場の方程式」の方を解説しよう。先ほど、時空は質量があると曲がってしまうと書いたが、どれくらい曲がるのかを表すのがこの方程式である。

時空は質量（＝エネルギー）だけでなく、運動量によっても曲がる。この式の右辺は、エネルギーや運動量の密度を表している。つまり、非常に高速で移動する物体や、巨大な質量が存在するとき、その近くの時空間が曲がるのである。その空間の曲がり具合を表すために第2章で学んだ「計量」の組み合わせを使う。左辺の G は実は計量が非常に複雑に組み合わさったものである。この式は簡単に見えるが、実はとんでもない簡略化の繰り返しをしている。あとで展開してみるが、そのときにその凄まじさ、複雑さが分かるであろう。

つまり、右辺で表される「エネルギーと運動量の密度分布」によって、左辺に含まれる空間の曲がり具合を表す量がどのように変化するかを求める方程式が、この「重力場の方程式」なのである。

この2つの方程式の使い方は大体次のようなものである。まず運動量やエネルギーの密度を「アインシュタイン方程式」に代入して解き、各点での計量を計算する。それができたら、その計量を「測地線の方程式」に当てはめて、物体がどのコースを進むのかを知ることができる、という具合である。

しかし、この計算は恐ろしく複雑であることを忘れてはならない。単に式が複雑であるだけではない。例えば、我々がエネルギーや運動量を測るとき、自分はまっすぐな空間にいると考えている。ところが、そこにエネルギーが存在するだけで、すでにその周りの空間は曲がっているのである。そこでその空間の曲がり具合を考慮に入れてエネルギーや運動量を測らなくてはならない。この重力場の方程式は、時空の曲がりと、その曲がった

時空間の尺度で測られるエネルギーや運動量がうまく釣り合うような形で成り立っていなければならないのである。

　弱い重力場の場合は、空間の曲がりがエネルギーや運動量に与える影響は十分小さいと考えて計算することもできるが、強い重力場を扱おうとすればそうはいかない。それでも簡単な条件にだけ絞れば、何とか計算できる程度にはなる。有名なシュバルツシルト解やカー解などはその代表的なものである。しかし、もっと一般的な問題を解こうとする場合にはコンピュータによるシミュレーションのような計算が必要になってくる。

　例えば、巨大な天体や光速にきわめて近い物体が運動している状況を計算したいとする。するとその周りの物体の質量分布や運動、またその物体自身が作り出す時空の歪みを計算して、その歪みの中をどう運動するかという問題を計算することになるのであるが、大変なことに、その今求めた物体の運動そのものによって時空の歪みが再び変化を受けることになってしまう。それでまた時空の歪みを計算し直さなければならないのである。

4.3　測地線の方程式の展開

　測地線の方程式というのはほとんどリーマン幾何学の結論をそのまま持ってきたものであって、一般相対論に特有な思想というのはあまり入っていない。詳しい意味の説明は次章のリーマン幾何学の説明の中で行うことにする。

　この節の目的は、簡単そうに見えるこの方程式がどれくらい複雑なものかというのを実感してもらうことだけである。意味はあまり考えない。まずは機械いじりのように数式の分解を楽しんでみよう。

　今から分解するのは次の式である。

$$\frac{\mathrm{d}^2 x^\lambda}{\mathrm{d}\tau^2} + \varGamma^\lambda_{\mu\nu} \frac{\mathrm{d}x^\mu}{\mathrm{d}\tau} \frac{\mathrm{d}x^\nu}{\mathrm{d}\tau} = 0$$

　添え字には $0 \sim 3$ の 4 つの数字が入る。0 が時間軸を表しており、$1 \sim 3$ が空間の 3 つの座標を表している。一つの項の中に同じ添え字が二つ以上あるときには和を取るというアインシュタインの規則があるから、これは

第4章 一般相対論の入り口

実は次のような式だということだ。

$$\frac{d^2 x^\lambda}{d\tau^2} + \sum_\mu \sum_\nu \Gamma^\lambda_{\mu\nu} \frac{dx^\mu}{d\tau} \frac{dx^\nu}{d\tau}$$

$$= \frac{d^2 x^\lambda}{d\tau^2} + \Gamma^\lambda_{00} \frac{dx^0}{d\tau}\frac{dx^0}{d\tau} + \Gamma^\lambda_{01} \frac{dx^0}{d\tau}\frac{dx^1}{d\tau} + \Gamma^\lambda_{02} \frac{dx^0}{d\tau}\frac{dx^2}{d\tau} + \Gamma^\lambda_{03} \frac{dx^0}{d\tau}\frac{dx^3}{d\tau}$$

$$+ \Gamma^\lambda_{10} \frac{dx^1}{d\tau}\frac{dx^0}{d\tau} + \Gamma^\lambda_{11} \frac{dx^1}{d\tau}\frac{dx^1}{d\tau} + \Gamma^\lambda_{12} \frac{dx^1}{d\tau}\frac{dx^2}{d\tau} + \Gamma^\lambda_{13} \frac{dx^1}{d\tau}\frac{dx^3}{d\tau}$$

$$+ \Gamma^\lambda_{20} \frac{dx^2}{d\tau}\frac{dx^0}{d\tau} + \Gamma^\lambda_{21} \frac{dx^2}{d\tau}\frac{dx^1}{d\tau} + \Gamma^\lambda_{22} \frac{dx^2}{d\tau}\frac{dx^2}{d\tau} + \Gamma^\lambda_{23} \frac{dx^2}{d\tau}\frac{dx^3}{d\tau}$$

$$+ \Gamma^\lambda_{30} \frac{dx^3}{d\tau}\frac{dx^0}{d\tau} + \Gamma^\lambda_{31} \frac{dx^3}{d\tau}\frac{dx^1}{d\tau} + \Gamma^\lambda_{32} \frac{dx^3}{d\tau}\frac{dx^2}{d\tau} + \Gamma^\lambda_{33} \frac{dx^3}{d\tau}\frac{dx^3}{d\tau}$$

$$= 0$$

添え字 λ については和を取らなかったが、ここにも4通りの数字が入る。つまりこの式は上のような式が4つ並んだものを一つにまとめて表したものだということになる。展開したものを4つ並べると大変なので、元に戻して書き並べてみよう。

$$\frac{d^2 x^0}{d\tau^2} + \Gamma^0_{\mu\nu} \frac{dx^\mu}{d\tau}\frac{dx^\nu}{d\tau} = 0$$

$$\frac{d^2 x^1}{d\tau^2} + \Gamma^1_{\mu\nu} \frac{dx^\mu}{d\tau}\frac{dx^\nu}{d\tau} = 0$$

$$\frac{d^2 x^2}{d\tau^2} + \Gamma^2_{\mu\nu} \frac{dx^\mu}{d\tau}\frac{dx^\nu}{d\tau} = 0$$

$$\frac{d^2 x^3}{d\tau^2} + \Gamma^3_{\mu\nu} \frac{dx^\mu}{d\tau}\frac{dx^\nu}{d\tau} = 0$$

ここまででも十分に面倒な印象があるが、クリストッフェル記号 Γ の中身を真面目に書いていないからこれだけで済んでいるのである。この記号の定義は次のようになっている。

$$\Gamma^\lambda_{\mu\nu} = \frac{1}{2} g^{\lambda\rho} \left(\frac{\partial g_{\rho\nu}}{\partial x^\mu} + \frac{\partial g_{\rho\mu}}{\partial x^\nu} - \frac{\partial g_{\mu\nu}}{\partial x^\rho} \right)$$

ここで g_{ij} は計量と呼ばれる4行4列の対称行列で、その説明は第2章のところですでにした。特殊相対論ではミンコフスキー計量と呼ばれる簡単な対角行列しか使わなかったが、一般相対論では全ての要素が埋まるこ

とになる。とは言っても対称行列であるので独立な成分は $4 \times 4 = 16$ 個ではなく 10 個だけである。

この式で、同じ項の中に 2 度以上使われている添え字は ρ だけだから、展開してもそれほど大したことはない。想像が付く範囲だろうから展開したものを示すのはやめておこう。

とにかくここでは、方程式が計量を基本にして作られていることさえ分かってもらえればいいと思う。

4.4　重力場の方程式の展開

重力場の方程式は測地線の方程式よりはるかに複雑だ。測地線の方程式の場合はすでに定まっている計量を代入して計算すれば良いのだが、重力場の方程式は計量の 10 個の成分を定めるための微分方程式である。見た目は次のような非常に簡単な一つの式で表されている。

$$G^{\mu\nu} = \frac{8\pi G}{c^4} T^{\mu\nu}$$

しかしこの両辺の G と T の肩にある 2 つの添え字にはそれぞれ 0～3 までの 4 つの数字が入り、その組み合わせは 16 通りある。ただし $T^{\mu\nu}$ も $G^{\mu\nu}$ も、添え字を入れ替えても同じ値になっているから、独立して意味を持つのはその内の 10 通りである。つまり重力場の方程式というのは 10 個の連立方程式をひとまとめに略して書いてあるのである。

右辺の $T^{\mu\nu}$ はエネルギー運動量テンソルであって、第 3 章で説明した通りであるからここでは説明しない。以下では左辺のアインシュタイン・テンソル $G^{\mu\nu}$ を分解していくとしよう。意味については気にしない。とりあえず分解を楽しんでみようという趣旨である。この定義は次のようになっている。

$$G^{\mu\nu} = R^{\mu\nu} - \frac{1}{2}g^{\mu\nu}R$$

右辺第 1 項の $R^{\mu\nu}$ は「リッチ・テンソル」と呼ばれるものであり、右辺第 2 項の R は「リッチ・スカラー」と呼ばれるものである。リッチ (Ricci) というのはリーマン幾何学を発展させた数学者の名前である。

リッチ・スカラーは「スカラー曲率」とも呼ばれる。同様にリッチ・テンソルも「テンソル曲率」あるいは「曲率テンソル」と呼ばれることがあ

第4章　一般相対論の入り口

るが、後で出てくる「リーマン・テンソル」も同じく「曲率を表すテンソル」であるから、この辺りの用語を使って人と話すときには混乱が起こらないように気を遣ってあげないといけない。

リッチ・スカラーはリッチ・テンソルを縮約して作られている。

$$R = R^{\mu}{}_{\mu} = g_{\mu\nu}R^{\mu\nu}$$

この定義を見るとすっきりしたものだが、アインシュタインの省略記法を使わないで書くと次のようになる。

$$\begin{aligned}R &= R^0{}_0 + R^1{}_1 + R^2{}_2 + R^3{}_3 \\ &= g_{00}R^{00} + g_{01}R^{01} + g_{02}R^{02} + g_{03}R^{03} \\ &\quad + g_{10}R^{10} + g_{11}R^{11} + g_{12}R^{12} + g_{13}R^{13} \\ &\quad + g_{20}R^{20} + g_{21}R^{21} + g_{22}R^{22} + g_{23}R^{23} \\ &\quad + g_{30}R^{30} + g_{31}R^{31} + g_{32}R^{32} + g_{33}R^{33}\end{aligned}$$

ところで計量 $g_{\mu\nu}$ は添え字の入れ替えに対して値が変わらないのだった。後から説明するつもりだが、実はリッチ・テンソル $R_{\mu\nu}$ にも同じ性質がある。だから、上のややこしい式の項の数は次のように 10 個にまでまとめられる。

$$\begin{aligned}R = &\ g_{00}R^{00} + 2g_{01}R^{01} + 2g_{02}R^{02} + 2g_{03}R^{03} \\ &+ g_{11}R^{11} + 2g_{12}R^{12} + 2g_{13}R^{13} \\ &+ g_{22}R^{22} + 2g_{23}R^{23} \\ &+ g_{33}R^{33}\end{aligned}$$

まぁ、気休め程度に過ぎないが。ここまでで、アインシュタイン・テンソルは 10 通りのリッチ・テンソルの組み合わせで出来ていることが分かっただろう。よってリッチ・テンソルの定義さえ分かればすぐにでもアインシュタイン・テンソルの全貌が明らかになる気がする。ところがそう甘くはない。ここまでは小手調べといったところだ。

4.4. 重力場の方程式の展開

次にリッチ・テンソルの正体を調べよう。これは「リーマン・テンソル」と呼ばれる 4 階のテンソル $R^\kappa{}_{\lambda,\mu\nu}$ から次のように作られている。

$$\begin{aligned} R_{\mu\nu} &= R^\sigma{}_{\mu,\sigma\nu} \\ &= R^0{}_{\mu,0\nu} + R^1{}_{\mu,1\nu} + R^2{}_{\mu,2\nu} + R^3{}_{\mu,3\nu} \end{aligned}$$

これまでに出てきたリッチ・テンソルの添え字は上側についていたが、この式の左辺では下側についている。これもリッチ・テンソルと呼んで差し支えない。添え字を上側に変換するには次のように計量を付けて縮約してやればいいのだった。

$$\begin{aligned} R^{\mu\nu} &= g^{\mu\sigma} g^{\nu\tau} R_{\sigma\tau} \\ &= g^{\mu 0} g^{\nu 0} R_{00} + g^{\mu 0} g^{\nu 1} R_{01} + g^{\mu 0} g^{\nu 2} R_{02} + g^{\mu 0} g^{\nu 3} R_{03} \\ &+ g^{\mu 1} g^{\nu 0} R_{10} + g^{\mu 1} g^{\nu 1} R_{11} + g^{\mu 1} g^{\nu 2} R_{12} + g^{\mu 1} g^{\nu 3} R_{13} \\ &+ g^{\mu 2} g^{\nu 0} R_{20} + g^{\mu 2} g^{\nu 1} R_{21} + g^{\mu 2} g^{\nu 2} R_{22} + g^{\mu 2} g^{\nu 3} R_{23} \\ &+ g^{\mu 3} g^{\nu 0} R_{30} + g^{\mu 3} g^{\nu 1} R_{31} + g^{\mu 3} g^{\nu 2} R_{32} + g^{\mu 3} g^{\nu 3} R_{33} \end{aligned}$$

なかなか複雑なことになってきた。しかしこの先のことを思えばまだ大したことはない。

さらに深く潜ろう。リーマン・テンソルの定義は次の通りである。

$$R^\kappa{}_{\lambda,\mu\nu} = \partial_\mu \Gamma^\kappa{}_{\lambda\nu} - \partial_\nu \Gamma^\kappa{}_{\lambda\mu} + \Gamma^\tau{}_{\lambda\nu} \Gamma^\kappa{}_{\tau\mu} - \Gamma^\tau{}_{\lambda\mu} \Gamma^\kappa{}_{\tau\nu}$$

ここで ∂_μ という書き方を使っているが、これは

$$\partial_\mu \equiv \frac{\partial}{\partial x^\mu}$$

という意味である。カッコつけないでダラダラと書けば、

$$\begin{aligned} R^\kappa{}_{\lambda,\mu\nu} = &\frac{\partial \Gamma^\kappa{}_{\lambda\nu}}{\partial x^\mu} - \frac{\partial \Gamma^\kappa{}_{\lambda\mu}}{\partial x^\nu} + \Gamma^0{}_{\lambda\nu} \Gamma^\kappa{}_{0\mu} - \Gamma^0{}_{\lambda\mu} \Gamma^\kappa{}_{0\nu} \\ &+ \Gamma^1{}_{\lambda\nu} \Gamma^\kappa{}_{1\mu} - \Gamma^1{}_{\lambda\mu} \Gamma^\kappa{}_{1\nu} \\ &+ \Gamma^2{}_{\lambda\nu} \Gamma^\kappa{}_{2\mu} - \Gamma^2{}_{\lambda\mu} \Gamma^\kappa{}_{2\nu} \\ &+ \Gamma^3{}_{\lambda\nu} \Gamma^\kappa{}_{3\mu} - \Gamma^3{}_{\lambda\mu} \Gamma^\kappa{}_{3\nu} \end{aligned}$$

ということである。ここに出てきたクリストッフェルの記号の定義はすでに前節の最後で示したが、もう一度、今度はちゃんと展開して書いておこう。

$$\Gamma^{\lambda}_{\mu\nu} = \frac{1}{2}g^{\lambda\rho}\left(\frac{\partial g_{\rho\nu}}{\partial x^{\mu}} + \frac{\partial g_{\rho\mu}}{\partial x^{\nu}} - \frac{\partial g_{\mu\nu}}{\partial x^{\rho}}\right)$$

$$= \frac{1}{2}g^{\lambda 0}\left(\frac{\partial g_{0\nu}}{\partial x^{\mu}} + \frac{\partial g_{0\mu}}{\partial x^{\nu}} - \frac{\partial g_{\mu\nu}}{\partial x^{0}}\right)$$

$$+ \frac{1}{2}g^{\lambda 1}\left(\frac{\partial g_{1\nu}}{\partial x^{\mu}} + \frac{\partial g_{1\mu}}{\partial x^{\nu}} - \frac{\partial g_{\mu\nu}}{\partial x^{1}}\right)$$

$$+ \frac{1}{2}g^{\lambda 2}\left(\frac{\partial g_{2\nu}}{\partial x^{\mu}} + \frac{\partial g_{2\mu}}{\partial x^{\nu}} - \frac{\partial g_{\mu\nu}}{\partial x^{2}}\right)$$

$$+ \frac{1}{2}g^{\lambda 3}\left(\frac{\partial g_{3\nu}}{\partial x^{\mu}} + \frac{\partial g_{3\mu}}{\partial x^{\nu}} - \frac{\partial g_{\mu\nu}}{\partial x^{3}}\right)$$

これで分からない定義は何一つなくなった。解剖はこれで終わりである。つまり、アインシュタイン・テンソルというのは膨大な数の計量とその微分の塊だということだ。

4.5　項の数を数えてみる

アインシュタイン・テンソルが一体どれくらいの量の微分が集まって出来ているのかを考えてみよう。「定義が分かる」のと「それを実際に展開したものが正しくイメージできる」のでは大きな違いがある。

まず、クリストッフェル記号には 12 の項が含まれている。そしてリーマン・テンソルの定義の初めの 2 つの項では、クリストッフェル記号を微分しているわけだが、クリストッフェル記号に含まれる項というのは全て「計量」と「計量の微分」の積で出来ている。このとき、積の微分の法則が適用されるので、両方をそれぞれ微分してやらないといけない。一回の微分で二つの項が出来る。それで、$12 \times 2 + 12 \times 2 = 48$ 項にもなってしまう。残りの部分は、クリストッフェル記号どうしの掛け算が 8 項ある。つまり、$8 \times 12 \times 12 = 1152$ 項だ。合計 1200 項である。さらに、リッチ・テンソルは 4 つのリーマン・テンソルから出来ているので、4 倍すれば 4800 項である。しかし実際はこんなに多くはならないだろう。添え字の組み合わせ

によっては幾つかの項が打ち消しあって消えるし、他の項と一緒にしてまとめられる項もあるはずだ。

こういうことは理論にはほとんど関係のない単なる興味であるが、一体、幾つの項にまでまとめられるのか、正確に数えてみたくなってきた。チャレンジしてみよう。

これまでの結果から考えるに、リッチ・テンソルというのは、

$$R_{\mu\nu} = \sum \frac{A}{2} g^{ab} \frac{\partial^2 g_{cd}}{\partial x^e \partial x^f} + \sum \frac{B}{4} g^{ab} g^{cd} \frac{\partial g_{ef}}{\partial x^h} \frac{\partial g_{ij}}{\partial x^k}$$

というたった二通りのタイプの項の組み合わせから出来ていることが分かる。ここで A, B は整数であり、μ や ν、あるいは $a \sim j$ の組み合わせによって決まる値である。$a \sim k$ には $0 \sim 3$ の数字が色々な組み合わせで入るだろうが、もし、あらゆる組み合わせが入るとしたら幾つの項になるかをまず考えてみよう。第 1 項の部分では (a, b) (c, d) (e, f) の数字がそれぞれ入れ替わっても意味が変わらないのだから 2 重に数えることを避けて、$10 \times 10 \times 10 = 1000$ 通りあることになる。また、第 2 項の部分では (a, b) (c, d) (e, f) (i, j) が入れ替わっても良く、さらに前の二つの計量、二つの偏微分が入れ替わってもいいことから、45100 通りの組み合わせが考えられる。

しかしこれでは先ほどの見積もりと比べて多過ぎだ。かなりの組み合わせが実際には使われていないはずである。上の式の A と B はどういう条件で 0 になるのだろうか？ また、どういう条件で値が決まるのだろうか？ それが分かれば全てを把握した気になれるのではないだろうか。定義のあちこちに対称性が見られるので、かなり単純なルールが期待できそうなのだが …。

で、手計算でやってみた。そのノウハウについては面倒なので書かないでおこう。とにかくなるべく簡単になるように、あらゆる場合分けをした。感心しないでもらいたい。エレガントな方法なんかではなく、検算を含めて丸 3 日ほど費やしたのだ。結果は次のようになった。

$$\begin{aligned} A = &\; \delta^a_{\ d} \delta^b_{\ f} \delta^\mu_{\ c} \delta^\nu_{\ e} + \delta^a_{\ f} \delta^b_{\ d} \delta^\mu_{\ e} \delta^\nu_{\ c} \\ &- \delta^a_{\ e} \delta^b_{\ f} \delta^\mu_{\ c} \delta^\nu_{\ d} - \delta^a_{\ c} \delta^b_{\ d} \delta^\mu_{\ e} \delta^\nu_{\ f} \end{aligned}$$

ああ、何ということだ。重力場方程式の展開を、定義も見ないでスラスラと書き下せる … そんな秘密の裏技を発見できることを夢見てがんばっ

てみたわけだが、結果はこれだ。美しくもないし、思ったほどシンプルでもない。物理的な意味が含まれるわけでもない。

係数 B について同様のチャレンジをすることは断念した。桁違いの苦労が要りそうだったからだ。

手計算では駄目だということが理解できた。それで、ようやくコンピュータを使うことを思いついた。実はコンピュータなんかに頼りたくはなかったのだ。それにしても最近のパソコンは速いね。計算の効率なんか考えないでプログラムを組んだのに、答えは一瞬で出た。本当にプログラム通り計算してくれたのか、かなり疑ったほどだ。ここでは結果だけ書いておこう。

$\mu = \nu$ の場合、$R_{\mu\nu}$ の展開は全部で 399 項。

（2 階微分の形の 21 項と 1 階微分の形の 378 項）

$\mu \neq \nu$ の場合、$R_{\mu\nu}$ の展開は全部で 514 項。

（2 階微分の形の 33 項と 1 階微分の形の 481 項）

4.6　式の簡単化

ところでなぜ私が前節でリッチ・テンソルの展開の項数にはやたらとこだわっているくせに、アインシュタイン・テンソル $G^{\mu\nu}$ の展開にはまるで興味を示さないのか、不思議に思わないだろうか？　それをやり始めると面倒くさいことになるからという理由も確かにあるが、それ以外にも理由がある。実は、アインシュタイン方程式を実際に解くときには、アインシュタイン・テンソルが出てこない別の形に変形してから使うのが常であり、そうすることで計算の手間が大幅に減らせるのである。今からその変形をやってみせよう。

まず、次の式から始めることにする。

$$R^{\mu\nu} - \frac{1}{2}g^{\mu\nu}R = \frac{8\pi G}{c^4}T^{\mu\nu}$$

初めて見る式に思えるが、左辺をアインシュタイン・テンソルの定義で置き換えてあるだけで、これはアインシュタイン方程式と同じものである。

4.6. 式の簡単化

この両辺に $g_{\mu\sigma}g_{\nu\tau}$ を掛けて縮約すると、

$$g_{\mu\sigma}g_{\nu\tau}R^{\mu\nu} - \frac{1}{2}g_{\mu\sigma}g_{\nu\tau}g^{\mu\nu}R = \frac{8\pi G}{c^4}g_{\mu\sigma}g_{\nu\tau}T^{\mu\nu}$$

$$\therefore R_{\sigma\tau} - \frac{1}{2}g_{\sigma\tau}R = \frac{8\pi G}{c^4}T_{\sigma\tau}$$

となって、2階共変テンソルの形に持ってこれる。こうしておけば、前節で項数を数えた、添え字が下側についたリッチ・テンソルがそのまま使えることになる。

さらに、ここに $g^{\sigma\tau}$ を掛けて縮約してみよう。

$$g^{\sigma\tau}R_{\sigma\tau} - \frac{1}{2}g^{\sigma\tau}g_{\sigma\tau}R = \frac{8\pi G}{c^4}g^{\sigma\tau}T_{\sigma\tau}$$

$$\therefore R^\sigma{}_\sigma - \frac{1}{2}\delta^\sigma_\sigma R = \frac{8\pi G}{c^4}T^\sigma{}_\sigma$$

$$\therefore R - \frac{1}{2}4R = \frac{8\pi G}{c^4}T$$

$$\therefore R = -\frac{8\pi G}{c^4}T$$

ここで T という量が新しく登場したが、これはエネルギー運動量テンソルを縮約して作られるスカラー量である。こんなに簡単な式になってしまってすごいと思うかも知れないが、もちろん、これだけではアインシュタイン方程式の代わりとしては役に立たない。この式を先ほどの元のアインシュタイン方程式に代入してやる。

$$R_{\sigma\tau} = \frac{8\pi G}{c^4}\left(T_{\sigma\tau} - \frac{1}{2}g_{\sigma\tau}T\right)$$

ああ!? 式からリッチ・スカラー R が消えた！リッチ・スカラーというのはあの複雑なリッチ・テンソルをさらに組み合わせて作られる量だったのだから、この変形をしたことによる計算の負担の軽減効果はかなりのものである。代わりに T の値を計算してやる必要が出てきたが、全く問題にならない程の手間だ。T というのは既知の量の組み合わせなので初めに一回計算しておくだけで済む。

第4章　一般相対論の入り口

---- 趣味の提案 ----

この方程式を解く計算をパソコンにやらせることはできるだろうか。私はかつてチャレンジしようとしたことがあったが、下調べをしただけで、そのうち忙しくなってやめてしまった。簡単ではないだろうが、暇とスポンサーと野心のある若者はチャレンジしてみてはどうだろう。

4.7　質量は 2 種類ある

質量には二通りの定義が存在する。一つは「**慣性質量**」、そしてもう一つは「**重力質量**」と呼ばれている。

「重力質量」というのは物体が重力によって引かれる力の強さを基にして定義される質量である。簡単に言えば、物を持ち上げるときに感じる「重さ」のことである。しかし物体の重さは他の星へ行くと重力の違いによって変わってしまうので、「重さ」という表現は学問的には問題がある。だから敢えて「質量」と呼ぶのである、ということは中学で習ったはずだ。

もう一つの「慣性質量」とは、物体を押したときの加速度を基に定義される質量である。質量が大きいほど加速がつきにくい。日常でも車の加速が悪いときなどに「車体が重い」などという表現を使うだろう。

これらは物理的には全く意味の異なる別々の概念であるが、偶然にも全く同じ値を持っている。いやもっと正確に言うと次のようになる。「どの物体について調べてもこの二つの意味の質量が全く同じ比を持っているので、この比が 1 になるように単位を決めた」のだ。わざわざ人為的にそうしたというよりは、さかのぼって考えるに、ニュートンが運動の法則をまとめた時に知らず知らずのうちにそう決まったと言える。それで中学、高校のレベルではあまり区別しないでひとまとめに「質量」と呼んできたのである。

重力によって落下運動する質量 M の物体の運動方程式は次のように書かれる。

$$M\frac{\mathrm{d}^2 x}{\mathrm{d}t^2} = Mg$$

4.7. 質量は2種類ある

　左辺と右辺で同じ記号 M を使っているが、左辺が「慣性質量」を表しており、右辺が「重力質量」を表している。この二つの M がどんな状況にあろうとも全く同じ値を取るので、この方程式の解はいつだって

$$\frac{\mathrm{d}^2 x}{\mathrm{d}t^2} = g$$

である。真空中でどんな質量の物体を落としても全く同じ加速度で落下するのは、この二つの意味の質量が同じ値を持つからである。慣性質量が大きくて加速しにくいものは強い重力で引かれ、慣性質量が小さく加速しやすいものは弱い重力でしか引かれないので、結局両者は同じ加速度で落下するという理屈になっている。

　厳密に考えれば、質量のバカでかい物体を落とせばその分地球も物体に引かれて近付いてくるので、別々に実験すれば質量の大きい物体の方が早く地面に落ちるのではないかという議論もあり、確かにその通りなのだが、今回はそういう物理パズルのネタに使われるような話題は関係ない。

　あ、そうそう、パズルと言えば、結構な数の人が誤解しているのだが、空気抵抗のある状況で重い物体と軽い物体を同時に落とすと、たとえ同じ形や大きさをしていたとしても、重い物体の方が先に落ちるので騙されないように注意しよう。下は全く同じ空気摩擦力 F が働く時の重い物体 M と軽い物体 m の運動方程式である。

$$M\frac{\mathrm{d}^2 x}{\mathrm{d}t^2} = Mg - F$$
$$m\frac{\mathrm{d}^2 x}{\mathrm{d}t^2} = mg - F$$

これを解いてやれば、それぞれの解は次のようになる。

$$\frac{\mathrm{d}^2 x}{\mathrm{d}t^2} = g - F/M$$
$$\frac{\mathrm{d}^2 x}{\mathrm{d}t^2} = g - F/m$$

さあ、どっちの加速度が大きいだろう？

　話題を元に戻そう。もし、慣性質量と重力質量にずれがあったとしたらどんなことが起きるだろうか？

第4章　一般相対論の入り口

　秤を多数用意してエレベータに乗る。まずエレベータが止まっている状況で、色々な物質をそれぞれ同じ質量だけ取って秤に載せると皆同じ数値を示す。当たり前だ。これは重力質量が皆同じだという意味である。ここでエレベータが上向きに加速を始めると秤の数値は増えるだろう。これは慣性質量に比例して増えるはずなのだ。このことを計算で示してやろう。

　二つの質量を区別するため、慣性質量を M_I、重力質量を M_G と書く。座標は下向きの方向をプラスに取ることにしよう。エレベータの加速度が上向きに a であるとすると、外で止まっている人から見た座標 x とエレベータに乗っている人から見た座標 x' との間には次の関係がある。

$$x' = x + \frac{1}{2}at^2$$

外で止まっている人にとっての運動方程式は

$$M_I \frac{\mathrm{d}^2 x}{\mathrm{d}t^2} = M_G g$$

と書かれる。これを使って、エレベータに乗っている人にとっての運動方程式を計算してやると、

$$\begin{aligned} M_I \frac{\mathrm{d}^2 x'}{\mathrm{d}t^2} &= M_I \left(\frac{\mathrm{d}^2 x}{\mathrm{d}t^2} + a \right) \\ &= M_I \frac{\mathrm{d}^2 x}{\mathrm{d}t^2} + M_I a \\ &= M_G g + M_I a \end{aligned}$$

となる。つまり、上向きに加速するエレベータに乗ると、重力による以外の下向きの力 $M_I a$ が全ての物体にかかっているように観測されるのである。その力は慣性質量と加速度に比例していることが分かる。エレベータが止まっているときには全て同じ値を示していたはずの秤が、エレベータの加速時には物質によって違う値を示すようなことが起これば、それによって慣性質量と重力質量の間の比例関係が物質によって違うということが示せるはずだ。

　ところがあらゆる物質をどこまで精密に測定しても、今までのところ、測定誤差の限界まで二つの質量の間に全くズレが見つからないのである。アインシュタインの時代にはこの比が 10^{-9} まで一致することが確認され

ていた。現在では、10^{-12} まで確認されているという。これでも 20 年以上前の数字なので、今ではもっと精度が上がっているかも知れない。

「(重量が) 重いものは動かすのも重い。」これはとても当たり前なことのようで、実は全く不思議なことなのだ。重力が強く働く物体は、どうして動かしにくくなければならないのだ。動かしにくさと重力の間に何の関わりがあるというのだ？

4.8 アインシュタインの解決法

前節では慣性質量と重力質量が物理的に全く違う概念であるにも関わらず、両者に違いが見出せないことの不思議さを説明した。実はこのことがアインシュタインが一般相対性理論を導くきっかけになったのである。

二つの全く違う概念として定義されたものが偶然にも全く同じ値を持つとすれば、それは偶然ではなく必然であろう、とアインシュタインは考えた。つまりそうなるような何らかの仕組みが隠されているに違いないというわけだ。

上向きに加速するエレベータに秤を載せて物体の重さを量ると秤の目盛りは普段より大きな値を示す。しかしこの方法では重力質量と慣性質量の違いは全く見つけられないのであった。

このことは次のことを意味している。密閉されたエレベータに乗っている人にとっては、エレベータが加速を始めたのか、なぜか突然に地球の重力が増えたのかは、物理的な観測では全く区別できない！ まあ、普通は重力が突然増すなどということはないから常識で判断しているわけだが。

もちろん、エレベータの中から外を見れるようになっていた場合には自分が加速していることを知ることができるかも知れない。しかしエレベータの内部から得られる証拠だけでは何も言えないのである。

いや、今のうちに本当のことを言っておこう。実はエレベータの内部で「本当の重力」と加速による「見かけの重力」を区別する方法がひとつだけある。地球の重力は地球の中心に向かっているので、少し離れて観測した結果を比較するとその力の向きは平行していないことが分かる。つまり、真の重力の場合には時空の「曲がり」が存在するわけである。これが真の

第 4 章　一般相対論の入り口

重力と、加速による見かけの重力の唯一の違いである。

　だから先ほどの表現を正しく言い直そう。一点のみの観測ではエレベータの内部で「本当の重力」と加速による「見かけの重力」は区別できない。

　そこでアインシュタインは次のように考えた。2 種類の力の区別ができないとすれば、これらの力の原因は実は同じものであって物理的には同じ形式で書いてやってもいいのではないだろうか。前節でエレベータの外と内とで座標変換をしたように、重力のある場所とない場所の違いは同じように座標変換で表せるのではないだろうか。

　ただし「真の重力」のように位置が変わると重力の方向が変わる場合もあるので、この座標変換はある一点と別の一点との間の変換である必要がある。これを「**局所的座標変換**」と呼ぶ。各点によって変換の仕方が少しずつ違う、という意味である。一方、ローレンツ変換などはある慣性系から別の慣性系への座標変換であったので、同じ慣性系に属する全ての点が一斉に同じ変換を受けるのであった。これを「**大域的座標変換**」と呼ぶ。別にこの辺りの用語はどうでもいいのだが、そのような概念の違いがあることを伝えたかっただけだ。

　ここまで実に単純なアイデアである。しかし、どうやってそれを実現するのだろうか？ここからが面白い。アインシュタインは、「エレベータの場合の座標変換がこうなるから … その形式を理論に取り込むためには … 」なんてこまごました事を考えて辻褄を合わせることをしなかった。まさに、ズバッと一刀両断するような方法を取ったのだ。

　すでに慣性系から慣性系への座標変換は導かれている。ローレンツ変換だ。もしこの変換が少しでも変更を受ければ、これは慣性系以外の系への変換になる。すなわち、加速度系への変換になる。

　ではこのローレンツ変換をずらす要因、それはすなわち重力なのだが、その重力の原因は何だろうと考えたとき、ニュートン力学ではそれは質量であった。ところが質量はエネルギーと等価であることがすでに導かれているので、アインシュタインは質量の代わりにエネルギーを使おうとした。

　ここでふと考える。特殊相対論では「相対性原理」というものを考えた。それは全ての慣性系は同等であるという主張であり、その主張を貫くためにローレンツ変換しても式の形が変わらないような形式で物理法則を記述することを提案したのだった。それこそ特殊相対論の本質だったのだ。で

は、ここでその考えを拡張してはどうだろうか？「全ての慣性系」だけに限らず、重力場中でも加速度系でも同じような形式で物理法則を記述することができる、とするのである。これを「**一般相対性原理**」と名付けよう。

　その思想を実現する為には、エネルギーを使うよりも、第3章で登場した、座標変換しても形式の変わらない「エネルギー運動量テンソル」を代わりに使う方が良いだろう。つまり、ローレンツ変換をずらす原因は「エネルギー運動量テンソル」であると考えるのだ！

　あとは、こうして作った式の結果が、通常の範囲でニュートン力学の結果と一致するように係数をちょいちょいと合わせたというだけである。まさに理論物理学の勝利！後ろめたいところは何もない！実験の結果、これがニュートン力学よりも広範囲で正確だというのだから誰も反論のできようがない。

　一般相対性原理の為にはもはや「光速不変の原理」は捨ててしまっても構わない。一般相対論においては光でさえも加速することが導かれるのである。

4.9　質量は錯覚だ

　巨大な天体の周りでは光でさえその進路を曲げられる。巨大な質量によって、その周りの時空が曲げられて、光はその曲がった時空の中をまっすぐに進むからである。しかしそれを傍から見れば「光が重力に引かれた」と見えるであろう。一般相対論によれば、光が重力に引かれるのも物質が重力に引かれるのも全く同じ理由である。光も物質も「曲がった時空をまっすぐに進んでいる」だけなのだ。

　この時空の曲がりを作り出しているのは何も巨大な物体だけに限らない。そこに存在する、エネルギーや運動量を持つ全ての物が、空間の曲がりを作り出しているのである。物体Aと物体Bが互いに重力によって引かれるとき、Aが作った重力場にBが引かれているのではなく、AとBが作った時空の歪みの中をAとBがともにまっすぐ進んだ結果としてAとBが互いに引き合っているように見える。相対性理論では重力によって運動が変化する仕組みを説明するのに、二つの物体の間で「運動量の交換」が行われるといった概念を使っていないわけだ。

第4章 一般相対論の入り口

　光もエネルギー（あるいは運動量）を持っているため、その周囲の空間を曲げていることになる。つまり、光と光の間にもやはり引力は存在すると言えるわけである。実際には光の持つエネルギーは極めて小さいためにそのような効果を観測するのは無理であろう。
　それでも光も重力的効果を持つことが言えるのだから、これを「光にも質量がある」と表現してもいいのではないだろうか。特殊相対論では「エネルギーは質量と等価である」とのことだったので、光はそのエネルギーに相当するだけの質量を持っていると考えてはどうだろう。質量を持たない光でさえ重力に引かれるというのはどうにも理解し難いものだが、光も質量を持つと考えれば、光が重力によって天体に「落ちてゆく」こともすんなり理解できるではないか。しかし残念ながらそのような表現は正確ではないのである。
　ニュートン力学では重力の原因は質量だけにあるとしている。しかし一方、相対論では重力の源は「エネルギーと運動量」であって、これらが時空を曲げている現象を重力だと感じているに過ぎないのだと説明する。一般相対性理論にとって、重力というのは錯覚に過ぎないのである。
　エネルギーが低い場合（正確に言えば、重力が弱い、時間的に変化しない、速度が光速に比べて小さい場合）には、ニュートン力学の結果と相対論の導く結果は一致しているが、エネルギーが高くなるにつれて両者にはズレが出てくる。そうなると、どちらの結果が正しいかということを検証しなくてはならないのだが、水星の近日点移動などの現象を調べてみると、相対論の結果の方が現実を正しく表していることが分かった。エネルギーと運動量を両方考慮に入れた考え方の方が正しかったのである。
　これで分かってもらえただろうか。光が重力に影響を与えるからといって、そのエネルギーをわざわざ「質量」などという古い概念に換算してニュートン力学の考え方に適用しようとしても、いずれ現実と合わないところが出てくるのである。質量という概念は本質ではなかったのだ。
　では一般相対性理論でいうところの質量とは何かと言えば、単に物体が静止しているときのエネルギーを表すだけの数値に過ぎないことになる。つまり重力だけでなく、質量でさえただの錯覚に過ぎないのだ。

~豆知識~

重力と引力の違い

　重力と引力の違いは何ですか、という質問を良く受ける。引力というのは文字通り「引く力」のことだから、例えば電気のプラスとマイナスの間にも引力が働いている。そういう意味では重力も引力の一種だ。
　しかしこの質問の意図は別のところにあるのだろう。正確に言えば、重力と「**万有引力**」の違いは何ですか、ということを聞きたいに違いない。万有引力というのは、ニュートンが言い始めたものであり、全ての物体の間に互いの質量に比例して働く引力のことである。それは重力とは何が違うのだろう？

　答えは簡単だ。重力というのは、地球の自転による遠心力と万有引力との合力のことなのである。地球の遠心力は赤道付近で最も強く上向きに働くので、赤道付近の重力は他の場所と比べてわずかに小さいことになる。しかし遠心力は万有引力と比べて約 1/300 程度しかないので、普段その差を感じることはない。
　この定義は合理的である。すでに話したように観測という手段だけでは、遠心力という回転加速による見かけの力と、地球の質量による万有引力とを分離することはできないのである。ただ地球の自転を計算した結果から、どれだけが遠心力による寄与なのかを知るのみである。だから地球上の物体に掛かる「重さ」を測定して、その原因となっている力をひっくるめて「重力」と呼ぶわけだ。精密に測定してやると、地球上の各地点によって、重力加速度は向きも値も異なることが分かる。それは近くに大きな山や山脈があったり、海があったり、地下の岩の密度が違っていたりする影響があるからだ。
　以上のような用語の使い分けは高校までの授業のどこかで習うこともあるだろう。

　ところが物理学者の多くはこの言葉の定義を守っていない。重力という言葉を万有引力の意味で使っている。自然の根本の法則に目が向いていて、

そのような微妙な観測値の違いにはあまり知的興味がないからだ。私も守っていないし、一般向けの解説書や科学雑誌でも多くの場合守っていないようだ。守っているのは測量に関わる人たちと、人工衛星の軌道を計算するような人たち、気象などの地球上の自然現象を論じる人たちくらいだろう。

　だって重力という言葉を使うのはかっこいいんだもんな。あまり細かいことは気にするな、というわけだ。業界によって用語の定義が違うことは、物理に限らず幾らでもあるではないか。学校で学ぶ定義こそが唯一絶対に正しいとは限らない。

第5章　リーマン幾何学

　これからリーマン幾何学の勉強を始めよう。一般相対性理論に使うための、ごく初歩的なところだけを説明する予定だ。これから話すことが全て理解できたとしてもリーマン幾何学を理解したと過信してはいけない。説明している私が一部しか理解していないのだから。

5.1　共変微分

　我々は小学生の頃から平らなノートの上に三角形やら四角形やらを描いて図形やベクトルを勉強してきた。これらは平らな空間を前提にしてきたものであり「ユークリッド幾何学」と呼ばれている。しかしリーマン幾何学ではノートそのものが曲がっている場合を扱う。

　それは座標の目盛りが曲がっていることとは関係ない。だから単に座標を極座標で書き換えたようなものとは違う。平面の上に描いた図形をデカルト座標以外の座標を使って表したからといって、その図形の性質そのものが変わってしまうわけではないからだ。

　ではどんな座標を使えばそのような曲がった状況を表せるというのだろうか。例えば、(r, θ, ϕ) の3次元の極座標を考える。ここでパラメータの一つである r が $r = a$ で一定とでも置いてやれば、それは球面を表すことになる。つまり、この面のすべての点が (θ, ϕ) という2つのパラメータのみで表される状況である。何もかもがこの面上で起きるとき、… もう一つのパラメータ r の存在が一切出てこないとき、これは曲がった面での幾何学だと言えることになる。

　曲がった面、曲がった空間を表すこと自体はこのようにそれほど難しいことではない。大切なのは、その面の上でどんなことが成り立っているか

第5章　リーマン幾何学

を知ることである。

しかししばらくは「ユークリッド」の平らな空間を基礎に置いて議論しよう。曲がった空間の話が出てくるのはもっと後になる。そのときにはちゃんと宣言するので、いつの間にか曲がった空間の話に突入していた、なんてことになりはしないかと心配する必要はない。

デカルト座標 X^i で表した共変ベクトル A_i を極座標などの別の方法で表した座標系 x^i に変換したものを a_i と表すとすると、

$$a_i = \frac{\partial X^j}{\partial x^i} A_j$$

という関係が成り立っている。元に戻したければ、

$$A_i = \frac{\partial x^j}{\partial X^i} a_j$$

という関係を使う。これは第2章で学んだことだ。

さて、ここで A_i が全空間で一定のベクトルだったとしよう。静磁場や静電場のようなイメージだ。これを X^i で微分してやると、変化がないのだから当然

$$\frac{\partial A_i}{\partial X^j} = 0$$

となる。同じことを別の座標系で行うとどうなるか。

$$\begin{aligned}
\frac{\partial a_i}{\partial x^j} &= \frac{\partial}{\partial x^j} a_i \\
&= \frac{\partial}{\partial x^j} \left(\frac{\partial X^k}{\partial x^i} A_k \right) \\
&= \frac{\partial^2 X^k}{\partial x^i \partial x^j} A_k + \frac{\partial X^k}{\partial x^i} \frac{\partial A_k}{\partial x^j} \\
&= \frac{\partial^2 X^k}{\partial x^i \partial x^j} A_k \\
&= \frac{\partial^2 X^k}{\partial x^i \partial x^j} \frac{\partial x^t}{\partial X^k} a_t
\end{aligned} \tag{1}$$

となって0にはならない。ベクトルは一定であるのに、それを測る座標の目盛りの方が場所によって変化するので、計算上はあたかも変化しているかのように見なされてしまうのである。これは面倒だ。

5.1. 共変微分

ベクトルそのものは変化していないのだから、たとえ別の座標系で表されていようとも、そのことを知ることができるような手段が欲しい。そこでどうすれば良いかと言うと、$\partial a_i/\partial x^j$ という計算の代わりに、先ほどの結果を予め引いておいたものを使えばいいのである。つまり、

$$\nabla_j a_i \equiv \frac{\partial a_i}{\partial x^j} - \frac{\partial^2 X^k}{\partial x^i \partial x^j}\frac{\partial x^t}{\partial X^k} a_t$$

という演算を定義する。この新たに定義された演算を a_i の「**共変微分**」と呼ぶ。この名前の由来はこの節の後の方で説明する。これを使えば、A_i が定ベクトルである場合には、

$$\nabla_j a_i = 0$$

であることが言える。

今紹介した共変微分の定義の第 2 項目はごちゃごちゃしていて毎回書くのが面倒くさい。そこで、次のように略記号を使って表すことにする。

$$\nabla_j a_i = \frac{\partial a_i}{\partial x^j} - \Gamma^t{}_{ij} a_t$$

つまり、

$$\Gamma^t{}_{ij} \equiv \frac{\partial^2 X^k}{\partial x^i \partial x^j}\frac{\partial x^t}{\partial X^k} \tag{2}$$

だということだ。この Γ はクリストッフェル記号であり、すでに 4.2 節（130 ページ）で紹介したことがあるものだが、そのときに示した定義はこれとは違っていたのを覚えているだろうか。

それには理由がある。今回のような定義を使い続けるのは学問的にまずいのである。なぜなら、これから曲がった空間についての議論を進めようというのに、デカルト座標の存在を前提にするような定義の仕方はいつまで通用するか分からないからである。幸いにも別の方法を使って同じことを表すことができる。計量の組み合わせを使えばいい。

計量というのはテンソルの一種であり、x^i 系での計量 g_{ij} とデカルト座標系での計量 $\bar{g}_{ij}$ の間には

$$g_{ij} = \frac{\partial X^m}{\partial x^i}\frac{\partial X^n}{\partial x^j} \bar{g}_{mn}$$

という変換が成り立っている。この式を微分してやると、

$$\frac{\partial g_{ij}}{\partial x^k} = \bar{g}_{mn}\left(\frac{\partial^2 X^m}{\partial x^i \partial x^k}\frac{\partial X^n}{\partial x^j} + \frac{\partial X^m}{\partial x^i}\frac{\partial^2 X^n}{\partial x^j \partial x^k}\right) \tag{3}$$

となり、余計な項が付いて来てはいるが、先ほどのクリストッフェル記号のまずい定義で使っているのと似た形の項が現れる。$\bar{g}_{ij}$ は全空間で一定なので微分してやる必要はないからこのような結果になっている。この式の左辺の添え字 i, j, k を入れ替えてやると、

$$\frac{\partial g_{jk}}{\partial x^i} = \bar{g}_{mn}\left(\frac{\partial^2 X^m}{\partial x^j \partial x^i}\frac{\partial X^n}{\partial x^k} + \frac{\partial X^m}{\partial x^j}\frac{\partial^2 X^n}{\partial x^k \partial x^i}\right) \tag{4}$$

$$\frac{\partial g_{ki}}{\partial x^j} = \bar{g}_{mn}\left(\frac{\partial^2 X^m}{\partial x^k \partial x^j}\frac{\partial X^n}{\partial x^i} + \frac{\partial X^m}{\partial x^k}\frac{\partial^2 X^n}{\partial x^i \partial x^j}\right) \tag{5}$$

という式も作られることになるが、計量というのは添え字の入れ替えに対して対称であるため、m と n を入れ替えて比較してやると、

$$(3)\,\text{式} = A + B$$
$$(4)\,\text{式} = C + A$$
$$(5)\,\text{式} = B + C$$

という構造になっていることが分かる。ここでもし (4) 式 +(5) 式 −(3) 式という組み合わせを作って 2 で割ってやるとすると、C に相当する項だけが生き残ることになるわけだ。それを実現するために

$$\Gamma_{kij} \equiv \frac{1}{2}\left(\frac{\partial g_{jk}}{\partial x^i} + \frac{\partial g_{ki}}{\partial x^j} - \frac{\partial g_{ij}}{\partial x^k}\right)$$

という量を新たに定義しよう。これを「クリストッフェルの第 1 種記号」と呼んだりする。言い遅れたが、先ほどから出てきている方が「第 2 種」というわけだ。とにかく、

$$\Gamma_{kij} = \bar{g}_{mn}\frac{\partial^2 X^m}{\partial x^i \partial x^j}\frac{\partial X^n}{\partial x^k}$$

が言える。第 2 種クリストッフェル記号は、これに対して少し手を加えて、

$$\Gamma^t_{ij} \equiv g^{tk}\Gamma_{kij}$$

のように定義できるものだとする。すると、

$$\begin{aligned}
\Gamma^t_{ij} &= g^{tk}\bar{g}_{mn}\frac{\partial^2 X^m}{\partial x^i \partial x^j}\frac{\partial X^n}{\partial x^k} \\
&= \left(\frac{\partial x^t}{\partial X^u}\frac{\partial x^k}{\partial X^v}\bar{g}^{uv}\right)\bar{g}_{mn}\frac{\partial^2 X^m}{\partial x^i \partial x^j}\frac{\partial X^n}{\partial x^k} \\
&= \frac{\partial x^t}{\partial X^u}\bar{g}^{uv}\,\bar{g}_{mn}\frac{\partial^2 X^m}{\partial x^i \partial x^j}\frac{\partial X^n}{\partial x^k}\frac{\partial x^k}{\partial X^v} \\
&= \frac{\partial x^t}{\partial X^u}\bar{g}^{uv}\,\bar{g}_{mn}\frac{\partial^2 X^m}{\partial x^i \partial x^j}\frac{\partial X^n}{\partial X^v} \\
&= \frac{\partial x^t}{\partial X^u}\bar{g}^{uv}\,\bar{g}_{mn}\frac{\partial^2 X^m}{\partial x^i \partial x^j}\delta^n_v \\
&= \frac{\partial x^t}{\partial X^u}\bar{g}^{uv}\,\bar{g}_{mv}\frac{\partial^2 X^m}{\partial x^i \partial x^j} \\
&= \frac{\partial x^t}{\partial X^u}\delta^u_m\frac{\partial^2 X^m}{\partial x^i \partial x^j} \\
&= \frac{\partial^2 X^m}{\partial x^i \partial x^j}\frac{\partial x^t}{\partial X^m}
\end{aligned}$$

となり、先ほどのまずい定義、(2) 式と全く同じものが得られる。（添え字はその場その場で適当に空いているものを選んで使っているだけなので、k か m かという違いは気にしてはいけない。）よって今後は、クリストッフェルの記号の正式な定義として

$$\Gamma^t_{ij} \equiv \frac{1}{2}g^{tk}\left(\frac{\partial g_{jk}}{\partial x^i} + \frac{\partial g_{ki}}{\partial x^j} - \frac{\partial g_{ij}}{\partial x^k}\right)$$

を採用することにして、古い足跡は消してしまうとしよう。この定義ならばデカルト座標の存在の気配がないので好都合だ。

今さら言わなくても分かっているかも知れないが、クリストッフェル記号は場所の関数になっている。

クリストッフェル記号には 3 つの添え字があるのだから、2 次元空間では組み合わせが $2^3 = 8$ 通り。3 次元では $3^3 = 27$ 通り。4 次元では $4^3 = 64$ 通りある。しかし下側に付いている二つの添え字を入れ替えても同じ値なので独立な成分はこれよりは少ない。

これらの成分はデカルト座標について計算すると全地点ですべて 0 になる。なぜなら、デカルト座標の計量というのはいたる所で定数であり、ク

第 5 章　リーマン幾何学

リストッフェル記号は計量を微分したものから出来ているからである。いや、待てよ。計量がいたる所で定数というのならデカルト座標に限らず、斜交座標でも同じことが言えるだろう。特殊相対論に出てきたミンコフスキー座標についても同じことが言える。今後の私の説明ではこれら、デカルト座標、斜交座標、ミンコフスキー座標などをまとめて「**直線座標**」と呼ぶことにしよう。

　クリストッフェル記号はいかにも 3 階の混合テンソルであるかのような姿をしているが、実はテンソルの資格はない。これがどんな変換規則に従っているか、確認してみよう。これは少しばかり面倒くさいことになる。なるべく簡単に答えを得る方法を考えてみよう。そのためにまずは「第 1 種クリストッフェル」の変換則を考えることにする。座標系 x'^i でのクリストッフェルは次のように書ける。

$$\Gamma'_{kij} = \frac{1}{2}\left(\frac{\partial g'_{jk}}{\partial x'^i} + \frac{\partial g'_{ki}}{\partial x'^j} - \frac{\partial g'_{ij}}{\partial x'^k}\right) \tag{6}$$

　この式からダッシュのない同じ形式のものを取り出してやればいいわけだ。この式の 3 つの項は同じ計算をして添え字を入れ替えているだけなので、代表して第 1 項目だけ計算してみる。

$$\begin{aligned}
\frac{\partial g'_{jk}}{\partial x'^i} &= \frac{\partial}{\partial x'^i} g'_{jk} \\
&= \frac{\partial}{\partial x'^i}\left(\frac{\partial x^m}{\partial x'^j}\frac{\partial x^n}{\partial x'^k}g_{mn}\right) \\
&= \left(\frac{\partial x^m}{\partial x'^j}\frac{\partial x^n}{\partial x'^k}\right)\frac{\partial}{\partial x'^i}g_{mn} + g_{mn}\frac{\partial}{\partial x'^i}\left(\frac{\partial x^m}{\partial x'^j}\frac{\partial x^n}{\partial x'^k}\right) \\
&= X + Y
\end{aligned}$$

　これ以上続けると式が長くなるので、一旦 2 つの項をそれぞれ X, Y と置くことにした。別々に計算することにしよう。X の部分は、

$$X = \frac{\partial x^m}{\partial x'^j}\frac{\partial x^n}{\partial x'^k}\frac{\partial x^l}{\partial x'^i}\frac{\partial g_{mn}}{\partial x^l}$$

であり、i, j, k を入れ替えると同時に l, m, n を入れ替えれば、初めの 3 つの偏微分の積は値を変えることがない。つまり、(6) 式の 3 つの項を合わせてやれば、

$$\frac{\partial x^m}{\partial x'^j}\frac{\partial x^n}{\partial x'^k}\frac{\partial x^l}{\partial x'^i}\Gamma_{nlm}$$

5.1. 共変微分

となり、もし Y の部分がなければ $\varGamma_{nlm}$ は 3 階の共変テンソルだと言えることになる。しかし Y の部分の存在がそれを邪魔するのである。

$$Y \;=\; g_{mn}\left(\frac{\partial^2 x^m}{\partial x'^i \partial x'^j}\frac{\partial x^n}{\partial x'^k} \;+\; \frac{\partial x^m}{\partial x'^j}\frac{\partial^2 x^n}{\partial x'^i \partial x'^k}\right) \tag{7}$$

これは (6) 式の初めの第 1 項を計算して出てきた一部分に過ぎないから、他の項の寄与を計算するためには、この i,j,k を入れ替えたものをそれぞれ Y', Y'' として、$Z = \frac{1}{2}(Y + Y' - Y'')$ を計算してやる必要がある。

$$Y' \;=\; g_{mn}\left(\frac{\partial^2 x^m}{\partial x'^j \partial x'^k}\frac{\partial x^n}{\partial x'^i} \;+\; \frac{\partial x^m}{\partial x'^k}\frac{\partial^2 x^n}{\partial x'^j \partial x'^i}\right) \tag{8}$$

$$Y'' \;=\; g_{mn}\left(\frac{\partial^2 x^m}{\partial x'^k \partial x'^i}\frac{\partial x^n}{\partial x'^j} \;+\; \frac{\partial x^m}{\partial x'^i}\frac{\partial^2 x^n}{\partial x'^k \partial x'^j}\right) \tag{9}$$

ここで

(7) 式 $= A + B$
(8) 式 $= C + A$
(9) 式 $= B + C$

となっているから、

$$Z \;=\; g_{mn}\frac{\partial^2 x^m}{\partial x'^i \partial x'^j}\frac{\partial x^n}{\partial x'^k}$$

となる。まとめれば、$\varGamma'_{kij}$ の変換性は、

$$\varGamma'_{kij} \;=\; \frac{\partial x^m}{\partial x'^j}\frac{\partial x^n}{\partial x'^k}\frac{\partial x^l}{\partial x'^i}\,\varGamma_{nlm} \;+\; g_{mn}\frac{\partial^2 x^m}{\partial x'^i \partial x'^j}\frac{\partial x^n}{\partial x'^k}$$

と表せるということだ。これに g'^{tk} を掛ければ、第 2 種記号の変換性が求

まる。

$$
\begin{aligned}
{\Gamma'}^{t}{}_{ij} &= g'^{tk} \Gamma'_{kij} \\
&= g'^{tk} \frac{\partial x^m}{\partial x'^j} \frac{\partial x^n}{\partial x'^k} \frac{\partial x^l}{\partial x'^i} \Gamma_{nlm} + g'^{tk} g_{mn} \frac{\partial^2 x^m}{\partial x'^i \partial x'^j} \frac{\partial x^n}{\partial x'^k} \\
&= \frac{\partial x'^t}{\partial x^p} \frac{\partial x'^k}{\partial x^q} g^{pq} \frac{\partial x^m}{\partial x'^j} \frac{\partial x^n}{\partial x'^k} \frac{\partial x^l}{\partial x'^i} \Gamma_{nlm} + \frac{\partial x'^t}{\partial x^r} \frac{\partial x'^k}{\partial x^s} g^{rs} g_{mn} \frac{\partial^2 x^m}{\partial x'^i \partial x'^j} \frac{\partial x^n}{\partial x'^k} \\
&= \frac{\partial x'^t}{\partial x^p} \frac{\partial x^n}{\partial x^q} g^{pq} \frac{\partial x^m}{\partial x'^j} \frac{\partial x^l}{\partial x'^i} \Gamma_{nlm} + \frac{\partial x'^t}{\partial x^r} \frac{\partial x^n}{\partial x^s} g^{rs} g_{mn} \frac{\partial^2 x^m}{\partial x'^i \partial x'^j} \\
&= \frac{\partial x'^t}{\partial x^p} \delta^n{}_q g^{pq} \frac{\partial x^m}{\partial x'^j} \frac{\partial x^l}{\partial x'^i} \Gamma_{nlm} + \frac{\partial x'^t}{\partial x^r} \delta^n{}_s g^{rs} g_{mn} \frac{\partial^2 x^m}{\partial x'^i \partial x'^j} \\
&= \frac{\partial x'^t}{\partial x^p} g^{pn} \frac{\partial x^m}{\partial x'^j} \frac{\partial x^l}{\partial x'^i} \Gamma_{nlm} + \frac{\partial x'^t}{\partial x^r} g^{rn} g_{mn} \frac{\partial^2 x^m}{\partial x'^i \partial x'^j} \\
&= \frac{\partial x'^t}{\partial x^p} \frac{\partial x^m}{\partial x'^j} \frac{\partial x^l}{\partial x'^i} g^{pn} \Gamma_{nlm} + \frac{\partial x'^t}{\partial x^r} \delta^r{}_m \frac{\partial^2 x^m}{\partial x'^i \partial x'^j} \\
&= \frac{\partial x'^t}{\partial x^p} \frac{\partial x^m}{\partial x'^j} \frac{\partial x^l}{\partial x'^i} \Gamma^p{}_{lm} + \frac{\partial x'^t}{\partial x^r} \frac{\partial^2 x^r}{\partial x'^i \partial x'^j}
\end{aligned} \tag{10}
$$

確かに、テンソルの変換の形式ではない。この式に式番号が付けてあるということは、きっとどこかでこの結果を使うつもりがあるということだ。

テンソルの資格がないのは、クリストッフェル記号だけではない。ベクトルを普通に微分したものもテンソルではない。例えば反変ベクトルを微分したものは次のように変換できる。

$$
\begin{aligned}
\frac{\partial a'^i}{\partial x'^j} &= \frac{\partial}{\partial x'^j} a'^i \\
&= \frac{\partial x^k}{\partial x'^j} \frac{\partial}{\partial x^k} \left(\frac{\partial x'^i}{\partial x^l} a^l \right) \\
&= \frac{\partial x^k}{\partial x'^j} \left(\frac{\partial^2 x'^i}{\partial x^k \partial x^l} a^l + \frac{\partial x'^i}{\partial x^l} \frac{\partial a^l}{\partial x^k} \right) \\
&= \frac{\partial x^k}{\partial x'^j} \frac{\partial^2 x'^i}{\partial x^k \partial x^l} a^l + \frac{\partial x^k}{\partial x'^j} \frac{\partial x'^i}{\partial x^l} \frac{\partial a^l}{\partial x^k}
\end{aligned}
$$

もし第2項だけだったならば、これは2階の混合テンソルの変換規則になっていると言える。しかし第1項が余分なのである。第1項には2階微分が含まれているので、ローレンツ変換のような場合にはちゃんと0になっ

5.1. 共変微分

てくれているが、一般的にはそうはならない。共変ベクトルを微分した場合にも同じことが言える。

$$\begin{aligned}\frac{\partial a'_i}{\partial x'^j} &= \frac{\partial}{\partial x'^j} a'_i \\ &= \frac{\partial}{\partial x'^j}\left(\frac{\partial x^l}{\partial x'^i} a_l\right) \\ &= \frac{\partial^2 x^l}{\partial x'^i \partial x'^j} a_l + \frac{\partial x^l}{\partial x'^i}\frac{\partial}{\partial x'^j} a_l \\ &= \frac{\partial^2 x^l}{\partial x'^i \partial x'^j} a_l + \frac{\partial x^l}{\partial x'^i}\frac{\partial x^k}{\partial x'^j}\frac{\partial}{\partial x^k} a_l \\ &= \frac{\partial^2 x^l}{\partial x'^i \partial x'^j} a_l + \frac{\partial x^l}{\partial x'^i}\frac{\partial x^k}{\partial x'^j}\frac{\partial a_l}{\partial x^k}\end{aligned}$$

この計算はすでに冒頭のところでやった (1) 式と同じものだが、敢えてもう一度書いておいた。すぐ前の反変の場合の計算と比べてみると少し計算手順に違いがあるのに気付くだろう。

1 行目から 2 行目への変形で a'_i だけを変換して、$\partial/\partial x'^j$ の部分をそのままにしてある。この理由は、2 行目の $\partial x^l/\partial x'^i$ の部分が、『x' 系の関数になっている x 系の座標を x' で偏微分した』ことを意味しており、その結果は依然として x' 系の関数となっているためである。これを x で偏微分することはナンセンスなので、x' で偏微分できるようにしたわけだ。

当たり前のことではあるのだが、私は長い間このようなことに気を遣わないできたので、この節を書くときに随分考え込むことになってしまった。前にクリストッフェル記号の変換性を求めるときにもこのような気遣いがされている。後に続く人が同じことで悩まないようにわざわざ書いた次第である。

普通の微分はテンソルではないことが確認できた。しかし今から確認してみるが、何と、共変微分はテンソルになっているのである！これはこの節の中で最も強調したい部分だ。

共変微分というのは、普通の微分とクリストッフェル記号という、両方ともテンソルでない物を組み合わせて出来ているが、それぞれの変換から出てくる余分の項がうまい具合に打ち消しあって、テンソルとしての変換

を実現しているのである。

$$
\begin{aligned}
\nabla'_j a'_i &= \frac{\partial a'_i}{\partial x'^j} - \Gamma'^t_{ij} a'_t \\
&= \frac{\partial x^l}{\partial x'^i} \frac{\partial x^k}{\partial x'^j} \frac{\partial a_l}{\partial x^k} + \frac{\partial^2 x^l}{\partial x'^i \partial x'^j} a_l \\
&\quad - \left(\frac{\partial x'^t}{\partial x^p} \frac{\partial x^m}{\partial x'^j} \frac{\partial x^l}{\partial x'^i} \Gamma^p_{lm} + \frac{\partial x'^t}{\partial x^r} \frac{\partial^2 x^r}{\partial x'^i \partial x'^j} \right) \frac{\partial x^q}{\partial x'^t} a_q \\
&= \frac{\partial x^l}{\partial x'^i} \frac{\partial x^k}{\partial x'^j} \frac{\partial a_l}{\partial x^k} + \frac{\partial^2 x^l}{\partial x'^i \partial x'^j} a_l \\
&\quad - \frac{\partial x^q}{\partial x^p} \frac{\partial x^m}{\partial x'^j} \frac{\partial x^l}{\partial x'^i} \Gamma^p_{lm} a_q - \frac{\partial x^q}{\partial x^r} \frac{\partial^2 x^r}{\partial x'^i \partial x'^j} a_q \\
&= \frac{\partial x^l}{\partial x'^i} \frac{\partial x^k}{\partial x'^j} \frac{\partial a_l}{\partial x^k} + \frac{\partial^2 x^l}{\partial x'^i \partial x'^j} a_l \\
&\quad - \frac{\partial x^m}{\partial x'^j} \frac{\partial x^l}{\partial x'^i} \Gamma^p_{lm} a_p - \frac{\partial^2 x^r}{\partial x'^i \partial x'^j} a_r \\
&= \frac{\partial x^l}{\partial x'^i} \frac{\partial x^k}{\partial x'^j} \frac{\partial a_l}{\partial x^k} - \frac{\partial x^m}{\partial x'^j} \frac{\partial x^l}{\partial x'^i} \Gamma^p_{lm} a_p \\
&= \frac{\partial x^l}{\partial x'^i} \frac{\partial x^k}{\partial x'^j} \left(\frac{\partial a_l}{\partial x^k} - \Gamma^p_{lk} a_p \right) \\
&= \frac{\partial x^l}{\partial x'^i} \frac{\partial x^k}{\partial x'^j} \nabla_k a_l
\end{aligned}
$$

2階の共変テンソルとして振舞うようだ。このように、共変微分は座標変換を施しても形式が変化したりはしない。こういう性質を「共変形式」であるというのだった。どうしてこれを不変形式と呼ばないのか、と前に話したのを覚えているだろうか。(111 ページ) 共変微分の名前の由来は「共変ベクトル a_i を微分するから」ではないし、共変テンソルとして振舞うからでもない。共変形式を作る微分だという意味である。だから「反変微分」なんてものはないのだ。

すると「反変ベクトルの共変微分」などというものを考えてみてもいいのだろうか、ということが気になり始める。まぁ、やってみよう。途中ま

では同じことをすればいい。

$$\begin{aligned}\frac{\partial a^i}{\partial x^j} &= \frac{\partial}{\partial x^j}\left(\frac{\partial x^i}{\partial X^k}A^k\right)\\ &= \frac{\partial^2 x^i}{\partial X^k \partial x^j}A^k + \frac{\partial x^i}{\partial X^k}\frac{\partial A^k}{\partial x^j}\\ &= \frac{\partial^2 x^i}{\partial X^k \partial x^j}A^k\\ &= \frac{\partial^2 x^i}{\partial X^k \partial x^j}\frac{\partial X^k}{\partial x^t}a^t\end{aligned}$$

よって、

$$\nabla_j a^i \equiv \frac{\partial a^i}{\partial x^j} - \frac{\partial^2 x^i}{\partial X^k \partial x^j}\frac{\partial X^k}{\partial x^t}a^t$$

と定義すれば良さそうだ。しかしこの形は学問的にまずいのだった。さっきと同じように別の定義で書き直してやらないといけないわけだが、この第2項目の形はさっきの (2) 式とはずいぶん雰囲気が違うものになっている。ということは、このためにまた別のクリストッフェル記号のようなものを導入する必要があるのだろうか。すでに導入した定義と同じ形に近付けて行って記号を使い回しできないかどうか、係数部分の変形を試みよう。

$$\begin{aligned}\frac{\partial^2 x^i}{\partial X^k \partial x^j}\frac{\partial X^k}{\partial x^t} &= \left(\frac{\partial}{\partial x^j}\frac{\partial x^i}{\partial X^k}\right)\frac{\partial X^k}{\partial x^t}\\ &= \frac{\partial}{\partial x^j}\left(\frac{\partial x^i}{\partial X^k}\frac{\partial X^k}{\partial x^t}\right) - \frac{\partial x^i}{\partial X^k}\frac{\partial}{\partial x^j}\frac{\partial X^k}{\partial x^t}\\ &= \frac{\partial}{\partial x^j}\left(\frac{\partial x^i}{\partial x^t}\right) - \frac{\partial x^i}{\partial X^k}\frac{\partial^2 X^k}{\partial x^j \partial x^t}\\ &= \frac{\partial}{\partial x^j}\left(\delta^i{}_j\right) - \frac{\partial^2 X^k}{\partial x^j \partial x^t}\frac{\partial x^i}{\partial X^k}\\ &= -\frac{\partial^2 X^k}{\partial x^j \partial x^t}\frac{\partial x^i}{\partial X^k}\end{aligned}$$

この最後から 2 行目のクロネッカーのデルタ $\delta^i{}_j$ を微分して 0 になる理由はちゃんと分かっているだろうか。$\delta^i{}_j$ は 1 か 0 のどちらかの値しか取らず、どちらであろうとも微分したら 0 になるからである。いや、まぁそんなことより、さあ、この結果を見てくれ！何とかして以前の「まずい定義」と非常に似た形式に持って来ることができたぞ。しかし添え字の配置が微

妙に違うし、全体にマイナスが付いている。これはつまり、
$$= -\Gamma^i{}_{jt}$$
と表せばいいのだろう。新しい記号を導入しなくても済んだわけだ。よって反変ベクトルの共変微分は、
$$\nabla_j a^i \equiv \frac{\partial a^i}{\partial x^j} + \Gamma^i{}_{jt} a^t$$
だということになる。

　これも共変微分と呼ばれるにふさわしい性質を持つだろうか。すなわち、座標変換に対して形式が変わらないと言えるだろうか。気になる人は上でやったことに倣って自分で確かめてもらいたい。私は気にならないのでやったことはない。誰も問題にしないのできっと大丈夫だ。

5.2　平行移動

　前節では共変微分というものを導入したが、「その動機は、異なる座標系であっても定ベクトルであるかどうかを判定するためである」という態度を取った。しかしこれは自然な説明をする上での工夫であって、本当の意味はもっと面白い。その図形的意味を探ってみよう。説明の都合上、「共変ベクトルの共変微分」の方から出発する。

　まず普通の微分の定義というのは、
$$\frac{\partial A_i}{\partial x^j} = \lim_{\mathrm{d}x^j \to 0} \frac{A_i(x^j + \mathrm{d}x^j) - A_i(x^j)}{\mathrm{d}x^j} \tag{1}$$
というものである。A は x^j のみの関数ではないが、ここでは他の変数は変化させないので書くのを省略した。x を少し変化させた位置では A も少し違う値を取って、その変化量を $\mathrm{d}x$ で割ってやれば変化率を表すことになる。$\mathrm{d}x$ を無限小にまで絞ってやれば「その一点」での変化率が分かるという理屈だ。

　では共変微分についてはどうか。その定義の中には普通の微分を含んでいることであるし、同じような解釈に納まることを期待したい。よって次のような式を用意する。
$$\nabla_j A_i = \lim_{\mathrm{d}x^j \to 0} \frac{A_i(x^j + \mathrm{d}x^j) - A_{i/\!/}(x^j + \mathrm{d}x^j)}{\mathrm{d}x^j} \tag{2}$$

5.2. 平行移動

　このような式を立てたのは、私がすでに共変微分の意味を知っているからであって、それを伝えたいという意図が満ち満ちている。ここで $A_{i/\!/}(x+\mathrm{d}x)$ と書いた謎のベクトルの意味さえ明らかになれば、共変微分の意味は読者にもはっきり分かるようになると思うのだ。

　この謎のベクトルの意味を知るために、上の二つの式を組み合わせてみよう。まず (2) 式の左辺の共変微分を定義に書き戻す。

$$\frac{\partial A_i}{\partial x^j} - \Gamma^k_{ij} A_k = \lim_{\mathrm{d}x^j \to 0} \frac{A_i(x^j + \mathrm{d}x^j) - A_{i/\!/}(x^j + \mathrm{d}x^j)}{\mathrm{d}x^j}$$

この左辺に (1) 式を代入する。

$$\lim_{\mathrm{d}x^j \to 0} \frac{A_i(x^j + \mathrm{d}x^j) - A_i(x^j)}{\mathrm{d}x^j} - \Gamma^k_{ij} A_k \\ = \lim_{\mathrm{d}x^j \to 0} \frac{A_i(x^j + \mathrm{d}x^j) - A_{i/\!/}(x^j + \mathrm{d}x^j)}{\mathrm{d}x^j}$$

両辺に $\mathrm{d}x^j$ を掛けて、

$$A_i(x^j + \mathrm{d}x^j) - A_i(x^j) - \Gamma^k_{ij} A_k \, \mathrm{d}x^j = A_i(x^j + \mathrm{d}x^j) - A_{i/\!/}(x^j + \mathrm{d}x^j)$$

これを整理すれば、次の簡単な式が得られる。

$$A_{i/\!/}(x^j + \mathrm{d}x^j) = A_i(x^j) + \Gamma^k_{ij} A_k \, \mathrm{d}x^j$$

　見たまま説明すれば、どうやら $A_{i/\!/}(x+\mathrm{d}x)$ はベクトル $A(x)$ に ΓA を係数とした微小変化を加えたものであるらしい。$\mathrm{d}x$ が大きいほど大きな変化をするというのだ。それはきっと元の位置 x を離れた $x+\mathrm{d}x$ という点での何かを表しているのだろう。

　どうせこの後すぐに分かることだから今ここで答えを言ってしまおう。$A_{i/\!/}(x+\mathrm{d}x)$ というのは、x でのベクトル $A(x)$ をそのまま平行移動して $x+\mathrm{d}x$ 点に持って行ったときに、それを $x+\mathrm{d}x$ 点での座標で表すとどう書けるかを意味しているのである。なるほど $\mathrm{d}x$ が大きいほどずれが大きく出るわけだ。その係数 Γ を「**接続係数**」と呼ぶ。わざわざ接続係数なんて呼ばなくてもこれはクリストッフェル記号ではないか、と思うかも知れないが、リーマン幾何学ではたまたまクリストッフェル記号が接続係数になっているということだ。

第5章 リーマン幾何学

　ところで、直線座標を使っていればこのようなずれは起きない。直線座標の場合、平行移動した先でも座標目盛りの方向や間隔は変化しないからである。直線座標での接続係数（クリストッフェル記号）を計算してやると 0 になるのはそういう意味だったわけだ。

　とにかくこれで共変微分の意味ははっきりした。位置が x から $x + \mathrm{d}x$ に移動すると当然ベクトル $A_i(x)$ の値は変化して $A_i(x+\mathrm{d}x)$ となるわけだが、これが座標の目盛りの変化による数値表現上のものなのか、純粋にベクトルが変化したことによるものなのかが分からない。そこで、もし $A_i(x)$ をそのまま $x+\mathrm{d}x$ 地点に持って来たらどう表されているべきかという値との差を取ることで、ベクトルの純粋な変化量のみを導き出そう、というのである。これが共変微分の意味だ。

　こんな風にして、ただ平行移動しただけなのにベクトルの値が変化してしまうなんて話が出てくるといかにも空間が曲がっているような印象を受けるかも知れないが、曲がっているのは座標の目盛りだけである。これは座標変換の一般論であり、我々はまだユークリッド幾何学の範囲を出ていない。これは準備の段階に過ぎない。

　共変微分の意味は話したが、$A(x)$ に $\Gamma A \mathrm{d}x$ を足すことがなぜベクトルの平行移動を意味することになるのかという点がまだ説明されていない。この説明のために「**基底ベクトル**」について軽く確認しておこう。

　基本ベクトルという言葉が線形代数の入門書で使われることがあるが、これは座標軸の方向を向いた単位ベクトルだというイメージのものである。基底ベクトルというのはこれと似ていて、少し違うだけなので、とりあえずは似たようなものだと考えて話を進めよう。線形代数で扱うのは、行列を使った変換、すなわち一次変換に限られていた。しかし今はもっと広い座標変換を扱おうとしているのである。

　例えば3次元の極座標を考えてみよう。この場合、座標軸の向きとは何だろうか。他の座標変数の値を固定した上で、それぞれの変数だけが増加するような方向のことだと考えれば良さそうである。つまり r だけ θ だけ ϕ だけがそれぞれ増加するような方向だ。これは一次変換の場合でも同じであり、自然な拡張になっている。しかし大きく違うのはその方向が場所によって異なるということである。

　その向きを数式で表すには、偏微分を使えばいい。r だけが微小増加す

るときに、その方向はデカルト座標の X 軸をどれだけの割合で増加させるようなものかと言えば、
$$\frac{\partial X}{\partial r}$$
で表せばいいだろう。つまり、r 方向の基底ベクトル $\boldsymbol{e}_r$ をデカルト座標で表した各成分は、
$$\boldsymbol{e}_r = \left(\frac{\partial X}{\partial r}, \frac{\partial Y}{\partial r}, \frac{\partial Z}{\partial r}\right)$$
と書けばいい。r 方向以外にも同じ考えが使える。
$$\boldsymbol{e}_\theta = \left(\frac{\partial X}{\partial \theta}, \frac{\partial Y}{\partial \theta}, \frac{\partial Z}{\partial \theta}\right)$$
$$\boldsymbol{e}_\phi = \left(\frac{\partial X}{\partial \phi}, \frac{\partial Y}{\partial \phi}, \frac{\partial Z}{\partial \phi}\right)$$

　この計算結果をそのまま基底ベクトルの成分として採用すれば、ベクトルの大きさは一定ではないことになる。場所によって方向だけでなく大きさまで変わってしまうのだ。こうなると「基底ベクトルが単位ベクトルであるべし」という考えは非常に邪魔になってくる。あまり役に立つ制限でもないので思い切って捨ててしまおう。基本ベクトルと基底ベクトルとの分かりやすい違いと言えば、この辺りだろうか。

　この話を極座標以外にも適用できるように一般化しておこう。デカルト座標系 X^i から別の座標系 x^i に変換するとき、新しい座標系の基底ベクトル $\boldsymbol{e}_i$ の j 番目の成分を $e_i{}^j$ と表すことにする。この基底ベクトルをデカルト座標で表すと、次のように書けるということだ。
$$e_i{}^j = \frac{\partial X^j}{\partial x^i}$$
これを使ってさらに面白い話ができる。あるベクトル $\boldsymbol{A}$ がある。これをデカルト座標系で表したものを A_i とする。同じベクトルがデカルト座標以外の x 系でどう表されるかを知りたければ、
$$a_j = \frac{\partial X^i}{\partial x^j} A_i$$
と計算すれば良いのだった。これは、
$$a_j = e_j{}^i A_i$$

と書くこともできるではないか！ $e_j{}^i$ も A_i もデカルト座標系での表現だから、この右辺は内積の計算をやっていることに等しい。すなわちベクトルで表せば、

$$a_j = \boldsymbol{e}_j \cdot \boldsymbol{A}$$

ということである。前に第2章で、共変ベクトルは基底ベクトルとの内積で簡単に求めることができるという話をしたことがあるだろう。まさにこれだ。あのときはあまり使い道がないようだと書いたが、そうでもないようだ。直線座標系以外への変換をする場合でもちゃんと成り立っているのである。

基底ベクトルが大きくなれば、共変ベクトルの各成分の値も大きくなる。「共変ベクトル」の名前の由来は、「基底ベクトルと共に同じように**変化する**」という意味なのだった。

一方、反変ベクトルの各成分 a^i が知りたければ、こうして求められた共変ベクトル a_i を、計量を使って変換してやる必要があるだろう。それは少々手間が掛かる作業だ。しかしそれによって

$$\boldsymbol{A} = a^i \boldsymbol{e}_i$$

という表現が可能になるのだから手間を掛けて求める価値もあろう。

お待たせした。では上で説明した基底ベクトルの考えを使って、$A_{i /\!/}(x+dx)$ の意味を説明しよう。

基底ベクトル $e_i{}^j(x)$ は場所の関数になっている。直線座標系ではたまたま全地点で同じ値になっていただけだ。ある位置 x から少し離れた $x+dx$ 地点での基底ベクトル $e_i{}^j(x+dx)$ は、1次の近似を使って表せば、

$$e_i{}^j(\boldsymbol{x}+d\boldsymbol{x}) \fallingdotseq e_i{}^j(\boldsymbol{x}) + \frac{\partial e_i{}^j}{\partial x^k} dx^k$$

と書けるだろう。これを変形して行くと面白いことになる。

$$
\begin{aligned}
(\text{前式}) &= e_i{}^j(\boldsymbol{x}) + \frac{\partial^2 X^j}{\partial x^i \partial x^k}\,\mathrm{d}x^k \\
&= e_i{}^j(\boldsymbol{x}) + \frac{\partial^2 X^j}{\partial x^i \partial x^k}\frac{\partial X^j}{\partial X^j}\,\mathrm{d}x^k \\
&= e_i{}^j(\boldsymbol{x}) + \frac{\partial^2 X^j}{\partial x^i \partial x^k}\frac{\partial x^m}{\partial X^j}\frac{\partial X^j}{\partial x^m}\,\mathrm{d}x^k \\
&= e_i{}^j(\boldsymbol{x}) + \frac{\partial^2 X^j}{\partial x^i \partial x^k}\frac{\partial x^m}{\partial X^j}e_m{}^j\,\mathrm{d}x^k \\
&= e_i{}^j(\boldsymbol{x}) + \Gamma^m_{ik} e_m{}^j\,\mathrm{d}x^k
\end{aligned}
$$

どこかで見たような形になってきた。ややこしいことをしている印象を受けるかも知れないが、クリストッフェル記号と同じ形を作りたいという目的を持っていれば何とかたどり着ける式変形である。ここに出てくる基底の成分の右上の添え字は全て同じ記号 j であるから、結論をベクトルで書けば、

$$
\boldsymbol{e}_i(\boldsymbol{x}+\mathrm{d}\boldsymbol{x}) \;=\; \boldsymbol{e}_i(\boldsymbol{x}) + \Gamma^m_{ik}\boldsymbol{e}_m\,\mathrm{d}x^k
$$

である。この式とベクトル $\boldsymbol{A}(x)$ との内積を計算する。

その結果を見る前に、念のためちょっと注意を挟んでおこう。このベクトル $\boldsymbol{A}(x)$ が共変なのか反変なのかという問いは愚問である。ベクトル自体にそんな区別はない。反変とか共変とかいうのは、ただそのベクトルの成分をどちらの変換に従う形式で表示するかという表し方の違いでしかない。またベクトルというのは座標系の如何に関わらず、そこに存在するものである。よってこのようにベクトルとして $\boldsymbol{A}(x)$ と太字で書いたときには、デカルト座標におけるベクトルという意味さえない。単に「ベクトル」である。そのベクトルと基底ベクトルの内積を取れば、共変成分でどう表すか、という数値が得られるのである。よって結果は次のようになる。

$$
\boldsymbol{A}(\boldsymbol{x})\cdot\boldsymbol{e}_i(\boldsymbol{x}+\mathrm{d}\boldsymbol{x}) \;=\; A_i(\boldsymbol{x}) + \Gamma^m_{ik} A_m(\boldsymbol{x})\,\mathrm{d}x^k
$$

何と、この式の右辺は、先ほどの $A_{i/\!/}(x+\mathrm{d}x)$ と同じ形をしている。使っている添え字が違うだけであって、それは適当に選んで使っただけだから何であろうと気にすることではない。結局、

$$
A_{i/\!/}(\boldsymbol{x}+\mathrm{d}\boldsymbol{x}) \;=\; \boldsymbol{A}(\boldsymbol{x})\cdot\boldsymbol{e}_i(\boldsymbol{x}+\mathrm{d}\boldsymbol{x})
$$

第5章　リーマン幾何学

ということが言えるわけだ。つまり、$A_{i//}(x+\mathrm{d}x)$ は x 地点にあるベクトルを $x+\mathrm{d}x$ 地点での基底を使って測った成分だということになる。先ほど説明した通りだ。

これでようやく共変微分の意味を全てはっきりと説明し終えた！　…ことになるだろうか？　いや、まだだ。「反変ベクトルの共変微分」についてはどう考えたらいいのだろう。ここまでは基底ベクトルと共変ベクトルの相性の良さを利用することで、何とか分かりやすく説明できたのだった。しかし反変ベクトルについては同じようには行かない。もう少し議論を続けることにしよう。

第2章で、反変ベクトルと共変ベクトルの縮約を計算したものはスカラーになるという話をした。スカラーというのは座標変換によって値を変えない量であった。あるベクトルについて、反変ベクトルで表したもの A_i と、共変ベクトルで表したもの A^i を用意して、それらの縮約を取れば、値が変化しない量が出来上がる。この量の意味は何だろうか。

デカルト座標では共変と反変の区別がなかったので、これは自分自身との内積を計算したことに相当する。そしてその平方根を取ったものはベクトルの長さの定義であった。

この縮約の計算ルールに従えば、デカルト座標での内積と同じ値が他の座標系でも得られることになる。よってこの不変量をベクトルの長さの自乗であると考えることにしよう。

$$|\boldsymbol{A}|^2 = A_i A^i$$

実は反変と共変の両方を用意する必要はなくて、計量を使えば一方を他方に変換できるのだったから、

$$|\boldsymbol{A}|^2 = g_{ij} A^i A^j = g^{ij} A_i A_j$$

と表現することも可能である。

ところで、この関係式はベクトルを平行移動した先でもちゃんと成り立っているだろうか。基底ベクトルが変化していることによっておかしな値に変換されはしないかと心配しているのである。共変ベクトルを平行移動す

5.2. 平行移動

る方法についてはすでに上で導いたので、それを使って確かめてみよう。

$$g^{ij}(x+\mathrm{d}x)\,A_{i/\!/}(x+\mathrm{d}x)\,A_{j/\!/}(x+\mathrm{d}x)$$
$$=g^{ij}(x+\mathrm{d}x)\Big(A_i(x)+\varGamma^l{}_{im}A_l(x)\,\mathrm{d}x^m\Big)\Big(A_j(x)+\varGamma^n{}_{jp}A_n(x)\,\mathrm{d}x^p\Big)$$

無限小の平行移動を考えているので、g^{ij} を次のように1次までで近似しても良い。

$$\fallingdotseq \left(g^{ij}(x)+\frac{\partial g^{ij}}{\partial x^k}\,\mathrm{d}x^k\right)\Big(A_i(x)+\varGamma^l{}_{im}A_l(x)\,\mathrm{d}x^m\Big)\Big(A_j(x)+\varGamma^n{}_{jp}A_n(x)\,\mathrm{d}x^p\Big)$$

これを展開していこう。

$$\fallingdotseq \left(g^{ij}+\frac{\partial g^{ij}}{\partial x^k}\,\mathrm{d}x^k\right)\Big(A_iA_j(x)+A_i\varGamma^n{}_{jp}A_n\,\mathrm{d}x^p+A_j\varGamma^l{}_{im}A_l\,\mathrm{d}x^m\Big)$$

$$\fallingdotseq g^{ij}A_iA_j\;+\;g^{ij}A_i\varGamma^n{}_{jp}A_n\,\mathrm{d}x^p\;+\;g^{ij}A_j\varGamma^l{}_{im}A_l\,\mathrm{d}x^m\;+\;A_iA_j\frac{\partial g^{ij}}{\partial x^k}\,\mathrm{d}x^k$$

変形が近似式ばかりで進むのは、$\mathrm{d}x$ が2次以上になった項を次々に捨てて行っているからである。ああ、それでも収拾が付かなくなってきた。もし第1項だけが残ってくれたならば元と同じ長さが保たれていると言えるのだろうが、それには程遠い状況に見える。

お上品な式変形だけではこれ以上は無理だ。強攻策に出よう。添え字に p や m を使っているが、これらは k に統一してやっても意味は変わらない。また2項目と3項目でそれぞれ l や n を使っているが、l に統一してやろう。また、各項に i や j が使われているが、これらは和を取ってやれば最終的には残らない添え字なので、各項内で文字を勝手に入れ替えて使ってやっても不都合はない。よって2項目の i と j を入れ替える。

$$=g^{ij}A_iA_j\;+\;g^{ji}A_j\varGamma^l{}_{ik}A_l\,\mathrm{d}x^k\;+\;g^{ij}A_j\varGamma^l{}_{ik}A_l\,\mathrm{d}x^k\;+\;A_iA_j\frac{\partial g^{ij}}{\partial x^k}\,\mathrm{d}x^k$$

これで2項目と3項目は実は同じ内容だとはっきりする。

$$=g^{ij}A_iA_j\;+\;2g^{ij}A_j\varGamma^l{}_{ik}A_l\,\mathrm{d}x^k\;+\;A_iA_j\frac{\partial g^{ij}}{\partial x^k}\,\mathrm{d}x^k$$

さらに上の式の第2項の中で使っている i と l を入れ替えてみよう。

$$=g^{ij}A_iA_j\;+\;2g^{lj}A_j\varGamma^i{}_{lk}A_i\,\mathrm{d}x^k\;+\;A_iA_j\frac{\partial g^{ij}}{\partial x^k}\,\mathrm{d}x^k$$

$$=g^{ij}A_iA_j\;+\;\left(2g^{lj}\varGamma^i{}_{lk}+\frac{\partial g^{ij}}{\partial x^k}\right)A_iA_j\,\mathrm{d}x^k$$

第5章　リーマン幾何学

意外なまとまり方をした。実はこの第 2 項のカッコの中は 0 になるのである。以降はそこだけやってみよう。

$$2g^{lj}\Gamma^i_{lk} + \frac{\partial g^{ij}}{\partial x^k}$$
$$= 2g^{lj}\frac{1}{2}g^{im}\left(\frac{\partial g_{km}}{\partial x^l} + \frac{\partial g_{ml}}{\partial x^k} - \frac{\partial g_{lk}}{\partial x^m}\right) + \frac{\partial g^{ij}}{\partial x^k}$$
$$= g^{lj}g^{im}\frac{\partial g_{km}}{\partial x^l} + g^{lj}g^{im}\frac{\partial g_{ml}}{\partial x^k} - g^{lj}g^{im}\frac{\partial g_{lk}}{\partial x^m} + \frac{\partial g^{ij}}{\partial x^k}$$

ここで第 1 項と第 3 項が打ち消しあう。第 1 項の l と m を入れ替えて、さらに i と j を入れ替えてやれば、符号が違うだけの全く同じものになるからである。i と j を入れ替えてもいい理由は、この式全体が $A_i A_j \, \mathrm{d}x^k$ に掛かっているだけであり、i, j を入れ替えても何も変わりがないことがはっきりしているからである。

$$= g^{lj}g^{im}\frac{\partial g_{ml}}{\partial x^k} + \frac{\partial g^{ij}}{\partial x^k}$$

さあ、残るは 2 つの項だけだが、第 2 項で微分されている計量テンソルは添え字が上に付いていて、このままでは第 1 項と比較できない。そこで、かなり裏技的な変形ではあるのだが、第 2 項目の計量の添え字を下側に合わせてやる。

$$= g^{lj}g^{im}\frac{\partial g_{ml}}{\partial x^k} + \delta^i_l\frac{\partial g^{lj}}{\partial x^k}$$
$$= g^{lj}g^{im}\frac{\partial g_{ml}}{\partial x^k} + g^{im}g_{ml}\frac{\partial g^{lj}}{\partial x^k}$$
$$= g^{lj}g^{im}\frac{\partial g_{ml}}{\partial x^k} + g^{im}\left(\frac{\partial (g_{ml}\,g^{lj})}{\partial x^k} - g^{lj}\frac{\partial g^{ml}}{\partial x^k}\right)$$
$$= g^{lj}g^{im}\frac{\partial g_{ml}}{\partial x^k} + g^{im}\left(\frac{\partial \delta^j_m}{\partial x^k} - g^{lj}\frac{\partial g^{ml}}{\partial x^k}\right)$$
$$= g^{lj}g^{im}\frac{\partial g_{ml}}{\partial x^k} - g^{im}g^{lj}\frac{\partial g^{ml}}{\partial x^k}$$
$$= 0$$

かなり丁寧に解説したので長くなってしまったが、ようやく結論が出た。つまりこういうことだ。

$$g^{ij}(x+\mathrm{d}x)\, A_{i/\!/}(x+\mathrm{d}x)\, A_{j/\!/}(x+\mathrm{d}x) = g^{ij}(x)\, A_i(x)\, A_j(x)$$

5.2. 平行移動

　これにより、ベクトルを無限小だけ平行移動したものに対しても縮約のルールを適用することで、移動前と変わることのないベクトルの長さが正しく得られることが分かる。その場その場での接続係数を使いながらじわじわと平行移動を続ける限りは、ベクトルの長さは変化しないままで済むということだ。

　今は自分自身との内積を計算して、平行移動によって長さが不変であることを確認したが、異なる二つのベクトルの内積についても同様の計算で値が変化しないことを確かめることができる。つまり、平行移動によって二つのベクトルの成す角も変化を受けないということが言える。

　ところで平行移動した点でのベクトルの長さは反変ベクトルを使って次の式の左辺のように表しても、先ほど求めたものと同じ値になるはずである。

$$g_{ij}(x + \mathrm{d}x) \; A^i{}_{/\!/}(x + \mathrm{d}x) \; A^j{}_{/\!/}(x + \mathrm{d}x)$$
$$= g^{ij}(x + \mathrm{d}x) \; A_{i/\!/}(x + \mathrm{d}x) \; A_{j/\!/}(x + \mathrm{d}x)$$

これは成り立っていてもらわないと困る。これが言えるということは、

$$A^j{}_{/\!/}(x + \mathrm{d}x) \;=\; g^{ij}(x + \mathrm{d}x) \; A_{i/\!/}(x + \mathrm{d}x)$$

のような反変と共変の間の変換が普通通りにできると言っているのと同じことであるからだ。ところで、この式の右辺は上でやったのと同じように近似式で展開できるのではないだろうか。

$$\doteqdot \left(g^{ij}(x) + \frac{\partial g^{ij}}{\partial x^k} \mathrm{d}x^k \right) \left(A_i(x) + \varGamma^l{}_{im} A_l(x) \, \mathrm{d}x^m \right)$$
$$\doteqdot g^{ij} A_i \;+\; g^{ij} \varGamma^l{}_{im} A_l \, \mathrm{d}x^m \;+\; \frac{\partial g^{ij}}{\partial x^k} \mathrm{d}x^k A_i$$

　ここからは先ほどやったのと同じようなテクニックを駆使して計算を続ける。詳しい解説は省略するが、意外な結論へと向かう道筋を楽しんでも

らいたい。

$$
\begin{aligned}
&= A^j + \left(g^{ij}\Gamma^l{}_{ik}A_l + \frac{\partial g^{ij}}{\partial x^k}A_i\right)\mathrm{d}x^k \\
&= A^j + \left(g^{lj}\Gamma^i{}_{lk} + \frac{\partial g^{ij}}{\partial x^k}\right)A_i\,\mathrm{d}x^k \\
&= A^j + \left[g^{lj}\frac{1}{2}g^{im}\left(\frac{\partial g_{km}}{\partial x^l} + \frac{\partial g_{ml}}{\partial x^k} - \frac{\partial g_{lk}}{\partial x^m}\right) - g^{im}g^{lj}\frac{\partial g_{ml}}{\partial x^k}\right]A_i\,\mathrm{d}x^k \\
&= A^j + \left[g^{lj}\frac{1}{2}g^{im}\left(\frac{\partial g_{km}}{\partial x^l} - \frac{\partial g_{ml}}{\partial x^k} - \frac{\partial g_{lk}}{\partial x^m}\right)\right]A_i\,\mathrm{d}x^k \\
&= A^j + \left[\frac{1}{2}g^{lj}\left(\frac{\partial g_{km}}{\partial x^l} - \frac{\partial g_{ml}}{\partial x^k} - \frac{\partial g_{lk}}{\partial x^m}\right)\right]A_m\,\mathrm{d}x^k \\
&= A^j - \left[\frac{1}{2}g^{lj}\left(\frac{\partial g_{ml}}{\partial x^k} + \frac{\partial g_{lk}}{\partial x^m} - \frac{\partial g_{km}}{\partial x^l}\right)\right]A_m\,\mathrm{d}x^k \\
&= A^j - \Gamma^j{}_{km}A^m\,\mathrm{d}x^k
\end{aligned}
$$

前はベクトル $\boldsymbol{A}$ を平行移動してやったものを共変ベクトルで表したが、図らずも（嘘）反変ベクトルで表した $A^i{}_{/\!/}(x+\mathrm{d}x)$ についても、次のような関係式が成り立っていることが導かれたわけだ。

$$A^j{}_{/\!/}(x+\mathrm{d}x) = A^j(x) - \Gamma^j{}_{km}A^m(x)\,\mathrm{d}x^k$$

さりげなく導かれたが、この式は次節以降で頻繁に使う重要な式であるので少し記憶にとどめておいて欲しい。

ところで、この式の並びを変えて、

$$A^j{}_{/\!/}(x+\mathrm{d}x) = \left(A^j(x+\mathrm{d}x) - \frac{\partial A^j}{\partial x^k}\mathrm{d}x^k\right) - \Gamma^j{}_{km}A^m\,\mathrm{d}x^k$$

$$\therefore A^j(x+\mathrm{d}x) - A^j{}_{/\!/}(x+\mathrm{d}x) = \frac{\partial A^j}{\partial x^k}\mathrm{d}x^k + \Gamma^j{}_{km}A^m\,\mathrm{d}x^k$$

$$\therefore \frac{A^j(x+\mathrm{d}x) - A^j{}_{/\!/}(x+\mathrm{d}x)}{\mathrm{d}x^k} = \frac{\partial A^j}{\partial x^k} + \Gamma^j{}_{km}A^m$$

と表してやると、この右辺は前節の最後で頑張って式変形をして導いた「反変ベクトルの共変微分」の定義と同じものになっているではないか。この節のような考え方からたどっても同じものを導くことができるということだ。これで反変であろうと共変であろうと、共変微分には同じ平行移動の考えが適用できることが分かるだろう。

5.3 測地線

　我々は面白い数学的道具を手に入れた。あるベクトルを微小な平行移動させたときに、移動した先でそのベクトルがどう表されるべきかが計算できるようになったのである。この道具を持って、いよいよ曲がった空間へ出かけよう。

　イメージするためには、3 次元の空間の中に存在する曲がった面を思い浮かべながらも、自分はその面上に住む 2 次元人であって、認識は 2 つの次元のみに限られていると思い込んでもらいたい。今や自分にとってこの面だけが認識できる世界の全てなのだ。ああ、これは何という足枷だろう。

　この平面的な世界の中でもベクトルは定義できる。そしてそのベクトルを平行移動させてやることもできる。曲面の上でベクトルの平行移動をしたら、曲面を飛び出した方向を向いてしまうことになるのではないか、と考える人はまだ 3 次元の思考を捨てきれていない。そもそも前節で学んだ平行移動の意味は何だったかというと、ある点でのベクトルをその近くの点へそのまま移動して、その地点での基底ベクトルとの内積を取ったらどう表せるか、ということであった。つまり、話は 2 次元の中だけで完結しているのである。

　この平面世界の上に一つの曲線コースがあるのを想像してみよう。「曲線コース」というのは、この平面世界の住人にとっての曲線のことであって、曲がった面上の線だからそれは当然曲線になると言っているわけではない。

　さらにこの曲線上に目盛りを振って、それを σ で表そう。この目盛りは等間隔でなくても良くて、位置を表すパラメータの役割をしてくれれば十分である。σ が決まれば位置が決まるようにしておくのである。

　さて、この曲面上には一面にベクトルが定義されており、場所によって色んな方向を向いていたり大きさも異なっていたりすると想像しよう。しかし先ほど考えた曲線コース上に限ってはどの点にあるベクトルを見ても、たまたま全て平行で、かつ同じ長さになっていたとする。たまたまでは起こり得ないようなかなり特殊な状況ではあるが、そういうことがあったとしよう。

　つまり線上の、ある一つのベクトルを平行移動したものが曲線上の全ての点にあるということだ。今から、このような特別なベクトルが満たす方

程式を立ててみたい。

　曲線上のある位置 σ にある反変ベクトル A^i を曲線に沿って少し平行移動して $\sigma + \mathrm{d}\sigma$ にまで持ってきたとき、それが $\sigma + \mathrm{d}\sigma$ 地点に元からあるベクトルと等しいのであるから、

$$A^i(\sigma + \mathrm{d}\sigma) \;=\; A^i(\sigma) - \Gamma^i{}_{jk} A^j(\sigma) \,\mathrm{d}x^k$$

という関係が成り立っていることだろう。ただし $\mathrm{d}x$ というのは、$\mathrm{d}\sigma$ だけ移動したときの距離である。これを移項してやると

$$A^i(\sigma + \mathrm{d}\sigma) - A^i(\sigma) + \Gamma^i{}_{jk} A^j(\sigma) \,\mathrm{d}x^k = 0$$

であり、両辺を $\mathrm{d}\sigma$ で割ってやると、

$$\frac{A^i(\sigma + \mathrm{d}\sigma) - A^i(\sigma)}{\mathrm{d}\sigma} + \Gamma^i{}_{jk} A^j(\sigma) \frac{\mathrm{d}x^k}{\mathrm{d}\sigma} = 0$$

となる。$\mathrm{d}\sigma$ を無限小へ持って行けば次のようになる。

$$\frac{\mathrm{d}A^i(\sigma)}{\mathrm{d}\sigma} + \Gamma^i{}_{jk} A^j(\sigma) \frac{\mathrm{d}x^k}{\mathrm{d}\sigma} = 0$$

これがこの特殊な状況を実現しているベクトル $\boldsymbol{A}(\sigma)$ が満たす微分方程式である。この式は少し後で使うことになる。

　ここまで来れば残りの話は簡単だ。パラメータ σ の変化に従って、先ほど考えた適当な曲線上を我々自身が移動する状況をイメージしよう。今、我々が向かっている方向 v^i を知りたければ、

$$v^i = \frac{\mathrm{d}x^i}{\mathrm{d}\sigma}$$

という計算をすればいい。もし σ として時間を使っていたならばこれは速度ベクトルを意味することになるのだろう。しかし σ は別に時間でなくてもいい。要するに v^i はどの方向へ向かっているかを表しているのであり、曲面上にいる人にとっての、曲線コースの接線ベクトルである。

　何度も言うようだが、この曲面上に住んでいる我々にとっては 2 つのパラメータこそが現在位置を表す全てであって、立体的な思考はしていない。自分たちが曲面上で「高さ」的な移動をしているなんて露とも思ってはい

ないのだ。先ほど「曲線コースの接線ベクトル」と言ったものは、曲面を外から見ている人が考えるような3次元的な接線のことではないので注意が必要だ。

さて、我々が曲面上を真っ直ぐにドライブしたいと思ったら、どんなことに気を付ければいいだろう。$v^i =$ 一定 となるように走って行けばいいだろうか。

いや、そんなものは当てにはならない。地面に描かれている座標軸は真っ直ぐとは限らないからだ。これは地面が曲がっていることとは直接は関係ない。例えば、公園の平らな地面の上に極座標が描かれている光景を想像してもらいたい。このとき r と θ の変化が常に一定となるような方向に進んで行ったら、我々は原点から離れながら原点の周りをぐるぐる回ることになってしまうだろう。このように、座標値の変化に頼るのはまるで当てにはならない。

こういうときこそ平行移動の考えを使うのである。たとえ地面にどんな座標軸が描かれていようとも、たとえ我々が進んでいる方向を示している接線ベクトル v^i の値が目まぐるしく変化し続けようとも、その接線ベクトルの値の変化が、座標の上を平行移動したことのみによる変化だと確認できるならば、それは真っ直ぐ進んでいることになる。

これを実現するために、先ほどの「あるコース上で平行移動する反変ベクトル A^i が満たす式」を使うのである。A^i の代わりに v^i を代入してやる。

$$\frac{\mathrm{d}^2 x^i(\sigma)}{\mathrm{d}\sigma^2} + \Gamma^i{}_{jk} \frac{\mathrm{d}x^j}{\mathrm{d}\sigma} \frac{\mathrm{d}x^k}{\mathrm{d}\sigma} = 0$$

こうすれば、「あるコース上のどの地点の接線も全て平行であると言えるようなコース」が満たすべき微分方程式となる。言い換えれば「真っ直ぐなコース」の方程式であり、すなわちこれが「**測地線の方程式**」である。意外と簡単に導けるもんだろう？

この式は見た目が少々複雑で一体どう扱ったらいいのか分からないという人もいることだろう。しかし最も単純な場合を考えてみれば少しは参考になるのではないだろうか。もしこの面が一切曲がっていなくて直線座標で表されていたとしたら接続係数は常に 0 であり、上の方程式は

$$\frac{\mathrm{d}^2 x^i(\sigma)}{\mathrm{d}\sigma^2} = 0$$

という単純な式になる。これは見た目は一つの式だが実は連立方程式であり、考えている曲面の次元の数だけこのような式が並ぶことになる。とは言ってもこれを解くのは極めて簡単だろう。2 次元なら $i = 1, 2$ の二つであるから、分かりやすいように x^1, x^2 をそれぞれ、X、Y と表記してやれば、解は、

$$X = a\,\sigma + b$$
$$Y = c\,\sigma + d$$

となる。a, b, c, d は任意の定数である。パラメータ σ が何なのか良く分からないことがイメージを邪魔するのならば、代わりに時間 t とでも置いてイメージすればいい。まさに直線上を移動する様子を表す解だ。σ が邪魔なら消去して式を一つにまとめてやってもいい。

$$Y = AX + B$$

　ここで任意の定数 B の存在が許されていることからも分かるように、解は一つではない。これだけで何か一つの測地線を決めてしまうような式ではないということだ。決めるためには他に何か条件を付ける必要がある。例えば、スタート地点とゴール地点を決めて、これらを結ぶ測地線はどれか、とかいう具合だ。

　これでこの方程式がどんなものか雰囲気を掴んでもらえただろうか。

--- 趣味の提案 ---

　ここまで、直観が通用するような方法で測地線の方程式を導いてきた。しかし別のやり方があることも知っていてもらいたい。「測地線とは曲面上の 2 点間を結ぶ最短距離である」ということを前提にして、変分原理を使ってこの方程式の形を定めてしまうという強力な手法がある。

　私は今のところそのやり方を説明するつもりがないので、余裕のある人は他の教科書を調べてみるといいだろう。少ない仮定を元にして、曖昧な議論をすることなしに一気に望むものが得られるので、そのやり方の方が好きだという人も多いだろう。興味深い方法ではある。

一般相対論に出てくる測地線の方程式では、上で求まった方程式のパラメータ σ として固有時 τ を使うことが多い。固有時は座標変換によって変化しないし、質点にとっての時間の意味もあるし、それを使うのが一番便利だろう。

　相対論の重要な式の一つは、こんな単純な考えで導かれたものだったのだ。理解しやすい話だ。何かこれだけでは物理的考察が足りないような気がするかも知れない。しかし σ の代わりに何を使ったって本当はいいのだ。心配なら自分で気が済むまで考えてみることだ。

　これで目標の一つに到達したことになる。これから先は重力場の方程式を目指して進むことにしよう。それは今までの話の上にさらに積み上げることになるので、ここまでのように簡単には行かないかも知れない。さらに学ぶ努力が求められる。

5.4　局所直線座標系

　接続係数すなわちクリストッフェル記号は、テンソル量ではないが故に、少し特別な性質を持っている。それは座標の取り方によって、ある地点での値を 0 にできるということだ。

　しかしあらゆる地点での値を同時に 0 にできるというわけではない。どんなにうまく座標系を選んでも、地面が曲がっている限り、その地点を少し離れると 0 ではなくなってしまう。接続係数の微分までは 0 にできないということだ。

　テンソル量の場合にはこのようなことはできない。ある地点での値が 0 だったならば、それを別の座標系を使って表してみても 0 のままである。逆に言えば 0 以外の値のものはどんな座標変換で表しても決して 0 にはできないということになるだろう。

　ある特別な座標系を選んだときにだけ、一点での接続係数が 0 にできるというのはちっぽけなことに思えるが、このことをわざわざ取り上げるのには理由がある。これを知っていると今後の式変形で非常に有利になるのだ。

　例えば共変微分の定義には接続係数が含まれていて計算がかなり面倒くさい。しかし座標の選び方によってはそれが 0 にできて、普通の微分として計算できることになる。そしてもし計算した最終結果がテンソルになっ

たなら、それは、その特別に選んだ座標系に限らず、あらゆる座標系でも同じことが成り立っていると結論できるわけだ。何を言っているか分からないかも知れないが、そのような事例が後で出てくることになるだろう。

少し心配なのは、接続係数を 0 にするような座標系が、どんな場合であっても必ず見付かるかどうかということだ。これを確かめておこう。

5.1 節の (10) 式で次のような変換側を導いた。

$$\Gamma^t_{ij} = \frac{\partial x^t}{\partial x'^p}\frac{\partial x'^m}{\partial x^j}\frac{\partial x'^l}{\partial x^i}\Gamma'^p_{lm} + \frac{\partial x^t}{\partial x'^r}\frac{\partial^2 x'^r}{\partial x^i \partial x^j}$$

説明の都合上、ダッシュの有る無しを反転させてある。それは、この後出てくる式に全てダッシュが付くのは嫌だというだけの理由だ。ある点 P での Γ^t_{ij} を座標変換して $\Gamma'^p_{lm}(P) = 0$ となるようにしたい。そのためには、

$$\Gamma^t_{ij}(P) = \left[\frac{\partial x^t}{\partial x'^r}\frac{\partial^2 x'^r}{\partial x^i \partial x^j}\right]_P \tag{1}$$

が成り立っていればいい。難しいことは言っていないから、式を良く見るんだ。ページをさかのぼる必要もない。この式はどこでも成り立っている必要はなくて、点 P において両辺の値が等しければいいだけである。だから (1) 式の左辺は定数だと考えてしまえば良いのであり、手が付けられないほど複雑な問題ではないようだ。

しかし左辺は定数とは言え多数の成分を持っており、単純に A とでも置いて簡略化するわけにはいかない。まぁ、微分したら 0 になるということだけは言える。まずは当たりを付ける為、次のような単純な座標変換を考えてみよう。

$$x'^k = \Gamma^k_{ij}(P) x^i x^j$$

単純に見えないって？ $\Gamma^t_{ij}(P)$ は P 点での値なのだから定数だ。単純だろう？ これを (1) 式の右辺の 2 階微分に代入すれば、定数 $\Gamma^t_{ij}(P)$ が残ってくれるだろう。これだけで済めば話は簡単なのだが、もう一方の 1 階微分のところが厄介だ。x'^r を x^t で偏微分してその逆数を取るなんて計算はやってはいけないのだった。その代わり、行列の (i,j) 成分が $\partial x'^j/\partial x^i$ であるような行列を一旦作ってやって、その逆行列を求めてやれば、その (r,t) 成分が $\partial x^t/\partial x'^r$ となっていることが言えるのである。(72 ページ参照) し

かしそのややこしい作業をやってみたところで余計な項が増えるだけであり、(1) 式は満たせそうにない。そこで座標変換を少し改良してやろう。

$$x'^k = \Gamma^k{}_{ij}(P)(x^i - c^i)(x^j - c^j)$$

c^i というのは P 点での座標値である。計算した後で x^i に c^i を代入することになるので、こうしておけば残った項もすっきりと消えてしまうだろう。いや消え過ぎだ。0 では困るのでさらに細工。

$$x'^k = x^k + \frac{1}{2}\Gamma^k{}_{ij}(P)(x^i - c^i)(x^j - c^j)$$

これでとりあえずは解決だろう。x'^i と x^i はこれに加えて定数分だけずれていても大丈夫なので、それを形式美にこだわって表現するなら次のようになる。それと実際に計算してみると $\frac{1}{2}$ が必要であることが分かるから今の内に入れておく。

$$(x'^k - c'^k) = (x^k - c^k) + \frac{1}{2}\Gamma^t{}_{ij}(P)(x^i - c^i)(x^j - c^j) \tag{2}$$

この変換で全てがうまく行くはずだ。まぁ初めからいきなりこれを示して確認作業に入っても良かったのだが、完全に天下りで話を進めるのはあまり好きでない。まず、(2) 式の x' を x で微分すると、

$$\frac{\partial x'^k}{\partial x^p} = \delta^k{}_p + \frac{1}{2}\Gamma^k{}_{ij}(P)\left[\delta^i{}_p(x^j - c^j) + (x^i - c^i)\delta^j{}_p\right] \tag{3}$$

であり、その P 点での値を知りたければ x^i に c^i を代入してやって、

$$\frac{\partial x'^k}{\partial x'^p} = \delta^k{}_p$$

となる。この右辺を行列で表せば単位行列と同じなので、逆行列は求めるまでもない。それで次のことが言える。

$$\frac{\partial x^t}{\partial x'^r} = \delta^t{}_r$$

これが (1) 式の右辺の初めの 1 階微分に相当する。また (3) 式をもう一回微分すると、

$$\begin{aligned}\frac{\partial^2 x'^k}{\partial x^p \partial x^q} &= \frac{1}{2}\Gamma^k{}_{ij}(P)\left[\delta^i{}_p\delta^j{}_q + \delta^i{}_q\delta^j{}_p\right] \\ &= \frac{1}{2}\left[\Gamma^k{}_{pq}(P) + \Gamma^k{}_{qp}(P)\right] \\ &= \Gamma^k{}_{pq}(P)\end{aligned}$$

となる。これが (1) 式の右辺の 2 階微分である。よって、

$$\left[\frac{\partial x^t}{\partial x'^r}\frac{\partial^2 x'^r}{\partial x^i \partial x^j}\right]_P \;=\; \delta^t{}_r\;\Gamma^r{}_{ij}(P) \;=\; \Gamma^t{}_{ij}(P)$$

であるから、(2) 式の座標変換を採用することでいつでも (1) 式の条件を満たすことが言えるのである。このように、接続係数を 0 にする変換は必ず在るということが分かって一安心だ。しかもその変換は一通りではなく、無数に存在すると言える。上のやり方で求まった座標系を線形変換した座標系でもやはり条件に合うからである。

　この節でこのような話を取り上げた理由は今後の式変形の為だけではない。この、接続係数が 0 になる座標系が必ず見出せるという事実は、一般相対論の思想を実現するためにはとても重要な概念なのである。前節で測地線の話をしたばかりでもあるし、ここでこのような話題を入れておくのは丁度いいだろう。前節で測地線についての物理的考察をほとんどしなかったのも気がかりだった。

　接続係数が至る所で 0 であるというのは直線座標の性質である。平行移動によってベクトルやテンソルの値が変化しないということだ。ところが今回の話では、たとえ地面が曲がっていたとしてもある一点に限っては接続係数を 0 にできるのだという。つまり、その特別に選んだ座標系を使って表す限りは、その点のごく近くに関しては、平らな空間と同じ性質が成り立っていると見なせて、平らな空間と同じ法則が同じ形で記述できるのである。

　それは例えばこういうことだ。ビルの屋上で重力を感じている人がいる。この人がビルから飛び降りれば重力を感じない世界を手に入れることができるだろう。つまり自分のいる一点に限って言えば、空間が重力によって曲がっていないと錯覚できるのである。

　さて、飛び降りずにビルの上で静かに見ている人にとっては、この飛び降りた人は加速度的に遠ざかって行くだろう。それで、座標変換とはすなわち移動することに相当するのだろうか、という疑問が生まれる。

　ここまで学んできたリーマン幾何学によれば、座標変換をするのに自分の位置を変えることはまるで必要なかった。ただ地面に描かれた座標軸だけを書き替えるという静的なイメージのものである。もし曲がった面上を

5.4. 局所直線座標系

移動しようとすれば、その場その場での地面の曲がり具合だって刻々と変化するだろうから、面倒な問題が加わることになるだろう。実際に空間内を移動するということがここまでリーマン幾何学で考えてきた座標変換と同じことに相当するとはとても思えない。

このイメージの乖離を解消するためには次元の違いに注意を払うことが必要である。我々はここまで主に2次元の曲面のイメージに頼ってきた。この曲面上を移動するというのは、この2次元とは別に時間という概念が存在して、その経過に従って位置を変えるということである。

ところが相対論ではその時間でさえも曲がった面の中にあるのである。曲面そのものが4次元であって、その外には時間と呼べるものは存在しない状況である。ではビルから飛び降りた人の振る舞いは4次元曲面上では何に相当するだろう？ それは曲面上に描かれた線である。決して移動することのない静かな一本の線である。ではビルの上でじっとしていた人の振る舞いはどうだろうか。これも線である。点ではない。横軸を時間、縦軸を移動距離で表したときの、横真一文字の直線が静止状態を表すのと同じ理屈だからだ。

このようにして曲面上に2種類の線が描かれた。曲面上の座標軸の引き方によって、どちらの線が静止状態を表すかという解釈を変えて見ることができる。

ビルから飛び降りた人は、飛び降りることで座標変換を無理やり実行したわけではない。彼は飛び降りている自分の状態を静止状態と見なすような座標の取り方もあり得ることを実感したに過ぎない。そしてその座標を使えば重力という余計なものの存在が消えて、現象がすっきりと表せることを示したのである。「飛び降り＝座標変換」ではないということだ。

しかしまだどこか疑問がすっきりしない。何だろうか。飛び降りた人は終始重力を感じなかった。すると飛び降りた人が描いた曲面上の軌跡の上では常に接続係数は0だということだろうか。先ほど接続係数を0にできるのは1点のみだという話をしたが、この場合、接続係数を線に沿ってずっと0にすることのできる座標系をうまく見出したことになるのだろうか。

そうではない。この人の速度は常に変化している。それだけでなく、もし落ちて行く途中の場所場所で重力に変化があればこの人の加速度さえも変化する。いつも同じように進んでいくのではないわけだ。傍から見れば彼の描く曲面上の軌跡はくねくねと曲がっているように見えるだろう。そ

の彼が常に静止しているような見方をするためには、その場その場で座標軸の描き方を変えてやらないといけない。

彼自身はと言えば、常に接続係数が0であるような座標系で世界を見ている。彼はそのような座標系に次々と乗り換えながら移動しているのである。もし彼がある時点で使っていた座標の取り方で4次元世界全体を見ると、自分が描いた線上の別の点の接続係数は0でないように見えることに気が付くだろう。

彼はこうして、自分自身が等速直線運動をしているとみなせる座標系で等速直線運動を続けている。曲面上を常に真っ直ぐ移動し続けた軌跡は「測地線」と呼ばれるのだった。彼は空間の曲がりに従って、測地線を描いて移動していたことになる。先ほど話した「傍から見てくねくねと曲がった線」は実は測地線だったわけだ。

さあ、これで相対論とリーマン幾何学との対応がイメージできるようになっただろうか。数学を少しかじっただけでも、数式なしでここまで説明できるようになるものなんだな、と少し驚く。

5.5 テンソルの共変微分

測地線についての話が一通り終わった。この勢いに乗って次は重力場の方程式の核心部分を一気に攻め落としたいところだが、そのための道具がまだ足りない。すぐに必要になるわけではないのだがここまでの知識ですでに説明できそうなことは今の内に話しておこう。その方が後で慌てなくて済む。

この節で学ぶことを大まかに説明しておこう。高校では積の微分公式を学んだ。共変微分についても同じような公式を作ることができるだろうか。すなわち、ベクトルの積を共変微分した場合の公式である。

ベクトルの積というのはテンソルとしての変換性を持つのだったから、これを元にして「テンソルの共変微分」というものを考え出すこともできそうだ。チャレンジしてみよう。

まずは高校数学の復習から始める。積の微分の公式は次のようなもので

5.5. テンソルの共変微分

ある。

$$\frac{\mathrm{d}(fg)}{\mathrm{d}x} = f\frac{\mathrm{d}g}{\mathrm{d}x} + \frac{\mathrm{d}f}{\mathrm{d}x}g$$

受験では公式暗記と計算重視だから、この公式が成り立っている理由を把握している高校生の割合はそれほど多くはないかも知れない。微分の定義に立ち返れば、

$$\begin{aligned}
\frac{\mathrm{d}(fg)}{\mathrm{d}x} &= \lim_{\mathrm{d}x\to 0} \frac{f(x+\mathrm{d}x)g(x+\mathrm{d}x) - f(x)g(x)}{\mathrm{d}x} \\
&= \lim_{\mathrm{d}x\to 0} \frac{f(x+\mathrm{d}x)g(x+\mathrm{d}x) - f(x+\mathrm{d}x)g(x)}{\mathrm{d}x} \\
&\quad + \lim_{\mathrm{d}x\to 0} \frac{f(x+\mathrm{d}x)g(x) - f(x)g(x)}{\mathrm{d}x} \\
&= \lim_{\mathrm{d}x\to 0} f(x+\mathrm{d}x)\frac{g(x+\mathrm{d}x) - g(x)}{\mathrm{d}x} + \lim_{\mathrm{d}x\to 0} g(x)\frac{f(x+\mathrm{d}x) - f(x)}{\mathrm{d}x} \\
&= f(x)\lim_{\mathrm{d}x\to 0} \frac{g(x+\mathrm{d}x) - g(x)}{\mathrm{d}x} + g(x)\lim_{\mathrm{d}x\to 0} \frac{f(x+\mathrm{d}x) - f(x)}{\mathrm{d}x}
\end{aligned}$$

と導くことができる。高校の時はかなり奇抜なテクニックに思えたものだが、今振り返れば何も難しいところはない。さて、これと同じ論法がベクトルの積の共変微分についても使えるだろうか。

$$\begin{aligned}
\nabla_k A_i B_j &= \lim_{\mathrm{d}x^k \to 0} \frac{A_i B_j - A_{i/\!/}\, B_{j/\!/}}{\mathrm{d}x^k} \\
&= \lim_{\mathrm{d}x^k \to 0} \frac{A_i B_j - A_i B_{j/\!/} + A_i B_{j/\!/} - A_{i/\!/}\, B_{j/\!/}}{\mathrm{d}x^k} \\
&= \lim_{\mathrm{d}x^k \to 0} \frac{A_i(B_j - B_{j/\!/}) + (A_i - A_{i/\!/})\, B_{j/\!/}}{\mathrm{d}x^k} \\
&= A_i(\nabla_k B_j) + (\nabla_k A_i)B_j
\end{aligned}$$

何か工夫が要るかと思ったが全く同じだった。同じルールが成り立っていると考えて良さそうだ。

これを元にしてテンソルの共変微分のルールを作れないか考えてみる。しかしテンソルの添え字は上の A_i や B_i のように二つの部分に分けて書くことができないので、どうやって当てはめればいいのかと困ってしまう。上

183

で得た公式を定義に立ち返って書き直してみてはどうだろう。

$$
\begin{aligned}
\nabla_k A_i B_j &= A_i(\nabla_k B_j) + (\nabla_k A_i) B_j \\
&= A_i \left(\frac{\partial B_j}{\partial x^k} - \Gamma^m_{jk} B_m \right) + \left(\frac{\partial A_i}{\partial x^k} - \Gamma^m_{ik} A_m \right) B_j \\
&= A_i \frac{\partial B_j}{\partial x^k} + \frac{\partial A_i}{\partial x^k} B_j - \Gamma^m_{ik} A_m B_j - A_i \Gamma^m_{jk} B_m \\
&= \frac{\partial (A_i B_j)}{\partial x^k} - \Gamma^m_{ik} A_m B_j - \Gamma^m_{jk} A_i B_m
\end{aligned}
$$

なんとまぁ、A_i と B_j をうまい具合に並べることができ、テンソルを当てはめるのに都合の良い形に持って来れた。このことから、2 階の共変テンソルの微分を、

$$
\nabla_k T_{ij} = \frac{\partial T_{ij}}{\partial x^k} - \Gamma^m_{ik} T_{mj} - \Gamma^m_{jk} T_{im}
$$

のように定義してやれば矛盾がないだろう。2 階の反変テンソルの場合には

$$
\nabla_k T^{ij} = \frac{\partial T^{ij}}{\partial x^k} + \Gamma^i_{km} T^{mj} + \Gamma^j_{km} T^{im}
$$

となることも同様にしてすぐに分かる。また、ここでは具体的にはやらないが、混合テンソルや、もっと高階のテンソルの場合には、

$$
\nabla_k T^{ij}_s = \frac{\partial T^{ij}_s}{\partial x^k} + \Gamma^i_{km} T^{mj}_s + \Gamma^j_{km} T^{im}_s - \Gamma^m_{sk} T^{ij}_m
$$

のようになることも想像が付く。では 0 階のテンソル … すなわちスカラーの場合にはどうだろう。同じルールに従えばこんな感じだろうか。

$$
\nabla_k T = \frac{\partial T}{\partial x^k}
$$

これは普通の偏微分をしたのと変わらない。前にベクトルの長さというスカラー量が平行移動によって値が変化しないということを調べたのを思い出そう。平行移動という要因では値が変化しない量なら、通常の微分も共変微分も同じ意味になるということであり、これは道理に合うことだ。

さて、計量というのもテンソルの一種である。これを今学んだばかりの

5.5. テンソルの共変微分

ルールに従って共変微分してやろう。

$$\begin{aligned}
\nabla_k g_{ij} &= \frac{\partial g_{ij}}{\partial x^k} \;-\; \Gamma^m_{ik} g_{mj} \;-\; \Gamma^m_{jk} g_{im} \\
&= \frac{\partial g_{ij}}{\partial x^k} - \frac{1}{2} g^{mt} \left(\frac{\partial g_{kt}}{\partial x^i} + \frac{\partial g_{ti}}{\partial x^k} - \frac{\partial g_{ik}}{\partial x^t} \right) g_{mj} \\
&\qquad - \frac{1}{2} g^{mt} \left(\frac{\partial g_{kt}}{\partial x^j} + \frac{\partial g_{tj}}{\partial x^k} - \frac{\partial g_{jk}}{\partial x^t} \right) g_{im} \\
&= \frac{\partial g_{ij}}{\partial x^k} - \frac{1}{2} \delta^t_{\;j} \left(\frac{\partial g_{kt}}{\partial x^i} + \frac{\partial g_{ti}}{\partial x^k} - \frac{\partial g_{ik}}{\partial x^t} \right) \\
&\qquad - \frac{1}{2} \delta^t_{\;i} \left(\frac{\partial g_{kt}}{\partial x^j} + \frac{\partial g_{tj}}{\partial x^k} - \frac{\partial g_{jk}}{\partial x^t} \right) \\
&= \frac{\partial g_{ij}}{\partial x^k} - \frac{1}{2} \left(\frac{\partial g_{kj}}{\partial x^i} + \frac{\partial g_{ji}}{\partial x^k} - \frac{\partial g_{ik}}{\partial x^j} \right) \\
&\qquad - \frac{1}{2} \left(\frac{\partial g_{ki}}{\partial x^j} + \frac{\partial g_{ij}}{\partial x^k} - \frac{\partial g_{jk}}{\partial x^i} \right) \\
&= \frac{\partial g_{ij}}{\partial x^k} - \frac{\partial g_{ij}}{\partial x^k} = 0
\end{aligned}$$

おお！なんと結果は 0 である。まるで定数を微分したら 0 になるのと同じように、計量テンソルを共変微分すると、このように必ず 0 になってしまうというのである。これを「**計量条件**」と呼ぶ。このことを知っていると、後の変形で何かと役に立つことになる。

反変の計量テンソルについても同じことが成り立っている。わざわざ同じような計算を繰り返す必要はなくて、

$$\nabla_k (g_{ij} g^{ij}) \;=\; g_{ij} \nabla_k g^{ij} \;+\; g^{ij} \nabla_k g_{ij}$$

の左辺が 0 であることから、右辺に先ほどの結果を入れればすぐ分かるだろう。

$$\nabla_k g^{ij} \;=\; 0$$

しかし一体…、これら計量条件は何を意味するのだろうか。計量は場所によって変化する。共変微分というのは各点での基底の違いによって変化する要素を差し引いてベクトルの成分を比較するという概念だった。それが 0 だということは、計量は基底の変化以外では変化していないということになるのか！つまり、計量テンソルの変化は、純粋に基底の変化を反

映しているということだ。まぁ、確かにそういう量だから当然と言えば当然か。

　共変微分の説明の導入部分で、定ベクトルの共変微分は 0 になると説明した。計量も、直線座標系では一面至る所で一定のテンソルなのだから、ベクトルかテンソルかという違いしかなくて似たような存在だとも言える。そしてその共変微分をしたものは 0 になるという、やはり同じ理屈をイメージすればいいわけだ。

5.6　リーマン曲率

　自分のいる空間が曲がっているかどうか判定するためには平行移動の概念を応用すればできそうだ。

　例えば地球の表面でのことを考えてみよう。まず赤道直下のある一点で、地面に北向きのベクトルを描く。これをベクトル A としよう。ベクトル A を赤道に沿って平行移動して地球の反対側にまで持って行ってもやはりこれも北向きのベクトルである。これをベクトル B としよう。ベクトル A と B を両方とも北極へ向けて平行移動したらどうなるか。両者は北極点ではまったく正反対を向いたベクトルとなる。

　一つのベクトルを、同じスタート地点からそれぞれ別ルートで平行移動させて行って最終的に同じゴール地点にたどり着いたとき、ベクトルの方向が食い違ってしまっているということが起きる。地面が曲がっている場合にはそうなるのである。

　このことを別の表現をしても良い。あるベクトルを平行移動させながら、ぐるりと一つの輪を描くようなコースで元の位置に戻ってくるとき、そのベクトルは初めとは違う方向を向いてしまっている。上の例で言えば、北極点を起点にして考えると分かりやすい。平らな地面では決してこんなことは起こらない。よってこれを曲がり具合の度合いを表す数値「**曲率**」として採用したらどうだろうか。

　しかしこれだけではまだ不安があるだろう。地面が曲がっているにも関わらず、あるコースを一周してきたらベクトルの方向が元と変わりなかった、なんて偶然は絶対に起こらないと言い切れるだろうか。例えば、道筋の途中まではずれがどんどん大きくなっていくのだが、途中から反対方向

5.6. リーマン曲率

にずれていて先ほどのずれを打ち消していくとしたらどうだろう。またベクトルの方向が最終的に360°ずれてしまった場合には、ずれたかどうだか判断が付かないことになる。

そのような不安を解消する方法がある。曲率というだけあって、率を考えればいいのだ。概して、大きな輪を描くコースを移動すればその移動分だけ大きなずれが生じる傾向がある。小さな輪を描くように移動すればずれは小さく抑えられるはずだ。極端な話、もし行き返りで同じコースを通ったならば輪の面積は0だし、ずれも0となる。よし、この考えに矛盾はなさそうだ。よってベクトルのずれの度合いを、輪を描いて一周するコースの面積で割ってやればいいのではなかろうか。面積を無限小に近付けてやれば、「ある一点での曲がり具合」というものが求まるだろう。これなら先ほど挙げた不安は解消だ。このような概念が本当に使えるかどうか確かめるべく、数式で表してみよう。

まず、スタート地点 P での共変ベクトル $A_i(P)$ を $\mathrm{d}x^j$ だけ平行移動して、中間地点 Q まで持って行ってやろう。

$$A_{i/\!/}(Q) \;=\; A_i(P) \;+\; \Gamma^k_{ij}(P)\, A_k(P)\, \mathrm{d}x^j$$

これをさらに $\mathrm{d}y^n$ だけ平行移動して、次の点 R まで移動する。

$$A_{i/\!/}(R) \;=\; A_{i/\!/}(Q) \;+\; \Gamma^m_{in}(Q)\, A_{m/\!/}(Q)\, \mathrm{d}y^n$$

初めの式を2番目の式に代入してやる。

$$\begin{aligned}A_{i/\!/}(R) \;=\;& A_i(P) \;+\; \Gamma^k_{ij}(P)\, A_k(P)\, \mathrm{d}x^j \\ & +\; \Gamma^m_{in}(Q)\left[A_m(P) + \Gamma^k_{mj}(P)\, A_k(P)\, \mathrm{d}x^j\right]\mathrm{d}y^n\end{aligned}$$

ここで第2項目の $\Gamma^m_{in}(Q)$ だけが中間地点 Q での値となっていて扱いにくいので、次のように近似で表してやることにする。

$$\begin{aligned}=\;& A_i(P) \;+\; \Gamma^k_{ij}(P)\, A_k(P)\, \mathrm{d}x^j \\ & +\; \left[\Gamma^m_{in}(P) + \frac{\partial \Gamma^m_{in}(P)}{\partial x^p}\mathrm{d}x^p\right]\left[A_m(P) + \Gamma^k_{mj}(P)A_k(P)\mathrm{d}x^j\right]\mathrm{d}y^n\end{aligned}$$

第5章 リーマン幾何学

これを展開してまとめよう。今後は (P) という表示は邪魔なだけなので書かないことにする。

$$\begin{aligned}
= & A_i + \Gamma^k_{ij} A_k \, dx^j + \Gamma^m_{in} A_m \, dy^n \\
& + \Gamma^m_{in} \Gamma^k_{mj} A_k \, dx^j \, dy^n + \frac{\partial \Gamma^m_{in}}{\partial x^p} \, dx^p A_m \, dy^n \\
& + \frac{\partial \Gamma^m_{in}}{\partial x^p} \, dx^p \Gamma^k_{mj} A_k \, dx^j \, dy^n
\end{aligned}$$

この最後の項は微小量が 3 次にもなっており、他の項に比べて小さ過ぎるので、今の内に捨ててしまうことにする。それを言ったら、微小量が 2 次になっている項だって初めの項に比べて無視できるほど小さいわけだが、これは捨てない。なぜなら、最初の 3 つの項はこの後の計算で消えてしまうので、2 次の項を残しておかないと結局何も残らなくなってしまうという事情があるからである。

$$\begin{aligned}
\fallingdotseq & A_i + \Gamma^k_{ij} A_k \, dx^j + \Gamma^m_{in} A_m \, dy^n \\
& + \Gamma^m_{in} \Gamma^k_{mj} A_k \, dx^j \, dy^n + \frac{\partial \Gamma^m_{in}}{\partial x^p} A_m \, dx^p \, dy^n \\
= & A_i + \Gamma^k_{ij} A_k \, dx^j + \Gamma^m_{in} A_m \, dy^n \\
& + \left(\Gamma^m_{in} \Gamma^k_{mj} A_k + \frac{\partial \Gamma^m_{in}}{\partial x^j} A_m \right) dx^j \, dy^n \\
= & A_i + \Gamma^k_{ij} A_k \, dx^j + \Gamma^m_{in} A_m \, dy^n \\
& + \left(\Gamma^m_{in} \Gamma^k_{mj} + \frac{\partial \Gamma^k_{in}}{\partial x^j} \right) A_k \, dx^j \, dy^n
\end{aligned}$$

さあ、ようやくここまで来た。後は来たのとは逆の順で引き返すだけだ。ここから同じ要領で $-dx$ だけ移動し、次に $-dy$ だけ移動すれば、別コースで初期位置 P に戻ったことになる。しかしすでに数式はややこしくなっており、馬鹿正直に同じ手順を続ければ、ここまで以上の式変形の苦労が待っているだろう。

そこで、ちょっと楽することを考えよう。すでに求めた結果は、スタート地点から dx、dy の順で移動したものだった。この dx、dy の記号を入れ替えるだけで点 P から別コースを通って R 地点にたどり着いた場合の

5.6. リーマン曲率

結果となる。

$$A'_{i/\!/}(R) = A_i + \Gamma^k_{ij} A_k \, \mathrm{d}y^j + \Gamma^m_{in} A_m \, \mathrm{d}x^n$$
$$+ \left(\Gamma^m_{in} \Gamma^k_{mj} + \frac{\partial \Gamma^k_{in}}{\partial x^j} \right) A_k \, \mathrm{d}y^j \, \mathrm{d}x^n$$

この二つの式の差を取ることで手っ取り早く目的を果たしてしまおう、というわけだ。初めの3つの項が打ち消しあうことはすぐに分かる。

$$A_{i/\!/}(R) - A'_{i/\!/}(R)$$
$$= \left(\Gamma^m_{in} \Gamma^k_{mj} + \frac{\partial \Gamma^k_{in}}{\partial x^j} \right) A_k \, \mathrm{d}x^j \, \mathrm{d}y^n - \left(\Gamma^m_{in} \Gamma^k_{mj} + \frac{\partial \Gamma^k_{in}}{\partial x^j} \right) A_k \, \mathrm{d}y^j \, \mathrm{d}x^n$$
$$= \left(\Gamma^m_{in} \Gamma^k_{mj} + \frac{\partial \Gamma^k_{in}}{\partial x^j} \right) A_k \, \mathrm{d}x^j \, \mathrm{d}y^n - \left(\Gamma^m_{ij} \Gamma^k_{mn} + \frac{\partial \Gamma^k_{ij}}{\partial x^n} \right) A_k \, \mathrm{d}y^n \, \mathrm{d}x^j$$
$$= \left[\Gamma^m_{in} \Gamma^k_{mj} + \frac{\partial \Gamma^k_{in}}{\partial x^j} - \Gamma^m_{ij} \Gamma^k_{mn} - \frac{\partial \Gamma^k_{ij}}{\partial x^n} \right] A_k \, \mathrm{d}x^j \, \mathrm{d}y^n$$

ここで $\mathrm{d}x \, \mathrm{d}y$ の部分はコースの面積であると言える形にはなっていないが、コースの大きさを表す量ではある。この量を無限小に近付けようとも、式の他の部分に影響を与えるわけではない。つまり、大カッコの中にある量こそ、コースの取り方や使ったベクトルに影響されることのない、空間の曲がり具合を表す本質的な量であると言えよう。これを略して、

$$= R^k_{i,jn} A_k \, \mathrm{d}x^j \, \mathrm{d}y^n$$

と表そう。添え字を置き換えて書き直せばつまり、

$$R^i_{j,kl} = \frac{\partial \Gamma^i_{jl}}{\partial x^k} - \frac{\partial \Gamma^i_{jk}}{\partial x^l} + \Gamma^m_{jl} \Gamma^i_{mk} - \Gamma^m_{jk} \Gamma^i_{ml}$$

が「リーマン曲率テンソル」の定義だというわけだ。これは第2部で紹介した定義と同じものになっているが、この定義は教科書によっては逆符号で定義される場合もある。それはコースをどっち回りしたかという考え方の違いだけだ。

結果の式だけ見せられて、そこから意味を類推するのは非常に難しいが、元になった考え方そのものは単純だっただろう。これが本当に「テンソル」であるかどうかの確認はこの後で行う。

5.7　リーマン・テンソルは本当にテンソルか

突然だがここで次のような定義で表される量を計算をしてみよう。

$$[\nabla_j, \nabla_k]A_i \equiv \nabla_j\nabla_k A_i - \nabla_j\nabla_k A_i$$

これは A_i を x^k で共変微分してから x^j で共変微分するのと、その逆の順で計算するのとで、違いが出るかどうかを調べようというのである。まずは第 1 項から計算しよう。第 2 項は後から j と k を入れ替えればいい。

$$\begin{aligned}
\nabla_j(\nabla_k A_i) &= \partial_j(\nabla_k A_i) - \Gamma^m_{kj}(\nabla_m A_i) - \Gamma^m_{ij}(\nabla_k A_m) \\
&= \partial_j(\partial_k A_i - \Gamma^t_{ik}A_t) \\
&\quad - \Gamma^m_{kj}(\partial_m A_i - \Gamma^t_{im}A_t) \\
&\quad - \Gamma^m_{ij}(\partial_k A_m - \Gamma^t_{mk}A_t) \\
&= \partial_j\partial_k A_i - (\partial_j\Gamma^t_{ik})A_t - \Gamma^t_{ik}(\partial_j A_t) \\
&\quad - \Gamma^m_{kj}(\partial_m A_i - \Gamma^t_{im}A_t) \\
&\quad - \Gamma^m_{ij}\partial_k A_m \qquad\quad + \Gamma^m_{ij}\Gamma^t_{mk}A_t \\
&= \partial_j\partial_k A_i - (\partial_j\Gamma^t_{ik})A_t \\
&\quad - (\Gamma^t_{ik}\partial_j A_t + \Gamma^m_{ij}\partial_k A_m) \\
&\quad - \Gamma^m_{kj}(\partial_m A_i - \Gamma^t_{im}A_t) \quad + \Gamma^m_{ij}\Gamma^t_{mk}A_t \\
&= \partial_j\partial_k A_i - (\partial_j\Gamma^t_{ik})A_t \\
&\quad - (\Gamma^t_{ik}\partial_j A_t + \Gamma^t_{ij}\partial_k A_t) \\
&\quad - \Gamma^m_{kj}(\partial_m A_i - \Gamma^t_{im}A_t) \\
&\quad + \Gamma^m_{ij}\Gamma^t_{mk}A_t
\end{aligned}$$

これの j と k を入れ替えて差を取れば、第 1 項、それと 2 行目、3 行目が消える。結果をまとめれば、

$$\begin{aligned}
[\nabla_j, \nabla_k]A_i &= \partial_k\Gamma^t_{ij}A_t - \partial_j\Gamma^t_{ik}A_t + \Gamma^m_{ij}\Gamma^t_{mk}A_t - \Gamma^m_{ik}\Gamma^t_{mj}A_t \\
&= \left[\partial_k\Gamma^t_{ij} - \partial_j\Gamma^t_{ik} + \Gamma^m_{ij}\Gamma^t_{mk} - \Gamma^m_{ik}\Gamma^t_{mj}\right]A_t
\end{aligned}$$

5.7. リーマン・テンソルは本当にテンソルか

であり、これが0にならないということは、つまり共変微分というのは演算の順序によって差が出るということである。これは普通の微分とは大きな違いだろう。

おりょ？ 良く見るとこの右辺にはリーマン曲率テンソルと同じ形が含まれるではないか！ すなわち、

$$[\nabla_j, \nabla_k]A_i = R^t{}_{i,kj} A_t$$

ということだ。リーマンテンソルの定義としてこのようなやり方を採用することもできるのである。この方がすっきりしている。しかし「これがリーマンテンソルの定義だ」といきなり言われても、なぜこんなものを考える必要があるのかと騙されたような気分になる人もいるだろう。それで前節でイメージが掴みやすい説明を先にしておいたのである。

ところで、この式の左辺は3階の共変テンソルである。一方、右辺の A_t は共変ベクトルだったのであり、このことからリーマンテンソルは確かにテンソルであると言えることになる。この節の表題の件はこれで解決だ。

次にリーマンテンソルの対称性について調べてみよう。上で出てきたリーマンテンソルは混合テンソルなので、対称性が調べにくい。そこで、g_{ij} を作用させることで、純粋な「4階の共変テンソル」に変換してみることにしよう。

$$R_{ij,kl} = g_{it} R^t{}_{j,kl}$$

このように変換したところで見通しが良くなるだけのことであり、自由度は変わらない。これは例えば3次元の共変ベクトルを反変ベクトルに変換しても独立な成分の数は3つのままであるのと同じ話で、新たな情報が加わるわけではないということだ。このテンソルには次のような関係が成り立っている。

$$\begin{aligned} R_{ij,kl} &= -R_{ji,kl} \\ &= -R_{ij,lk} \\ &= R_{kl,ij} \end{aligned}$$

要するに、前2つの添え字だけ、あるいは後ろ2つの添え字だけを入れ替えると符号が変わり、前2つのペアと後ろ2つのペアをごそっと入れ替

えたものは同じ値になるということだ。定義式を眺めているだけでこの関係を見出すのはなかなか難しいだろう。実はこれを導くためのうまい方法はあるのだが、やはり少々面倒であるから、少し後の 5.10 節で紹介するつもりである。この節の目的はリーマンテンソルを概観することにあるので、あまり細かなことで横道に逸れたくはない。

4 次元の場合、リーマンテンソルの添え字の組み合わせは 256 通りあることになるが、そのほとんどは同じ数値か符号が違うだけだということが上の関係式から分かる。例えば添え字を入れ替えると符号が変わる場合があるが、こういうときに添え字を入れ替えた結果が自分自身になる場合などは、許される数値としては 0 しかありえない。こんな具合に 0 となってしまう成分もかなり多いということだ。私はこういうのを数え上げてすっきりまとめるのが好きである。ここでやってしまおう。

まず、256 通りの成分を次の 5 つの場合に分類する。

(A) 添え字が全て同じ場合 　　　　　　　　　　　　　　　 4 通り
(B) 添え字が 3 つだけ同じ場合 　　　　　$4 \times 3 \times 4 =$ 　　 48 通り
(C) 添え字が同じものが 2 組ある場合 　$4 \times 3 \times 3 =$ 　　 36 通り
(D) 添え字が同じものが 1 組だけある場合 $4 \times 3 \times 6 \times 2 =$ 144 通り
(E) 添え字が全て異なる場合 　　　　　　$4 \times 3 \times 2 =$ 　　 24 通り

このうち、(A)、(B)、(E) は非常に簡単である。(A) はどこをどう入れ替えても自分自身になる。よって 0 でなくてはならない。(B) は前の 2 つ、あるいは後の 2 つが必ず同じ添え字である。これらを入れ替えたものは自分自身になる。よってすべて 0。(E) はどう入れ替えても自分自身にはならない。よって 0 になってしまう心配はない。(E) に属するメンバーを一つ持ってきて、前の 2 つだけを入れ替えたもの、後の 2 つだけを入れ替えたもの、両方を入れ替えたもの … さらに前 2 つペアと後 2 つペアを入れ替えて同じように入れ替えたものを考える。この操作で 8 通りが作れるが、そのどれもが (E) に属している。これらは同じ数値か符号が異なるだけである。つまり 8 で割ることで、3 つのグループに分けられることになる。こうしてこのグループ内には 3 つの自由度しかないことが分かる。

(C) はもう少し細かく場合分けしなくてはならない。

(C_1)　前2つが同じ場合。よって必然的に後2つも同じ場合。(12 通り)
(C_2)　それ以外。(24 通り)

(C_1) は簡単である。前2つを入れ替えても自分自身なのだからすべて0。(C_2) は例えば R_{1212} のような場合である。前2つのペアと後2つのペアを取り替えても自分自身となるだけで、こういう操作では符号が変わらないのだから何の意味もない。他の操作で $R_{1221}, R_{2112}, R_{2121}$ という3つが作られ、これら4つが似たもの同士であり、これらはどれも (C_2) のメンバーである。4で割れば6になる。よって自由度は6である。

残る (D) は最もメンバーが多いが、3つに場合分けしよう。

(D_1)　前2つが同じ場合（24 通り）
(D_2)　後2つが同じ場合（24 通り）
(D_3)　それ以外（96 通り）

(D_1) と (D_2) は簡単である。(D_1) は前2つを入れ替えたら自分自身になるし、(D_2) は後2つを入れ替えたら自分自身になるので、すべて0。最後まで残った (D_3) は例えば R_{1213} のような場合である。(E) と同じように8通りの入れ替え方ができて、この操作で自分自身になるものはない。よって8で割れば、自由度は12であると分かる。

結論は、256 個の成分の内 108 個が 0 となり、0 にならなかった内、独立な数値は 21 通りしかないことになる。これら生き残った 21 通りの数値であるが、実は次のようなもう一つの関係式によっても縛られており、結局自由度は 20 個分しかない。

$$R_{ti,jk} + R_{tj,ki} + R_{tk,ij} = 0$$

後ろ3つの添え字を巡回的に入れ替えて足し合わせたものが0になるという美しい関係式である。これを導くやり方もこの後の 5.10 節で説明しよう。この式の影響を受けるのは、(E) のグループに属する3つの自由度だけである。(C_2) と (D_3) に属するメンバーにこの関係を当てはめると、前に使った対称関係からすでにこの式が成り立っており、影響がない。

第5章　リーマン幾何学

　　　注意：　岩波書店の物理テキストシリーズ「相対性理論」（内山龍雄著）では、もっとエレガントな論理で自由度が20個しかないことを説明し切っている。しかも、ほんの十数行しか使わずに … 。ただただ感心させられる。それでも私は、たとえ効率が悪くとも、泥臭い自分のやり方の方が好きなのだ。

　ところで普通の感覚で言えば絶対曲がっているように見えるのに、リーマン曲率が0になってしまうケースがある。

　えっ？　前節の説明で「不安は解消された」なんて言ったくせに今さら何てことを言い出すのだろう。そういう事態が起こらないかを心配していたのだ … なんて文句を言われてしまいそうだが、まぁどんな場合にこのことが起きるか聞いてもらいたい。

　例えば円筒の側面。この上でベクトルを平行移動して一周してもベクトルの方向は変化しない。当然だ。円筒の展開図を描けばその側面は平面そのものだ。この側面でのベクトルの平行移動は、展開された平らな面上で平行移動したのと全く同じことだからである。

　展開して平面になるような曲面と言えば、円錐の側面も同じである。他にはあまりないから安心して欲しい。折り紙を折り曲げないで、くにゃくにゃと曲げただけで作れる曲面と言えば、円筒的か円錐的かのどちらかくらいしかないだろう。

　円筒や円錐の側面上に住んでいる2次元人にとって、世界が筒状に巻かれていようと、平面に伸ばされていようと、幾何学的に何の違いも感じることはない。これではリーマン曲率が0になっても仕方ないのではないだろうか。違いがないのだから違いを表しようがない。

　これで「曲がった面」と呼んでいるものの正体と範囲がだんだん明らかになってきただろう。平面上に曲がった座標を描いただけでは曲がっているとは言えないというのは初めから言ってきた。そして平面を曲げただけで実現できるものも曲がっているとは言えない。

　頭の中で大混乱が始まっている読者もいるかも知れない。分かった気がしている自分と、納得の行かない自分との葛藤。両者の折り合いを付ける為のお手伝いをしようかと思ったが、じっくり考える楽しみを奪っては申し訳ない。すでに必要なことは話してあるつもりなので、後は自分で納得行くまで考えてもらいたい。

5.8　リッチ・テンソル

リーマン・テンソルを次のように縮約してやって成分を減らしたものを、「リッチ・テンソル」と呼ぶ。

$$R_{ij} = R^n{}_{i,nj}$$

教科書によっては、

$$R_{ij} = R^n{}_{i,jn}$$

と定義するものもあるが、符号は反対になる。

この節は、こんな具合に定義だけ示しておけば数行で済んでしまう内容だが、色々と気になることが出てきてしまい、調べずにはいられなくなってしまった。リッチテンソルの自由度はどれくらいあるのだろう。それには対称性を調べてやらないといけない。

リッチテンソルの添え字はたったの2つである。この添え字にどんな数値を入れようとも大差はない。何か特別な数値を入れたときだけ特別な振る舞いをするということはないようだ。だから対称性を調べるとしたら、2つの添え字を入れ替えたときに対称関係があるかないかくらいしかないのではなかろうか。

定義によればリッチテンソルの構造は次のようになっている。

$$R_{ij} = \frac{\partial \Gamma^n{}_{ij}}{\partial x^n} - \frac{\partial \Gamma^n{}_{in}}{\partial x^j} + \Gamma^m{}_{ij}\Gamma^n{}_{mn} - \Gamma^m{}_{in}\Gamma^n{}_{mj}$$

第1、第3項を見ると、それぞれ i と j を入れ替えても何も変わらないことがすぐに分かる。第4項も少し頭をひねれば同じことが言えるだろう。しかし第2項についてはそのような対称性がなさそうである。もし第2項も i と j の入れ替えに対して対称ならば、リッチテンソル全体が添え字の入れ替えに対して対称だと結論できるのだが…。

実は良く調べてやると第2項にも対称性があるのである。例えば、第2項に含まれるクリストッフェル記号は、

$$\Gamma^n{}_{in} = \frac{1}{2}g^{nk}\left(\frac{\partial g_{nk}}{\partial x^i} + \frac{\partial g_{ki}}{\partial x^n} - \frac{\partial g_{in}}{\partial x^k}\right)$$

であるが、第2、第3項は同じだから打ち消しあう。左辺に n があることは気にしないで、右辺だけを見て n と k の入れ替えを考えればいい。よって、

$$\Gamma^n_{in} = \frac{1}{2} g^{nk} \frac{\partial g_{nk}}{\partial x^i}$$

だと言える。これではまだ対称かどうか分からない。これに対して「行列式 $|g|$ を微分するときには行列の成分 g_{ij} を微分して、それに行列式 $|g|$ と逆行列の成分 g^{ij} を掛ける」という次のような公式（197ページに解説あり）

$$\frac{\partial |g|}{\partial x^k} = |g| \, g^{ij} \frac{\partial g_{ij}}{\partial x^k}$$

を適用すれば、

$$\Gamma^n_{in} = \frac{1}{2|g|} \frac{\partial |g|}{\partial x^i} = \frac{\partial (\log \sqrt{-|g|})}{\partial x^i}$$

と表すことができる。これで対称だと分かるだろう。

以上のやり方は色んな教科書で紹介されているのでやっておかないとまずいかなーと思って載せただけであって、実はこんなややこしいことをしなくてもリッチテンソルの対称性はすぐに確かめられる。まず、

$$R_{ij,kl} = R_{kl,ij}$$

だったことを思い出そう。この両辺に g^{ki} を掛けて縮約してやると、

$$R^k{}_{j,kl} = R^i{}_{l,ij}$$

$$\therefore R_{jl} = R_{lj}$$

が得られる。以上だ。

4次元の場合のリッチテンソルは、まるで4行4列の対称行列のようであり、独立成分は10個である。リーマンテンソルの中身がひどくスカスカだったのと比べるとかなり有効に情報が詰まっているようだ。

リーマン・テンソルの独立成分がたったの20個で、リッチ・テンソルはその組み合わせだけで作られているのだから、リッチ・テンソルの成分をすべて展開して少ない項にまとめるのは非常に簡単にできるような気がする。しかし第4章でそのような試みがうまく行かないことを見たはずだ。

5.8. リッチ・テンソル

前節では 4 階の共変テンソルに揃えたから対称性を分かりやすく論じることができていただけのことである。前節の純粋な 4 階共変テンソルの形式からリッチ・テンソルを作ろうと思ったら、

$$R_{ij} = g^{mn} R_{mi,nj}$$

という式を使わないといけない。別にこの形だけが正しいわけではなくて、前節でやった対称性から、

$$R_{ij} = g^{mn} R_{im,jn}$$

としてもいい。他にどんなやり方があるか自分でちゃんと考えてみることが大事だ。とりあえず上の 2 つは次節で利用するので紹介しておいた。

リーマンテンソルに含まれる情報の密度は小さかったが、0 になっている成分は 4 割程度でしかない。だから上のような g^{ij} を混ぜた式で展開した場合にはそんなにきれいにはまとまらないし、まとめるほどの利点もないのである。

ところでリッチ・テンソルに何か分かりやすい具体的イメージを見出すことはできるだろうか。また、リーマン・テンソルと比べて自由度の数が半分に減っているわけだが、具体的にはどういう情報が失われたと考えられるのだろうか？

あれこれ考えてみたが、これを簡単に言い表すのは難しそうだ。添え字が 2 つしかないので「(何らかの) ベクトル a_i と b_j の関係を表す係数である」という感じに気持ち良く言い表せることを期待したのだが…。数学の教科書から何かヒントを得ようとしたが、私はまだ抽象的論理によって辛うじて納得しているレベルであり、イメージを描ききれないでいる。

補足

これからこの節の中 (196 ページ) で利用した公式を説明する。その公式とは、ある行列 A について、次の計算が成り立つというものである。

$$\frac{\partial |A|}{\partial x} = |A| \sum_{i,j} b_{ij} \frac{\partial a_{ij}}{\partial x}$$

ただし $|A|$ は行列 A の行列式、a_{ij} は行列 A の成分、b_{ij} は行列 A の逆行列 B の成分であるとする。前はこの公式を g_{ij} を使って表していたが、ここでは行列としてわざわざ A や B などの線形代数で良く見られる書き方を採用した。これは一旦考えを相対論とは切り離してもらって、ただの数学の公式と見てもらいたいからである。よってアインシュタインの省略記法もやめてわざわざ和の記号を使ってみた。

行列が出てくる辺りは線形代数の範囲の話のようだが、成分どうしの積について和を取っている部分は、線形代数で良く見られるような行列どうしの積を表す形式にはなっておらず、ちょっと珍しい。

話を続けるには、線形代数の復習が少々必要であろう。必要なことだけ書くが、a_{ij} の余因子行列 Y の成分 y_{ij} は

$$y_{ij} \ = \ |A|b_{ij}$$

と表すこともできる。さて、余因子展開という技があって、ある行列 A 全体の行列式 $|A|$ を知りたいときには、どれか一つの行、または列のみを選んで、その行または列に含まれる成分 a_{ij} と、同じ位置の余因子の成分 y_{ij} を掛け合わせたものの和をとってやればいいのだった。例えばある i 行を選んだとすると、

$$|A| \ = \ \sum_j (a_{ij}\ y_{ij})$$

と書けるというわけだ。これよりすぐに、

$$\frac{\partial |A|}{\partial a_{ij}} \ = \ y_{ij} \ = \ |A|b_{ij}$$

が言える。ここでテンソル解析的な考えを持ってくる。ここから先はアインシュタインの省略記法も使うことにしよう。両辺に $\partial a_{ij}/\partial x$ を掛けて縮約してやると、

$$\frac{\partial |A|}{\partial a_{ij}}\frac{\partial a_{ij}}{\partial x} \ = \ |A|b_{ij}\frac{\partial a_{ij}}{\partial x}$$

$$\frac{\partial |A|}{\partial x} \ = \ |A|b_{ij}\frac{\partial a_{ij}}{\partial x}$$

となるだろう。右辺では和の記号を省略してあるだけだから、これは冒頭で示した式と同じ意味である。以上で証明終わり。

5.9 スカラー曲率

リッチ・テンソルを次のように計量を使って縮約してやれば、スカラー量 R が出来上がる。
$$R = g^{ij}R_{ij}$$

これを「**リッチ・スカラー**」あるいは「**スカラー曲率**」などと呼ぶ。とうとうただの 1 つだけの数値になってしまったが、これは座標の選び方に関係のない、その空間の曲がり具合を表す純粋で代表的な数値だということだろう。この数値の持つ雰囲気はイメージしやすい。

2 次元曲面に限っての話だが、この値が 0 なら平らな空間であり、数値が大きいほど強い曲がり方をしているという傾向がある。また数値は正負のどちらになることもあり、私の採用した定義の場合には、正なら鞍点のように、負なら球面のように曲がっていることを意味する。しかしこのことは高次元の場合には単純には言えなくなってくるので注意が必要だ。例えばリーマンテンソルに 0 でない成分が含まれているのにスカラー曲率が 0 だということもある。

この辺りのことは詳しく知らなくても重力場の方程式を導くのに問題はないので、気になる人は自分で数学の教科書を学んでもらったらいいだろう。いや、是非そうするべきだ。勉強しやすいようにヒントを幾つか断片的に書いておこう。

空間の曲がり具合を表すのに、リーマン・テンソルとは全く別の定義から得られる「**ガウス曲率**」と呼ばれる量がある。これを K とすると、スカラー曲率 R との間に、たまたま幸運なことに

$$R = -2K$$

という分かりやすい関係が成り立っている。(定義の仕方によっては負号が付かないこともある。) ガウス曲率 K の定義は正式に表現するとなかなか面倒であり、2 次元曲面の場合に限ってやれば簡略化された幾つかの説明方法があるのだが、ここでは数式も図も使わないで説明するやり方にチャレンジしてみよう。

例えば、自分が「すり鉢の底」のような所にいて、前後左右とも登り坂になっているとする。そこで、前後と左右の坂のカーブの度合いが違うと

する。カーブの度合いというのは円の半径で表すことが良くある。詳しい説明は略するが、つまり円の曲がり具合を2次曲線で近似したときに、どのような円が丁度そのカーブにきれいに接するかを表せばいいわけだ。前後のカーブ、左右のカーブの半径の逆数をそれぞれ λ、μ で表すとき、これらを掛け合わせたものがガウス曲率 K である。

もし自分が半径 r の「球の内側」にいるならば、$\lambda = \mu = 1/r$ であり、ガウス曲率は $K = 1/r^2$ である。もしその裏側の「球の表側」にいるならば前後左右とも下り坂のようになっているだろうから $\lambda = \mu = -1/r$ であり、やはり $K = 1/r^2$ である。「球面」に生活している2次元人にとっては、球面の裏か表かなんてことは関係ないので、これらの違いが表せなくとも不都合はない。

では、もし前後と左右でカーブの方向が違えばどうだろうか。つまり前後は両方とも登り坂で、左右が両方とも下り坂ならば、こういう状況は鞍点と呼ばれており、曲率は負となるというわけだ。とても不思議なことに、2次元人は自分がいるところが鞍点なのかどうかについては R の値を通して知ることができるのである。

先ほどは自分がすり鉢の底にいると書いたが、数学的には曲面上に重力があるかどうかは関係ない。いつでも自分のいる点を中心にこのようなことを考えることができる。

ここに出てきた λ、μ の値は「**主曲率**」と呼ばれる。またこれらの平均を「**平均曲率**」と呼ぶ。

さて、リーマン・テンソルをいくらいじってみてもそこから λ、μ の値を別々に得ることはできない。リーマン・テンソルには成分の数が多いからといって、曲面についてのあらゆる情報を含んでいるわけでもない、ということである。

例えば前々節の終わりで、円筒表面の曲率は 0 だと話したが、これは2つの主曲率 λ、μ のうち片方だけが 0 であるような状況だと言えるだろう。リーマン曲率ではこういう「曲面を外から見た様子」は表せないわけだ。

念押ししておくが、私が断片的にだけ話すと言ったことに注意してもらいたい。また2次元曲面に限って説明したことにも気を付けてもらいたい。次元が上がるとまた違った事情が出てくるので、2次元の話だけから類推した固定したイメージを持たない方がいいと思う。

5.10 ビアンキの恒等式

前にリーマンテンソルの対称性を表す次のような式を紹介した。

$$\begin{aligned} R_{ij,kl} &= -R_{ji,kl} \\ &= -R_{ij,lk} \quad (1) \\ &= R_{kl,ij} \end{aligned}$$

$$R_{ti,jk} + R_{tj,ki} + R_{tk,ij} = 0 \quad (2)$$

そのときの約束通り、今回はこれらを証明する方法を紹介しておこう。リーマンテンソルの定義はクリストッフェル記号だらけで複雑すぎて嫌になる。こんなときに有効なのが、前に説明した局所直線座標系の考えである。つまりある点で接続係数（クリストッフェル記号）が0となるような座標系を使えば、リーマンテンソルが簡単になるだろうと期待できる。そのような点の上で先ほどの関係式を証明してやればいい。その関係式はテンソルで書かれているので、その特別な座標系以外でも成り立つと言えるわけだ。

まず4階共変テンソルに直したリーマンテンソルを定義に従って書き下すと

$$\begin{aligned} R_{ij,kl} &= g_{it} R^t{}_{j,kl} \\ &= g_{it}\left(\frac{\partial \Gamma^t_{jl}}{\partial x^k} - \frac{\partial \Gamma^t_{jk}}{\partial x^l} + \Gamma^m_{jl}\Gamma^t_{mk} - \Gamma^m_{jk}\Gamma^t_{ml} \right) \end{aligned}$$

となっているが、今考えている地点では後の2つの項は消えてしまう。しかし前の2つの項は生き残る。なぜなら0にできるのはある点での接続係数だけであって、その微分までも0にはできないからである。

$$= g_{it}\left(\frac{\partial \Gamma^t_{jl}}{\partial x^k} - \frac{\partial \Gamma^t_{jk}}{\partial x^l} \right)$$

さらにこれを定義に従って展開してみよう。

$$= g_{it}\left\{ \frac{\partial}{\partial x^k}\left[\frac{1}{2}g^{mt}\left(\frac{\partial g_{lm}}{\partial x^j} + \frac{\partial g_{mj}}{\partial x^l} - \frac{\partial g_{jl}}{\partial x^m} \right) \right] \right.$$
$$\left. - \frac{\partial}{\partial x^l}\left[\frac{1}{2}g^{mt}\left(\frac{\partial g_{km}}{\partial x^j} + \frac{\partial g_{mj}}{\partial x^k} - \frac{\partial g_{jk}}{\partial x^m} \right) \right] \right\}$$

第5章 リーマン幾何学

ところでここに使われている計量は直線座標系での計量になっている。というのも、接続係数が 0 だということは、テンソルを平行移動させても値が変わらないということであり、そういう座標系は直線座標系だからである。つまりこの点の付近に限っては、計量の 1 階微分は 0 である。

しかしこのことから上の式が全て 0 になってしまうのだと勘違いしてはいけない。1 階微分が 0 でも 2 階微分まで 0 だとは言えない。1 階微分したものにこの辺りの座標を代入すると 0 になるというだけである。2 階微分したものにこの辺りの座標を代入しても 0 になっていないということはある。

$$
\begin{aligned}
&= \frac{1}{2} g_{it}\, g^{mt} \left[\frac{\partial}{\partial x^k} \left(\frac{\partial g_{lm}}{\partial x^j} - \frac{\partial g_{jl}}{\partial x^m} \right) - \frac{\partial}{\partial x^l} \left(\frac{\partial g_{km}}{\partial x^j} - \frac{\partial g_{jk}}{\partial x^m} \right) \right] \\
&= \frac{1}{2} \delta_i^m \left[\frac{\partial}{\partial x^k} \left(\frac{\partial g_{lm}}{\partial x^j} - \frac{\partial g_{jl}}{\partial x^m} \right) - \frac{\partial}{\partial x^l} \left(\frac{\partial g_{km}}{\partial x^j} - \frac{\partial g_{jk}}{\partial x^m} \right) \right] \\
&= \frac{1}{2} \left(\frac{\partial^2 g_{li}}{\partial x^j \partial x^k} - \frac{\partial^2 g_{jl}}{\partial x^i \partial x^k} - \frac{\partial^2 g_{ki}}{\partial x^j \partial x^l} + \frac{\partial^2 g_{jk}}{\partial x^i \partial x^l} \right)
\end{aligned}
$$

$R_{ij,kl}$ の定義がここまで簡略化できれば (1) (2) の関係式を確かめるのは以前に比べてかなり楽になるだろう。というわけで後は読者に任せることにしよう。

(2) 式を導くにはもっと別の方法もある。まず、共変微分の交換関係を確認したときの式を用意する。

$$[\nabla_j, \nabla_k] A_i = R^t{}_{i,kj} A_t$$

そしてこの式全体の共変微分を取ってやる。

$$
\begin{aligned}
\nabla_l [\nabla_j, \nabla_k] A_i &= \nabla_l R^t{}_{i,kj} A_t \\
&= (\nabla_l R^t{}_{i,jk}) A_t + R^t{}_{i,jk} \nabla_l A_t \quad (3)
\end{aligned}
$$

この式はとりあえずこのままにして、次に、この式に良く似た次の関係式を導く。

$$[\nabla_j, \nabla_k] \nabla_l A_i = R^t{}_{l,jk} \nabla_t A_i + R^t{}_{i,jk} \nabla_l A_t \quad (4)$$

この式を導くのは手間がかかるが、それほど難しくはない。私も解説を書いている責任があるので自分でやってみたが、計算と言うよりはまるで

5.10. ビアンキの恒等式

パズルのようだった。ここに長ったらしい式変形を書くと説明の流れが悪くなるので読者の計算練習としておこう。(3) 式から (4) 式を引いたものは、

$$\left[\nabla_l, [\nabla_j, \nabla_k]\right] A_i = (\nabla_l R^t{}_{i,jk}) A_t - R^t{}_{l,jk} \nabla_t A_i \tag{5}$$

と書ける。この式の添え字 j, k, l を入れ替えてやると、次の式を得ることができる。

$$\left[\nabla_j, [\nabla_k, \nabla_l]\right] A_i = (\nabla_j R^t{}_{i,kl}) A_t - R^t{}_{j,kl} \nabla_t A_i \tag{6}$$

$$\left[\nabla_k, [\nabla_l, \nabla_j]\right] A_i = (\nabla_k R^t{}_{i,lj}) A_t - R^t{}_{k,lj} \nabla_t A_i \tag{7}$$

そして (5)、(6)、(7) 式の和を取ってやるとなんとその左辺は 0 になる。なぜなら次のような「ヤコビの関係式」というものがあって、ちょうどその形に当てはまるからである。

$$[a, [b, c]] + [b, [c, a]] + [c, [a, b]] = 0$$

この関係式は定義に従って展開すれば誰でもすぐに証明できる程度のものだ。結局、次のようにまとめて書けるだろう。

$$\begin{aligned} 0 = & \left(\nabla_l R^t{}_{i,jk} + \nabla_j R^t{}_{i,kl} + \nabla_k R^t{}_{i,lj} \right) A_t \\ & - \left(R^t{}_{l,jk} + R^t{}_{j,kl} + R^t{}_{k,lj} \right) \nabla_t A_i \end{aligned}$$

この式から次の 2 つの関係式が常に成り立っていることが言える。添え字は私の好みで付け替えてある。

$$R^s{}_{i,jk} + R^s{}_{j,ki} + R^s{}_{k,ij} = 0 \tag{8}$$

$$\nabla_i R^n{}_{t,jk} + \nabla_j R^n{}_{t,ki} + \nabla_k R^n{}_{t,ij} = 0 \tag{9}$$

(8) 式の全体に計量 g_{st} を掛けて添え字を下げてやればこれが (2) 式と全く同じものであることが分かるだろう。証明はこれで終わりである。

しかし (9) 式という新しい関係式も同時に導かれてしまった。この式は「ビアンキの恒等式」と呼ばれる。この関係式はこの後で非常に重要な役割

第5章　リーマン幾何学

を果たすのである。扱いやすいようにここでちょっと変形しておこう。全体に g_{ns} を掛けて添え字 n を下げてやる。

$$\nabla_i R_{st,jk} + \nabla_j R_{st,ki} + \nabla_k R_{st,ij} = 0$$

こういうことができるのは計量条件があるお陰である。良く分からない人は、次節でも同じことをするので参考にして考えてもらいたい。

このビアンキの恒等式の存在はリーマンテンソルの対称性にさらに制限を掛けたりはしないのだろうか。つまり、その自由度を 20 個よりもさらに少なくすることにはなっていないのだろうか。その点問題はない。この式は微分したものの間の関係なので、場所によるリーマンテンソルの値の変化について制限を与えているだけである。

ビアンキの関係式についても、この節の初めにやったような局所直線座標系の考えを使って証明し直してやることができるのだが、もうわざわざここでやる必要はないだろう。(2) 式を証明したときよりも少々複雑になるので、計算や思考の訓練をしたい人はチャレンジしてみてもいいかも知れない。

5.11　アインシュタイン・テンソル

ビアンキ恒等式に g^{tk} を掛けて縮約を取る。

$$g^{tk}\nabla_i R_{st,jk} + g^{tk}\nabla_j R_{st,ki} + g^{tk}\nabla_k R_{st,ij} = 0$$

計量条件があるから、g^{tk} をそのまま共変微分の中へ入れてやっても意味は変わらない。

$$\nabla_i(g^{tk}R_{st,jk}) + \nabla_j(g^{tk}R_{st,ki}) + \nabla_k(g^{tk}R_{st,ij}) = 0$$

こうしてこれらのカッコの中は大騒ぎである。リッチテンソルに変わったりする。

$$\nabla_i R_{sj} - \nabla_j(g^{tk}R_{st,ik}) - \nabla_k(g^{tk}R_{ts,ij}) = 0$$
$$\therefore \nabla_i R_{sj} - \nabla_j R_{si} - \nabla_k R^k_{s,ij} = 0$$

5.11. アインシュタイン・テンソル

これにさらに g^{sj} を掛けて縮約してやると、やはり計量条件のために単純に共変微分の中に入ることが許され…、

$$\nabla_i(g^{sj}R_{sj}) - \nabla_j(g^{sj}R_{si}) - \nabla_k(g^{sj}R^k{}_{s,ij}) = 0$$

カッコの中を計算してやるとスカラー曲率になるものが現れたりする。

$$\nabla_i R - \nabla_j R^j{}_i - \nabla_k(g^{sj}R^k{}_{s,ij}) = 0$$
$$\therefore \nabla_i R - \nabla_j R^j{}_i - \nabla_k R^{kj}{}_{ij} = 0$$
$$\therefore \nabla_i R - \nabla_j R^j{}_i - \nabla_k R^k{}_i = 0$$
$$\therefore \nabla_i R - 2\nabla_j R^j{}_i = 0$$

これをもっときれいにまとめておきたい。第 1 項をいじって、

$$\nabla_j(\delta^j{}_i R) - 2\nabla_j R^j{}_i = 0$$

としておくと共変微分の添え字が揃うので、

$$\nabla_j\left(R^j{}_i - \frac{1}{2}\delta^j{}_i R\right) = 0$$

とできる。このカッコの中を、

$$G^j{}_i \equiv R^j{}_i - \frac{1}{2}\delta^j{}_i R$$

と置けば、次のようなシンプルな形に表せるようになるだろう。

$$\nabla_j G^j{}_i = 0$$

$G^j{}_i$ の定義の中にデルタ記号が入っているのがちょっとかっこ悪いと感じるならば、これに g^{ik} を掛けて、

$$G^{jk} \equiv g^{ik} G^j{}_i$$
$$= R^{jk} - \frac{1}{2}g^{jk} R$$

というものを定義してやればいい。これが「アインシュタイン・テンソル」である。第 4 章で重力場の方程式を紹介したときに出てきたやつだ。そろそろゴールが近いのが感じられるだろう。計量条件があるので、

$$\nabla_j G^{jk} = 0$$

という式も成り立っていることがすぐに分かる。

G^{jk} は対称行列であり、4 次元の場合には独立成分は 10 個である。具体的に G^{jk} のどの成分がどんな意味を持つのかというイメージはもうほとんど分からないが、空間の曲がり具合を表す量であることは確かだ。

G^{jk} というのはそれに加えて、共変微分を取ると常に 0 になるという不思議な性質を備えた特別なテンソルである。リッチテンソルやスカラー曲率の単独ではそのような性質は持たないのだった。

5.12　ニュートン近似

ここまでの知識を使って、もう今すぐにでも重力場の方程式を作り始められるだろうと私も思っていた。しかし物理的な考察なしでたどり着けるほど甘くはなかったようだ。

一般相対論は既存の法則と無関係ではない。その中にニュートン力学を含まなくてはならないということだ。そのためにどんな形の方程式を目指さなければならないかを考えておく必要がある。

この節での結論を先に言ってしまえば「重力場の方程式は計量テンソルの 2 階微分を含む形になっていれば良いだろう」というたったそれだけのことなのだが、なぜそんなことが言えるのかを説明して行こう。

一般相対論からニュートンの運動方程式が導き出せるだろうか。まず、測地線の方程式を思い出そう。

$$\frac{\mathrm{d}^2 x^i}{\mathrm{d}\tau^2} + \Gamma^i{}_{jk} \frac{\mathrm{d}x^j}{\mathrm{d}\tau} \frac{\mathrm{d}x^k}{\mathrm{d}\tau} = 0$$

これを 4 元速度を使って表してやれば、

$$\frac{\mathrm{d}u^i}{\mathrm{d}\tau} + \Gamma^i{}_{jk} u^j u^k = 0$$

であり、4 元速度に mc を掛けたものは 4 元運動量になるのだったから、

$$\frac{\mathrm{d}p^i}{\mathrm{d}\tau} = -\frac{1}{mc} \Gamma^i{}_{jk} p^j p^k \tag{1}$$

という式になる。左辺は運動量を固有時 τ で微分しているが、これがもし普通の時間 t での微分であったならば、ニュートン力学で言うところの「力」

5.12. ニュートン近似

を表すことになるであろう。それで τ を t に変換してやりたいわけだが、ここで少し知恵が要る。

少し思い出そう。特殊相対論の範囲では、固有時と普通の時刻の間には

$$d\tau^2 = dw^2 - dx^2 - dy^2 - dz^2$$

という関係が成り立っており、もし時刻 dw の間の移動距離が無視できる程度なら…つまり、これは速度が光速に比べて十分に遅いという意味だが…、

$$d\tau \fallingdotseq dw = c\, dt \tag{2}$$

という関係式を当てはめたらいいのだった。しかし一般相対論の場合にはこの式をそのまま使うことができない。こんなに単純な状況にはなっていないのである。計量テンソルというのは、無限小線素 ds を次のように表したときの係数 g_{ij} であった。

$$ds^2 = g_{ij}\, dx^i\, dx^j$$

特殊相対論の範囲、すなわちミンコフスキー空間ではローレンツ変換によって、

$$ds^2 = -dw^2 + dx^2 + dy^2 + dz^2$$

の値が変化しないことから、この関係を表す計量 g_{ij} を特別に η_{ij} という記号で

$$\eta_{ij} = \begin{pmatrix} -1 & 0 & 0 & 0 \\ 0 & 1 & 0 & 0 \\ 0 & 0 & 1 & 0 \\ 0 & 0 & 0 & 1 \end{pmatrix}$$

と表していたのである。ところが、一般相対論で扱うのは g_{ij} が η_{ij} からずれる場合である。g_{ij} の非対角要素も 0 ではなくなるだろう。しかし、もし時刻 dw の間の移動距離 dx が無視できる程度であった場合には辛うじて、

$$ds^2 \fallingdotseq g_{00}\, dw^2$$

という式を使うことができる。$d\tau$ と ds の関係は以前と変わらず、

$$ds^2 = -d\tau^2$$

としておくのが便利であるから、

$$d\tau^2 \fallingdotseq -g_{00}\, dw^2$$

だということだ。これが一般相対論の場合に (2) 式の代わりに使うべき式である。特殊相対論の範囲では $g_{00} = -1$ で固定されていた為に、(2) 式には g_{00} をわざわざ書かないでいたというだけのことだ。

さて、時空がよっぽどひどい曲がり方をしていない限りは g_{00} の値は -1 に近いわけで、正の値になってしまう心配はないであろう。それで、

$$d\tau \fallingdotseq \sqrt{-g_{00}}\, dw = \sqrt{-g_{00}}\, c\, dt$$

と表現しておいてやればいい。

ようやく本線に戻るが、これを使って先ほどの (1) 式の書き換えを続行してやれば、

$$\frac{dp^i}{dt} = -\frac{\sqrt{-g_{00}}}{m}\, \Gamma^i_{jk}\, p^j p^k$$

という式が得られることになる。速度が光速に比べて遅い場合には、測地線の方程式はニュートンの運動方程式に似た形になるのである。つまり、この式の右辺が「力」を表しているということになるのだろう。

しかし似ているのは左辺だけで、右辺はごちゃごちゃし過ぎである。この複雑な式をどう解釈したらいいのだろうか。

一般相対論からニュートン力学を取り出すには、「速度が光速と比べて極めて遅い」という仮定だけではまだ足りないのではないか、と考えてみる。これ以外の条件も課してやることで、先ほどの式の右辺を簡略化することを試みよう。例えば次のような条件を仮定してみる。

(a) 重力場は強くない。
(b) 重力場は時間的に変化しない。
(c) 質点の速度は光速に比べて十分遅い。

この条件のことを「ニュートン近似」と呼ぶ。ニュートン力学というのは上のような条件の元で、相対論の一部として近似的に成り立っている理論に過ぎないのだと考えてやるのである。逆に言えば、これらの条件を満

たさないときにはニュートン力学と相対論の示す結果に違いが出るのであり、その領域こそ相対論を適用すべき新しい領域だということだ。

これら 3 つの条件を数式で表現してみよう。

条件 (a) は g_{ij} と η_{ij} との差がごくわずかであることを意味する。その差を h_{ij} と書くと、

$$g_{ij} = \eta_{ij} + h_{ij}$$

と表せるだろう。もし式変形の途中で h_{ij} の 2 次の項が出てきたら、小さすぎるので無視して捨ててやればいいということだ。

条件 (b) は g_{ij} の時間微分が 0 だということだ。あるいはほとんど 0 と見なせるという意味である。

$$\frac{\partial g_{ij}}{\partial x^0} = 0$$

条件 (c) は先ほどからも使ってきたものだが、それに加えて、この条件を根拠として、4 元速度 $\boldsymbol{u}$ を

$$\boldsymbol{u} = (\gamma,\ \gamma\frac{v_x}{c},\ \gamma\frac{v_y}{c},\ \gamma\frac{v_z}{c}) \fallingdotseq (\ 1,\ 0,\ 0,\ 0\ )$$

であると見なして使うことにする。これはすなわち、4 元運動量が、

$$\boldsymbol{p}\ =\ mc\,\boldsymbol{u}\ =\ (\ mc,\ 0,\ 0,\ 0\ )$$

であるということである。

これらを当てはめて計算すると、先ほどの式の右辺を次のように次々に変形することが可能になる。

$$\begin{aligned}
F^i &= -\frac{\sqrt{-g_{00}}}{m}\Gamma^i{}_{jk}p^j p^k \\
&= -\frac{\sqrt{-g_{00}}}{m}\Gamma^i{}_{00}p^0 p^0 & (p^0\text{以外は 0 だから}) \\
&= -\sqrt{-g_{00}}\,mc^2\,\Gamma^i{}_{00} & (p^0 = mc\ \text{だから}) \\
&= -\sqrt{-g_{00}}\,mc^2\,\frac{1}{2}g^{it}\left(\frac{\partial g_{t0}}{\partial x^0} + \frac{\partial g_{0t}}{\partial x^0} - \frac{\partial g_{00}}{\partial x^t}\right) & (\text{時間微分は消してやろう}) \\
&= -\sqrt{-g_{00}}\,mc^2\,\frac{1}{2}g^{it}\left(-\frac{\partial g_{00}}{\partial x^t}\right) & (\text{ただし } t \neq 0) \\
&= \sqrt{-g_{00}}\,mc^2\,\frac{1}{2}\left(\eta^{it} + h^{it}\right)\frac{\partial\left(\eta_{00} + h_{00}\right)}{\partial x^t} & (\eta_{00} = -1\text{ だから次で消える})
\end{aligned}$$

$$
\begin{aligned}
&= \sqrt{-g_{00}}mc^2\frac{1}{2}\left(\eta^{it}+h^{it}\right)\frac{\partial h_{00}}{\partial x^t} \\
&= \sqrt{-g_{00}}mc^2\frac{1}{2}\left(\frac{\partial h_{00}}{\partial x^i}+h^{it}\frac{\partial h_{00}}{\partial x^t}\right) (\text{第 2 項は } h \text{ の 2 次だから消える}) \\
&= \frac{1}{2}\sqrt{-g_{00}}mc^2\frac{\partial h_{00}}{\partial x^i} \\
&= \frac{1}{2}\sqrt{-\eta_{00}-h_{00}}mc^2\frac{\partial h_{00}}{\partial x^i} \\
&= \frac{1}{2}\sqrt{1-h_{00}}mc^2\frac{\partial h_{00}}{\partial x^i} \\
&= \frac{1}{2}\left(1-\frac{1}{2}h_{00}\right)mc^2\frac{\partial h_{00}}{\partial x^i} \quad (\text{第 2 項は } h \text{ の 2 次だから消える}) \\
&= \frac{1}{2}mc^2\frac{\partial h_{00}}{\partial x^i}
\end{aligned}
$$

非常にすっきりとまとまってしまった。この最後の形を見て思い出すのは、ニュートン力学での「力」というのはポテンシャルを ϕ で表したときに、

$$ F^i = -m\frac{\partial \phi}{\partial x^i} $$

と書けるということである。これは今の結果とかなり似ていると言えるだろう。どう似ているかというと、ただ、

$$ h_{00} = -\frac{2}{c^2}\phi $$

であると見てやりさえすれば両者は完全に一致するのだ。h_{00} を使った表現をやめれば、

$$ g_{00} = -1 - \frac{2}{c^2}\phi $$

である。つまり、g_{00} の値の -1 からのずれが重力場の存在を表していると言えることになる。

こうして「測地線の方程式」が「ニュートンの運動方程式」の拡張版になっているということを示すことができた。そして計量テンソルはポテンシャルと非常に関係のある量なのだと分かった。ニュートン力学ではたった一つの重力ポテンシャルを使うだけで済んでいたが、一般相対論では 10 個の独立な計量テンソルが重力ポテンシャルとして振舞うことになる。10

5.12. ニュートン近似

個なければ重力場の複雑な形状を表現することができないということなのだろう。

ところでその重力場の形状についてなのだが、ニュートン力学によれば万有引力というのは

$$F^i = -G\frac{Mm}{|r|^3}\boldsymbol{r}$$

という式で表せるのだった。この力を実現するような重力ポテンシャルの形は、

$$\phi = -\frac{GM}{r}$$

であり、電磁気学に出てきた静電ポテンシャルの形と良く似ている。静電気力も重力も、力の働き方が同じなので当然のことだ。ただ少しの違いは、質量には負の値がなく、同じ符号どうしに働く力の向きが逆になっていることくらいである。このポテンシャルは次のようなポアッソン方程式の解として与えられる。

$$\nabla^2 \phi = 4\pi G \rho \tag{3}$$

ρ は質量密度である。4π が付いている点が電磁気学の場合と少し異なるが、電磁気学では 4π が付かないように予めクーロン力の定義の式の中で 4π で割っていたのだった。この式はニュートン力学における「重力場の方程式」だと言えるだろう。

ではこのような形の重力場が存在することを一般相対性理論からも導くことができるだろうか。もし相対論版の「重力場の方程式」を作るのだとしたら、先ほどの 3 つの条件を課したときにこのポアッソンの方程式が自然に導かれるようなものでなくてはならないはずだ。

(3) 式の左辺にはラプラシアンが使われており、ポテンシャル ϕ を 2 階微分した形になっている。ニュートン近似では g_{00} の変化と ϕ の変化には比例関係が成り立っているのだった。よって少なくとも g_{ij} を座標で 2 階微分するような形式になっていなければならないはずである。

また、(3) 式の右辺に質量の分布密度 ρ が入っているのに対応して、相対論版「重力場の方程式」の右辺にも質量分布に相当するような量が入っているべきだと考えられる。

これらの考察が重力場の方程式を導くための条件、また重要なヒントとなるのである。

5.13　重力場の方程式へ

さあ、いよいよ仕上げである。ここまでの知識を使って、物質の存在と重力の起源を結び付ける方程式を組み立てよう。その前に一般相対論が拠り所とする原理について少し確認しておきたいことがある。

まず一般相対性理論の基本的な理念は、「**一般相対性原理**」と呼ばれるものであり、「慣性系に限らず、あらゆる座標系は同等である」というものである。つまり物理法則はあらゆる座標変換に対して形式が変わらない形で表されるべきだと主張している。これは式の両辺をテンソルで表してやれば実現できる。

一般相対性理論のもうひとつの柱は「**等価原理**」と呼ばれるものであるが、これは「座標変換をうまく選べば、ある一点の近くでは無重力だとみなせて、特殊相対論が成り立っている」というものである。これについてはすでに 5.4 節「局所直線座標系」のところで説明したように、リーマン幾何学を使うことでこの思想が実現している。

このように一般相対論ではもはや「光の速さが一定」であることは重要視されていない。無重力だと見なせる特別な座標系を選んだときにその地点で特殊相対論が実現していればそれでいいのである。確認は以上である。つまりあとは式の両辺がテンソルであることさえ徹底すれば原理に忠実でいられるということだ。

前節で話したように、ニュートン力学での重力場の源は「質量密度 ρ」であった。特殊相対論では質量とエネルギーが等価であることが導かれたので、重力の源は「エネルギー密度」だと言い換えても良いだろう。しかしエネルギー密度は単独ではテンソルではないから、式の中に持ち込むとしたら、運動量密度などと一緒にした「エネルギー運動量テンソル」を使うべきであろう。それで、これを重力場の方程式の右辺に持ってくることにする。これはつまり「重力場の源は質量である」と考えていた古い形式を拡張して、「重力場の源はエネルギー運動量テンソルである」という考えを新しく採用することを意味する。

右辺のエネルギー運動量テンソルが 2 階の反変テンソルなのだから、左

5.13. 重力場の方程式へ

辺も同じ形式のテンソルになるべきだろう。仮に X^{ij} とでも書いておこう。

$$X^{ij} = T^{ij}$$

ところで「エネルギー運動量テンソル」は次の関係を満たしていた。

$$\partial_i T^{ij} = 0$$

これはエネルギー保存、運動量保存の式である。これは平らな時空を前提に導いた式なのだった。リーマン幾何学で学んだように、テンソルをただ微分したものはテンソルではない。ではこの式が時空が曲がっていても使えるようにしてやるにはどうすれば良いかと言うと、すでに良く分かっているだろう。

$$\nabla_i T^{ij} = 0$$

と拡張してやればよい。そうなると左辺の X^{ij} を共変微分したものも同じように0にならなければいけないはずだ。

$$\nabla_i X^{ij} = 0$$

そんな性質を持った量 X^{ij} なんてものがそうそう都合良く見付かるはずが … いや、あったよ!! 前に出てきたアインシュタイン・テンソルだ。しかしこれをそのまま使ったのでは次元が合わないので、係数 k を付けて調整してやることにする。

$$G^{ij} = k\, T^{ij}$$

これが相対論における「**重力場の方程式**」すなわち「**アインシュタイン方程式**」である。何とあっけなく導かれてしまったことか。ここで一言、どうしても言わせて欲しい。やっとたどり着いたね、おめでとう！

しかしここまで来てアインシュタインは少し迷った。この式に次のようなもう一つの項を付け足しても両辺はやはりテンソルであることに変わりない。

$$G^{ij} + \lambda g^{ij} = k\, T^{ij}$$

しかも、この追加項の共変微分を取ってやれば計量条件によってちゃんと0になるのである。物理的意味は良く分からないのだが、これを加えた

213

第5章 リーマン幾何学

としても最初の仮定は何一つ破られることはない。むしろ入れた方が数学的には完璧だ。しかしそんなことをしていいのだろうか。訳の分からない量は入れない方がいい。自然はシンプルに出来ているはずだし、法則はシンプルな方がより美しい。

しかし彼が思い描いていた宇宙の姿が本当に重力場の方程式に合うのだろうかと試しに計算してみたところ、この項の助けなしにはそれが成り立たないことが分かった。それで彼はこの項を「宇宙項」と名付け、式に加えることにした。また係数 λ は「宇宙定数」と呼ばれた。彼は当時、宇宙が無限に広がっているわけではないと考え、まるで球のような「閉じた宇宙」をイメージしていたのだった。この考えを発表したのは一般相対論発表の2年後 (1917) のことだった。

その後、この宇宙項が物理的にどんな意味を持つのかが他の科学者たちによって指摘され始めた。これは宇宙を膨張させる斥力のような意味を持ち、アインシュタインの提案したモデルでは、宇宙はちょっとしたバランスの差ですぐに収縮か膨張かに傾いてしまい、同じ状態を安定して保てないことが分かってきたのである。

それから12年後の1929年、ハッブルが望遠鏡による観測によって宇宙が膨張している証拠を見つけた。そして、その観測結果を説明するのにわざわざ宇宙項を導入する必要はないということが明らかになってきた。それでアインシュタインはこう言ったと伝えられる。「宇宙項を入れたのは人生最大の過ちだった。」彼がこの言葉をどの程度本気で言ったのかは分からない。「自然は単純である」という自分の信念を無理に捻じ曲げたことへの悔恨の意味を含めた言葉だったのだろうか。この観測結果を自然からの手痛い仕返しであると受け止めたに違いない。宇宙項の導入をそれほど深く悩んで決めたのだということを察することができる話だ。

> 啓蒙書などではここに書いたのとは少し違った、もっと劇的で分かりやすいストーリーが書かれていることが多い。
>
> それはつまり、アインシュタインは最初、宇宙は安定で不変のものだと信じていたのだが、宇宙項を入れなければ宇宙が不安定になってしまうことにやがて気付いてしまった。彼は悩んだ末に、それを防ぐ為に仕方なく宇宙項を導入したのだが、やがてハッブルが宇宙が膨張していることを発見したため、入れる必要のなかった小細工をしたことを後悔した、というものだ。

私も長いことこのタイプのお話を信じてしまっていたわけだが、結局のところ伝記などというものはどれも後世の推測に過ぎないわけで、遺された資料から考えてどちらがより真実味を持っているか、というだけのことだろうと思う。

ところで最新の宇宙論では、宇宙の膨張速度の変化を説明するために、やっぱりこの項が必要だということになっている。宇宙定数は非常に非常に小さな値ではあるが、この項なしにはうまく行かないようなのだ。人の持つ信念というものはそれが特別に強かろうがあまり根拠にはならず、意外と脆いものだということかも知れない。

今後の話では最新の宇宙論のことは無視して宇宙項は省略してしまおう。この本で扱うには複雑すぎる。それで、あと気になる点は係数 k の値がどう決められるかだけである。

5.14　係数の値を決める

そう言えば、前々節の最後に画策したことがきちんと成り立っているかどうかを確かめておかないといけない。すなわち、アインシュタイン方程式はニュートン的極限においてポアッソンの方程式を正しく再現するかどうかだ。とりあえず、計量の 2 階微分を含まなくてはならないという基本的な条件は満たしているようだが、本当にそれでうまく行っているだろうか。

まずアインシュタイン方程式の右辺にある「エネルギー運動量テンソル」だが、その中身は

$$T^{ij} = \rho c^2 u^i u^j$$

であった。ニュートン近似では u^0 だけが 1 で、それ以外は 0 だと考えるのだったから、

$$T^{00} = \rho c^2$$

以外は全て 0 だということになる。いきなり大幅に簡略化できてしまった。左辺の変形もすんなり行くことを期待したい。アインシュタインテンソル G^{ij} はリッチテンソルの組み合わせから出来ているからそこから考えたらいいだろうか。

$$R_{ij} = R^k_{\ i,kj} = \frac{\partial \Gamma^k_{ij}}{\partial x^k} - \frac{\partial \Gamma^k_{ik}}{\partial x^j} + \Gamma^m_{ij}\Gamma^k_{mk} - \Gamma^m_{ik}\Gamma^k_{mj} \qquad (1)$$

第5章 リーマン幾何学

いや、クリストッフェル記号にまで下って考えた方が良さそうだ。

$$\Gamma^k_{ij} = \frac{1}{2}g^{kt}\left(\frac{\partial g_{tj}}{\partial x^i} + \frac{\partial g_{ti}}{\partial x^j} - \frac{\partial g_{ij}}{\partial x^t}\right)$$

この式に $g_{ij} = \eta_{ij} + h_{ij}$ を代入して、h_{ij} が2次以上になった項は消してやるとしよう。とは言ってもわざわざ展開して確かめるまでもない。カッコの中はみんな微分なので、定数である η_{ij} の微分は消えてしまう。つまりカッコの中はすべて h_{ij} の微分であり、どの項もすでに h_{ij} の1次である。これにカッコの外から $g^{kt} = \eta^{kt} + h^{kt}$ を掛けようというのだが、h^{kt} を掛けても2次になって消されてしまうだけなので、η^{kt} を掛けた項だけを考えればいい。よって次のようになる。

$$\Gamma^k_{ij} \fallingdotseq \frac{1}{2}\eta^{kt}\left(\frac{\partial h_{tj}}{\partial x^i} + \frac{\partial h_{ti}}{\partial x^j} - \frac{\partial h_{ij}}{\partial x^t}\right)$$

この式を (1) 式に代入すると後ろ2つの項は h の2次になってしまうから無視。残るのは初めの2つの項のみである。

$$\begin{aligned}R_{ij} &\fallingdotseq \frac{\partial \Gamma^k_{ij}}{\partial x^k} - \frac{\partial \Gamma^k_{ik}}{\partial x^j} \\ &= \frac{1}{2}\eta^{kt}\left(\frac{\partial^2 h_{tj}}{\partial x^k \partial x^i} - \frac{\partial^2 h_{ij}}{\partial x^k \partial x^t} - \frac{\partial^2 h_{tk}}{\partial x^j \partial x^i} + \frac{\partial^2 h_{ik}}{\partial x^j \partial x^t}\right)\end{aligned}$$

さて、ここからどうしたらいいだろうか。リッチスカラー R を計算するにはこれに計量を掛けながらあらゆる組み合わせを足し合わせなくてはならないので計算量が膨大になってしまう。エレガントなテクニックよりも馬鹿正直なやり方を愛する私だが、これでは逆に難しい印象を与えてしまって利点がない。

それで、リッチスカラーを計算しなくて済む方法を経由しよう。4.6節でアインシュタイン方程式を簡略化する方法を紹介したことがある。それによると、アインシュタイン方程式、

$$R^{ij} - \frac{1}{2}g^{ij}R = kT^{ij}$$

は、これと等価な

$$R_{ij} = k\left(T_{ij} - \frac{1}{2}g_{ij}T\right) \qquad (2)$$

5.14. 係数の値を決める

という形に変形できるということだった。右辺の T は $T = g_{ij}T^{ij}$ という意味であるが、今の状況では T^{00} 以外は 0 だと考えるので計算は楽である。少し後でやろう。

さて、ニュートン近似では $h_{00} = -(2/c^2)\phi$ という関係になっているのだった。つまり今興味があるのは h_{00} の振る舞いだけである。ということで R_{00} さえ計算してやればいいことになるだろう。他の R_{ij} の成分を計算しても h_{00} は残らないからである。

$$\begin{aligned}
R_{00} &\doteqdot \frac{1}{2}\eta^{kt}\left(\frac{\partial^2 h_{t0}}{\partial x^k \partial x^0} - \frac{\partial^2 h_{00}}{\partial x^k \partial x^t} - \frac{\partial^2 h_{tk}}{\partial x^0 \partial x^0} + \frac{\partial^2 h_{0k}}{\partial x^0 \partial x^t}\right) \\
&= \frac{1}{2}\eta^{kt}\left(-\frac{\partial^2 h_{00}}{\partial x^k \partial x^t}\right) \\
&= -\frac{1}{2}\eta^{kt}\partial_k \partial_t h_{00} \\
&= -\frac{1}{2}\partial^t \partial_t h_{00} \\
&= -\frac{1}{2}(-\partial^0 \partial_0 + \nabla^2)h_{00} \\
&= -\frac{1}{2}\nabla^2 h_{00}
\end{aligned} \qquad (3)$$

一方、(2) 式の右辺の 00 成分は

$$\begin{aligned}
&k\left(T_{00} - \frac{1}{2}g_{00}g_{00}T^{00}\right) \\
&= k\left\{c^2\rho - \frac{1}{2}(\eta_{00} + h_{00})(\eta_{00} + h_{00})c^2\rho\right\} \\
&= k\left\{c^2\rho - \frac{1}{2}(-1 + h_{00})(-1 + h_{00})c^2\rho\right\} \\
&\doteqdot k\left(c^2\rho - \frac{1}{2}c^2\rho + h_{00}c^2\rho\right) \\
&= \frac{1}{2}kc^2\rho \ + \ kc^2\rho h_{00}
\end{aligned}$$

となる。この結果を (3) 式と合わせて一つの式にしてやると、

$$-\frac{1}{2}\nabla^2 h_{00} \doteqdot \frac{1}{2}kc^2\rho$$

第5章　リーマン幾何学

となる。右辺の第2項は第1項に比べて小さいので無視した。この h_{00} を ϕ に直してやると、

$$-\nabla^2 \left(-\frac{2}{c^2}\phi\right) = kc^2\rho$$

$$\therefore \nabla^2\phi = k\frac{c^4}{2}\rho$$

となり、これはポアッソンの方程式

$$\nabla^2\phi = 4\pi G\rho$$

と同じ形である。もし係数 k が、

$$k = \frac{8\pi G}{c^4}$$

であれば全く同一のものであるとさえ言える。アインシュタイン方程式はニュートン的極限で、我々が良く知っている形の重力場を実現するのである。

　これで係数も決まって、すべてが満足のゆく形にまとまった。しかし理論的に式を導いただけで喜んで受け入れてしまってはだめで、これが現実の自然を正しく表しているかどうかを検証することが科学ではとても大事なことである。私はそもそも相対論の応用にはまるで興味はなかったのだが、読者に科学の精神を伝えるためにも、基本的なことだけは確認しておかないといけないと思うようになった。次の章でそれを行おう。

第6章　一般相対論の検証

6.1　シュバルツシルト解

　アインシュタイン方程式を解くのは非常に難しい。見た目は簡単だが、式を展開すると項の数が恐ろしく多いのだった。しかし諦めるわけにはいかない。条件を絞ってでも何とか解けそうな形へ持って行くことは、全く解けないままでいつまでも式を眺めているよりははるかにましである。

　例えば、重力源となる質量分布が時間的に変化せず、また運動もしておらず、球対称である場合を考えてみたらどうだろう。ここまで限定すれば何とかなるかも知れない。そのようにして解かれた解を「シュバルツシルト解」と呼ぶ。幸いにして宇宙にある巨大な天体というのは球形に凝集する傾向があり、このような厳しい条件をつけても現実への応用が効く場面が多いのである。

　アインシュタイン方程式の発表が 1915 年末のことであり、シュバルツシルトによってその初めの解が発表されたのは 1916 年のことであった。彼は当時 42 歳。第 1 次大戦従軍中だった。そしてその年の 5 月には病気で亡くなっている。天才は自分の置かれた状況について言い訳知らずか。

　ところで、シュバルツシルト解の他にはどんな解が見つかっているだろうか。厳密解は数えるほどしかない。自転を取り入れた「カー解」や、自転し電荷を持つブラックホールを表す「カー・ニューマン解」が有名である。その他にも宇宙全体の挙動を表す解なども幾つか見付かっているが、いずれも今の私が手を出せるようなものではない。

　アインシュタイン方程式を解くということはすなわち、10 個の g_{ij} がそれぞれどんな値になるかを求めることである。今は時間的変化はないと考

第 6 章　一般相対論の検証

えているので、g_{ij} は場所のみの関数である。そして、

$$ds^2 = g_{ij} \, dx^i \, dx^j$$

なのだから、全ての g_{ij} を知るということは、ds^2 がどういう形で表せるかを知ることに他ならない。

　今は空間の性質が球対称だという設定だから、ds^2 の形式は原点からの距離 r のみによって変化する形であるに違いない。また時間的に変化することはないとする。また、原点から十分離れたところでは平らなミンコフスキー時空が実現しているものだとする。そのような ds^2 はどんな形式で書き表したらいいのだろうか。まずは次のような形式を考えてみよう。

$$ds^2 = A(r)\Big[- dw^2 + dx^2 + dy^2 + dz^2 \Big]$$

　ミンコフスキー時空というのは球対称どころか全時空で何も変わらない全く均質な状態である。それに r のみの関数 $A(r)$ を掛けて作ったこの ds^2 は r のみに依存していると言えるだろうという理屈である。r が大きくなるところで $A(r) \to 1$ となるならば、原点から離れたところでの時空が平らになっているという条件も満たすことができる。

　時間はともかく空間的には球対称であるから、極座標を使う方が見通しが良くなるであろう。そこで、

$$\begin{aligned} x &= r\sin\theta\cos\phi \\ y &= r\sin\theta\sin\phi \\ z &= r\cos\theta \end{aligned}$$

を使って座標変換してやろう。全微分、

$$\begin{aligned} dx &= \sin\theta\cos\phi\, dr + r\cos\phi\cos\theta\, d\theta - r\sin\theta\sin\phi\, d\phi \\ dy &= \sin\theta\sin\phi\, dr + r\sin\phi\cos\theta\, d\theta + r\sin\theta\cos\phi\, d\phi \\ dz &= \cos\theta\, dr - r\sin\theta\, d\theta \end{aligned}$$

を作って代入してやれば、次の形式を得る。複雑な項が次々と消えてゆくこの計算はなかなかの快感だ。

$$ds^2 = A(r)\Big[- dw^2 + dr^2 + r^2\, d\theta^2 + r^2\sin^2\theta\, d\phi^2 \Big]$$

6.1. シュバルツシルト解

ここで気が付くのは、第 1 項目と第 2 項目はそれぞれ単独でも球対称であるということだ。ということは $A(r)$ とは別の関数を使って、

$$ds^2 = -B(r)\,dw^2 + C(r)\,dr^2 + A(r)\left[r^2\,d\theta^2 + r^2\sin^2\theta\,d\phi^2\right]$$

と表してやっても全体としては球対称であることに変わりないと言えることになる。これが球対称時空の一般的な形であり、最初に仮定した形よりも広く対応できるのである。ただし r が大きくなるところで $B(r) \to 1$、$C(r) \to 1$ となるべしという条件は相変わらず必要だ。後はこれをアインシュタイン方程式に代入してやって関数 A, B, C が具体的にどんな式になるかを定めてやればいい。

しかし困ったことがある。考え方としてはこれでいいのだが、このままではまだ途中で出てくる式がとても手に負えない形になってしまうのである。そこで計算の大幅な簡略化のために、$A(r) = 1$ だと考えることにする。このように置いて良い理由はちゃんとある。

もし仮に $A(r)$ がどんな形の関数であるかが求まったとしよう。そのときに新しい変数 r' を導入して、$r' = \sqrt{A(r)}\,r$ という関係があるとして書き直せば、やはりその解は $A(r)$ を 1 と置いたときと同じ形に変形してしまえるのではあるまいか。その新しい変数 r' は中心からの距離に応じてスケールが変化するという奇妙な座標ではあるが、そもそも相対論というのはどんな座標系でも成り立つように整えられた理論であって、そのような座標系を使ってはならないという制限はないのだった。新しい r' を使って表現されたものもアインシュタイン方程式の解であるし、球対称であることについても変わりない。

このことを逆に考えてみよう。新しい r' としては、球対称でありさえすれば色々なものが使用可能だ。使う座標系に応じて形は異なるが、その場合ごとのアインシュタイン方程式を満たす正しい解というものが導かれることだろう。新たな r' と元の r との間には先ほどのような $A(r)$ を使った関係が考えられるわけだから、結局 $A(r)$ としては何を使っても制限はないし、そのたびに同じ形に持って来れるわけだ。それならば、最初から $A(r) = 1$ と置くことで、我々が良く知った球座標の取り方に近い形の解を得ておくのが得策であろう。

第6章 一般相対論の検証

さらに計算の都合上、

$$-B(r) = -e^{\nu(r)}$$
$$C(r) = e^{\lambda(r)}$$

などと置くことにする。これは単にテクニック的な問題であり、こう置くことでどれだけ計算が楽になるかは実際にやってみれば分かるだろう。

ところでアインシュタイン方程式は、次のような形で書き表すこともできるのだった。(4.6 節の説明を参照のこと)

$$R_{ij} = \frac{8\pi G}{c^4}\left(T_{ij} - \frac{1}{2}g_{ij}T\right)$$

これを見て思うのは、もし T が 0 だったら右辺がすっかり消えてしまって、計算がかなり楽になるだろうになぁということだ。

質量分布が 0 という状況は問題としては全く魅力がないような気がする。しかしこれを全空間で $T = 0$ だという意味だと勘違いしてはいけない。もしそうだとすれば、本当に全く面白くも何ともない状況ではないか。そうではなく、これは球対称に分布する天体質量の周囲に広がる、真空の何も無い領域の時空がどうなっているかだけをとりあえず考えてみようということに相当することになるわけだ。これを「**外部解**」と呼ぶ。

「**内部解**」は少し面倒なので今回はやらないことにする。これはブラックホールなどに関わってくるのである。がっかりしなくても、外部解だけでも結構遊べるものだ。

それで次のような式を解くことが今回の目標となる。

$$R_{ij} = 0$$

リッチテンソルは 10 通りの独立な成分があるので、これは 10 個の連立方程式だ。そのうちの幾つが使いものになるかは調べてみないと分からない。リッチテンソルは計量の組み合わせで出来ている。今考えている計量

は次のように表すことができるのだった。

$$g_{ij} = \begin{pmatrix} -e^{\nu(r)} & 0 & 0 & 0 \\ 0 & e^{\lambda(r)} & 0 & 0 \\ 0 & 0 & r^2 & 0 \\ 0 & 0 & 0 & r^2 \sin^2 \theta \end{pmatrix}$$

これを使ってリッチテンソルの各成分を求めることになる。一気に求めるのはつらいので、まずは $\varGamma^i_{jk}$ を計算してみよう。ゼロ成分が多いので、有り難いことにほとんどの組は消えてしまうことになるだろう。この計算には根気が要るところだが、馬鹿正直に総当りで計算しなくともある程度は工夫次第で手間が省けるので、パズルのつもりでチャレンジしてみて欲しい。詳しい過程は省いて結果だけを書くと次のようになる。

$$\begin{aligned} \varGamma^0_{01} &= \varGamma^0_{10} = \frac{1}{2}\nu' \\ \varGamma^1_{00} &= \frac{1}{2}e^{\nu-\lambda}\nu' \\ \varGamma^1_{11} &= \frac{1}{2}\lambda' \\ \varGamma^1_{22} &= -re^{-\lambda} \\ \varGamma^1_{33} &= -re^{-\lambda}\sin^2\theta \\ \varGamma^2_{12} &= \varGamma^2_{21} = 1/r \\ \varGamma^2_{33} &= -\sin\theta\cos\theta \\ \varGamma^3_{13} &= \varGamma^3_{31} = 1/r \\ \varGamma^3_{23} &= \varGamma^3_{32} = \cos\theta/\sin\theta \end{aligned}$$

ダッシュは r による微分を表している。これらを使って計算した結果、生き残る R_{ij} もごくわずかだ。うまい具合に打ち消し合って 0 になったりするので、ここまですっきりするなんてことは計算前には私には予想もでき

第6章 一般相対論の検証

なかった。

$$e^{\nu-\lambda} R_{00} = \frac{1}{2}\nu'' - \frac{1}{4}\nu'\lambda' - \frac{1}{4}\nu'^2 + \frac{\nu'}{r} = 0 \quad (1)$$

$$R_{11} = -\frac{1}{2}\nu'' + \frac{1}{4}\nu'\lambda' + \frac{1}{4}\nu'^2 + \frac{\lambda'}{r} = 0 \quad (2)$$

$$R_{22} = 1 - \frac{1}{2}e^{-\lambda}(r\nu' - r\lambda' + 2) = 0 \quad (3)$$

$$R_{33} = R_{22}\sin^2\theta = 0$$

こうして実質 3 個の連立方程式が得られることになった。

まず (1) 式と (2) 式の和を取ってやると、綺麗に打ち消し合ってくれて、

$$\frac{\nu' + \lambda'}{r} = 0$$

となるが、$r = 0$ となるきわどい点は外部解の範囲には含まれないので気にしなくていい。それで結局、

$$\nu' + \lambda' = 0 \quad (4)$$

という関係があるのが分かる。これを積分すると、定数 b を使って、

$$\nu + \lambda = b \quad (5)$$

と表せることも分かる。次に (3) 式であるが、分かりやすく書き直すと次のようになっている。

$$\left[1 - \frac{1}{2}r(\lambda' - \nu')\right] e^{-\lambda} = 1$$

これにさっき導いた (4) 式を入れてやると、

$$e^{-\lambda} - r\lambda' e^{-\lambda} = 1$$

という λ だけの式になる。この式は変形してやると、

$$(re^{-\lambda})' = 1$$

という形で書けるので、この積分は簡単だ。

$$re^{-\lambda} = r - a$$

a は積分定数である。

$$\therefore\ e^\lambda = \frac{1}{1 - \frac{a}{r}}$$

さらには (5) 式によって、

$$e^\nu = e^b e^{-\lambda} = e^b \left(1 - \frac{a}{r}\right)$$

であることも導かれる。r が大きくなるところでは $B(r) \to 1$ となるという条件を満たすためには $b = 0$ でないといけないだろう。もう一つの $C(r) \to 1$ という条件は何も調整しなくても成り立っているようだ。

これで知りたかった関数の形が二つとも求まったことになる。後は定数 a の値を決定することだけだ。

以上の計算から、

$$g_{00} = -1 + \frac{a}{r}$$

となることが分かった。さて、前に 5.12 節の「ニュートン近似」のところで書いたところに依れば、ニュートン力学的な極限では

$$g_{00} \fallingdotseq -1 - \frac{2}{c^2}\phi$$

という関係があったのだったから、両者を比較すれば

$$\phi = -\frac{ac^2}{2r}$$

という関係があることが分かる。ニュートン力学での重力場の表現は、

$$\phi = -\frac{GM}{r}$$

であり、符号が負であることと、r に反比例するという性質は非常に良く似ていると言えるだろう。つまり、ニュートン力学と何の矛盾もない結果がうまい具合に自然に導かれたのである。両者を一致させるためには定数 a を調整するだけで良い。つまり、

$$a = \frac{2GM}{c^2}$$

でなければならないということが言えるのである。

結局、今回の苦労の全ては次のようにまとめられる。

$$\mathrm{d}s^2 = -\left(1 - \frac{a}{r}\right)\mathrm{d}w^2 + \left(\frac{1}{1-\frac{a}{r}}\right)\mathrm{d}r^2 + r^2\mathrm{d}\theta^2 + r^2\sin^2\theta\,\mathrm{d}\phi^2$$

$$\text{ただし、}a = \frac{2GM}{c^2}$$

この結論だけ見ていてもあまり面白くないと思うかも知れない。もちろん、自分で数式を楽しめる人はこれだけでもあれこれ考えを発展させて楽しめるのだ。

例えば、第 2 項目の分数の分母は $r = a$ となるところで 0 になってしまう。ここでは何か奇妙なことが起きているはずなのだ。実はこの定数 a があの有名な「シュバルツシルト半径」なのである。今回は外部解を求めたのだから、星の質量の全てがこの半径より内部にある場合にだけ、この式のこの怪しい部分が物理的に何らかの意味を持つことになるのだろう。これはブラックホールに関係する話なので、これ以上話すと簡単に終わらせるわけには行かなくなってしまう。下手に少しだけ話したのでは誤解が生まれるに違いないからだ。よって今はこれ以上の深入りを避けることにする。

ここで導いた結果からブラックホール以外のことでどんなことが言えるのかは次節以降で見て行くことにしよう。

6.2　光の湾曲

質量を持たないはずの光でさえ重力に引き寄せられて曲がる。これは一般相対論が予言した重要な現象の一つである。この現象がとても奇妙なことのように思えてしまうのは、ニュートン力学の考えに慣れてしまっているからであろう。ニュートン力学では重力というものを、質量と質量の間に働く力だと解釈しているからだ。光は質量を持たないのだから引っ張られる理由がないと考えてしまう。実は光は引き寄せられて曲がるのではなくて、相変わらず真っ直ぐ進んでいるのである。空間が曲がっている為に、傍から見れば曲がったコースを進むように見えるだけなのだ。

6.2. 光の湾曲

ところが驚いたことに、相対論が発表される100年以上も昔から、光が重力によって曲がるという理論は存在していたのである。ええ！何だって!? いや、間違いじゃない。それは何と、ニュートン力学を使って計算されていたのだ。

おかしな話だと思う人もいるだろう。しかし、光に質量があるかないかなんてことは当時はまだ論じようがなかったし、重要な問題でもなかったのである。当時は電磁波という概念もなかった。光が波であるか粒子であるかさえ、まだ意見が対立していた時代のことだ。光を粒子として考えてやれば、光の質量が分らなくとも、その軌道を計算してやることはできるのである。

例えば地球の周りを運動する質点についてニュートン力学で計算するとき、その軌道は質量には関係ないことが分かる。もし人工衛星が二つに割れたなら、その瞬間から二つのパーツは全く別々の軌道を辿ることになるだろうか？もしそうだとしたらおちおち母船から離れて宇宙遊泳などしていられない。

質点の軌道を決めているのはその質点の速度なのである。どんなに小さな質量のものであろうと、逆に大きな質量のものであろうと、初速と投射方向が同じならば、その後は同じ軌道を辿ることになる。

だから光に対して同じ理屈を適用してやるのは自然な考えではないか。秒速30万キロメートルで進む物体と同じだと見なして計算してやればいいだけだろう。ただしニュートン自身がこのようなことを考えたのではなかった。別の理論家たちによって、たびたびこのようなことが論じられていたのである。

このように理論は古くからあったものの、昔はまだ観測精度が高くなかったのでこの現象が起こるかどうかを確認することのないまま、時代は過ぎて行った。

ニュートン力学による計算と一般相対論による計算とでは曲がり具合の数値にちょうど2倍の差が出る。相対論は、より強く曲がるだろうという予想を出した。これによってどちらの理論がより優秀であるかを比較してやることができるではないか。このことについての歴史上初めての確認は、1919年、エディントン卿の観測隊により、日食を利用して行われた。

太陽と同じ方向にある星というのは普段はまぶしくて見ることができな

い。昼には星は見えないものだ。しかしその星は別の季節ならば太陽とは違う方向にあるので、夜に見ることができて、その位置も良く分かっている。しかし、日食で太陽が月に覆われたときだけは、その星が昼間にも見えるのである。

そのときにその星が本来見えるべき位置と比べて、少しずれた別の場所に見えたとしたら、それは星からの光が太陽の重力で曲げられたことを意味する可能性があるわけだ。

しかしこの効果は実に微妙なものである。太陽の質量では空間はそれほど強くは曲げられない。理論的には 1.75 秒角だというから、そのずれは太陽の視直径の約 1100 分の 1 程度でしかない。本当に難しい観測だ。

その観測結果がどうだったかというと、確かに光は曲げられて届くことが確認されたのである。いや、この辺りの歴史はもう少しだけ正確に話しておいた方がいいだろう。

実はこの年より前、まだ一般相対論が発表される何年か前に予備的な観測は行われていたのである。アインシュタインは一般相対論を 1915 年の発表までひた隠しにしていたわけではなくて、そのアイデアの途中経過をたびたび論文として発表していた。物理の研究というのは大抵そういうものだ。アインシュタインはまだ正しい理論値を導き出すことはできていなかったが、等価原理が正しければ光は曲がるはずだと考えていたのだった。それを確かめるべく観測実験が計画された。信頼の置けそうな理論があり、その真実性を確認できる可能性がわずかでもあるならば、誰かが苦労してでもそれを実行してくれるものだ。そして予備実験ではまだ精度は十分でなかったものの、予想した現象があること自体は確認されたのであった。その知らせにアインシュタインは大いに喜んだという。それで彼は勇気を得て研究を続けたのであった。

ではその後に成された 1919 年の観測結果はどうだったかと言うと、微妙なものだった。確かにそのとき、ニュートン力学による予想よりも相対論の予想する値に近いことがはっきり分かる結果が出た。なぜなら、相対論の理論値よりもさらに少しばかり大きめの値が観測されたからだ。確実にニュートン力学の負けだ。ではどこが微妙かと言うと、理論値は実験で見積もられた誤差の範囲内に入らなかったのである。この実験を現在の視点

から見直すと、見過ごされ検討されていない誤差が幾つかあることが指摘されている。当時としてはそれほど難しい測定なのであった。

しかし最近では可視光以外の光や電波領域までも使って非常に精度の良い観測ができるようになってきた。太陽を挟んだ宇宙探査機との通信など、色々な種類の実験が行われており、十分な精度でその理論の値との一致が確認されているのである。その誤差は実験の種類にも依るが1%から0.001%程度にもなるらしい。観測技術も驚くべき進歩をしたものだ。そして、その精度をもってしても未だに理論に修正の必要がないという点も大したものだ。

相対論が間違っていると信じる人は別にそれでも結構だが、その主張を認めてもらうためには、相対論とまるでそっくりな結果を導き出す別理論を構築する必要があるだろう。そうでなければその主張はただのお遊びだ。

以下では今の話に出てきた理論値がそう簡単なお遊び程度の考えで導けるようなものではないことを示すことにしよう。しかしなるべく分かりやすく行きたい。

まずは、曲がった時空の中での真っ直ぐな線というのがどういうものかを調べよう。これは測地線の方程式を使えばいいのだった。

$$\frac{d^2 x^i}{d\sigma^2} + \Gamma^i_{jk} \frac{dx^j}{d\sigma} \frac{dx^k}{d\sigma} = 0$$

この式のクリストッフェル記号の部分に前節で求めたシュバルツシルト解の結果を当てはめてやればいい。前節では計算過程のものしか書かなかったので、最終的な解を当てはめた形をここに書き直しておこう。

$$\Gamma^0_{01} = \Gamma^0_{10} = \frac{a}{2r^2} \frac{1}{1-a/r}$$

$$\Gamma^1_{00} = \frac{a}{2r^2}\left(1 - \frac{a}{r}\right)$$

$$\Gamma^1_{11} = -\frac{a}{2r^2} \frac{1}{1-a/r}$$

$$\Gamma^1_{22} = -r\left(1 - \frac{a}{r}\right)$$

$$\Gamma^1_{33} = -r\left(1 - \frac{a}{r}\right)\sin^2\theta$$

第 6 章　一般相対論の検証

$$\Gamma^2_{12} = \Gamma^2_{21} = \frac{1}{r}$$
$$\Gamma^2_{33} = -\sin\theta\cos\theta$$
$$\Gamma^3_{13} = \Gamma^3_{31} = \frac{1}{r}$$
$$\Gamma^3_{23} = \Gamma^3_{32} = \frac{\cos\theta}{\sin\theta}$$

これらを代入した結果、次のような 4 つの方程式を得ることになる。

$$\frac{\mathrm{d}^2 w}{\mathrm{d}\sigma^2} + \frac{a}{r^2}\frac{1}{1-a/r}\frac{\mathrm{d}w}{\mathrm{d}\sigma}\frac{\mathrm{d}r}{\mathrm{d}\sigma} = 0 \tag{1}$$

$$\frac{\mathrm{d}^2 r}{\mathrm{d}\sigma^2} + \frac{a}{2r^2}\left(1-\frac{a}{r}\right)\left(\frac{\mathrm{d}w}{\mathrm{d}\sigma}\right)^2 - \frac{a}{2r^2}\frac{1}{1-a/r}\left(\frac{\mathrm{d}r}{\mathrm{d}\sigma}\right)^2$$
$$- r\left(1-\frac{a}{r}\right)\left(\frac{\mathrm{d}\theta}{\mathrm{d}\sigma}\right)^2 - r\left(1-\frac{a}{r}\right)\sin^2\theta\left(\frac{\mathrm{d}\phi}{\mathrm{d}\sigma}\right)^2 = 0 \tag{2}$$

$$\frac{\mathrm{d}^2\theta}{\mathrm{d}\sigma^2} + \sin\theta\cos\theta\left(\frac{\mathrm{d}\phi}{\mathrm{d}\sigma}\right)^2 + \frac{2}{r}\frac{\mathrm{d}r}{\mathrm{d}\sigma}\frac{\mathrm{d}\theta}{\mathrm{d}\sigma} = 0 \tag{3}$$

$$\frac{\mathrm{d}^2\phi}{\mathrm{d}\sigma^2} + 2\frac{\cos\theta}{\sin\theta}\frac{\mathrm{d}\theta}{\mathrm{d}\sigma}\frac{\mathrm{d}\phi}{\mathrm{d}\sigma} + \frac{2}{r}\frac{\mathrm{d}r}{\mathrm{d}\sigma}\frac{\mathrm{d}\phi}{\mathrm{d}\sigma} = 0 \tag{4}$$

これを解くことで 4 次元曲面上に引かれた直線の式を得ることになるのだが、σ という媒介変数が使われているのが気になる人もあるだろう。言っておくが、この変数には特に物理的な意味はない。例えば、2 次元平面上の円の方程式を媒介変数表示をしてやると次のような二つの式で表せるが、これに似ていると言える。

$$x = \cos t$$
$$y = \sin t$$

ここで x、y には座標の意味があったとしても、t には特に意味がないのだった。t の代わりに $2t$ や $3t+4$ を使うようにしても円の形は変わらない。しかし場合によっては t に時間の意味を持たせるために調整してやることもできる。σ もこれと同じであって、最終的には消去してやってもいいし、何か目的があるならば物理的意味を持つように調整して残してやってもいい。今回は消去してやるつもりでいる。

6.2. 光の湾曲

　それにしてもこの 4 つの式は …、ああ、何ということだ。もっと単純な式が出てくるのを期待していたのに … 見ているだけで解く気が失せてしまいそうだ。何とかいい方法を考えてみよう。まず、$\theta = \pi/2$ であると固定してみることにする。そうすれば θ を含んだ幾つかの項がさっぱりするだろう。

　それでも、こんな人為的な仮定を持ち込んでいいのだろうかと少し不安になる。この仮定の意味はこれ以後、xy 平面のみに限定して考えるということだ。しかし、太陽を含むある面内を通って来た光は、太陽の重力によってその面以外の方向へ逸らされることはないと考えても大丈夫だろうか。

　その辺りは心配ないようだ。なぜなら (3) 式はこの仮定条件を満たして完全に消えてしまうのである。今は球座標を使っているのでたまたま xy 平面が特別扱いされているだけであり、本当は太陽を含むどの面でも同じ内容のことが許されるのである。

　この仮定によって変更のある式だけ、もう一度書いておこう。

$$\frac{d^2 r}{d\sigma^2} + \frac{a}{2r^2}\left(1 - \frac{a}{r}\right)\left(\frac{dw}{d\sigma}\right)^2 - \frac{a}{2r^2}\frac{1}{1-a/r}\left(\frac{dr}{d\sigma}\right)^2$$
$$- r\left(1 - \frac{a}{r}\right)\left(\frac{d\phi}{d\sigma}\right)^2 = 0 \quad (2')$$

$$\frac{d^2 \phi}{d\sigma^2} + \frac{2}{r}\frac{dr}{d\sigma}\frac{d\phi}{d\sigma} = 0 \quad (4')$$

　これで考えるべき式は (1) (2') (4') の 3 つに減った。少しはすっきりしたが期待したほどには簡単にならなかったか …。それでも (1) 式と (4') 式は両方とも一定の手続きで解くことができる形になっている。そのやり方はこの節の終わり（237 ページ）に説明することにして、結果だけを書くと次のようになる。

$$\frac{dw}{d\sigma} = \frac{b}{1 - a/r}$$
$$\frac{d\phi}{d\sigma} = \frac{h}{r^2}$$

　ここで新しく出てきた b や h は積分定数だ。これらの式を残る (2') 式に代入すると、次のようになる。

$$\frac{d^2 r}{d\sigma^2} + \frac{a}{2r^2}\frac{1}{1-a/r}\left[b^2 - \left(\frac{dr}{d\sigma}\right)^2\right] - \left(1 - \frac{a}{r}\right)\frac{h^2}{r^3} = 0 \quad (5)$$

第6章 一般相対論の検証

さあ、r だけの式にまとまって、解きやすくなってきたではないか。

ところで測地線の式というのは、これらの方程式を使ってただ一本だけが求まるのではない。4 次元曲面の上には、色んな向きに線が引けるわけだ。ある線は今採用している座標系の空間座標に対して静止している物体を表しており、それは時間軸方向だけを目指して進む軌跡を描くだろう。またそれ以外の線は移動する物体の時空グラフ上の軌跡を表しているが、それも速さや進行方向によって色々な線があるだろう。そして今知りたいと思っているのは、光の軌跡がどうなるかである。そこに限定するために、もう少し条件を絞ることが必要だ。今こそ、$ds^2 = 0$ を使うのである。特殊相対論での ds^2 の定義式を思い出してみるといい。これが 0 であることは光速であることを表しているのだった。今はシュバルツシルト解を使っており、ds^2 は次のような式となる。

$$ds^2 = -\left(1 - \frac{a}{r}\right) dw^2 + \frac{1}{1 - a/r} dr^2 + r^2 d\theta^2 + r^2 \sin^2\theta\, d\phi^2$$

この式が意味するのは、一般相対論においては光速は観測者の立場によって、場所場所で変わるものであり、もはや c で一定だとは限らないということである。しかしその光が存在する現場に立って見るとやはり光速は c なのである。今、さらっと大事なことを言ったぞ。この節は単なる応用計算の解説ではなくて、このように補足説明を兼ねているのだ。心に留めておくように。

さて、上に書いた式を $d\sigma^2$ で割ってやって、今は θ を固定しているので $d\theta = 0$ であることなどもついでに入れて、$ds^2 = 0$ と置いてやると、

$$-\left(1 - \frac{a}{r}\right)\left(\frac{dw}{d\sigma}\right)^2 + \frac{1}{1 - a/r}\left(\frac{dr}{d\sigma}\right)^2 + r^2\left(\frac{d\phi}{d\sigma}\right)^2 = 0$$

という式になるであろう。ここで出てきた $\frac{dw}{d\sigma}$、$\frac{d\phi}{d\sigma}$ の部分にも先ほど解いた式を代入すれば、次のようになる。

$$\frac{1}{1 - a/r}\left[b^2 - \left(\frac{dr}{d\sigma}\right)^2\right] = \frac{h^2}{r^2}$$

これは (5) 式の第 2 項にそのまま当てはまる形ではないか！代入して整

理してやろう。

$$\frac{d^2r}{d\sigma^2} + \frac{a}{2r^2}\frac{h^2}{r^2} - \left(1-\frac{a}{r}\right)\frac{h^2}{r^3} = 0$$

$$\therefore \frac{d^2r}{d\sigma^2} + \frac{3}{2}\frac{ah^2}{r^4} - \frac{h^2}{r^3} = 0 \tag{6}$$

ずいぶん簡単になってきた。それでも解が一つに絞られたわけではないことに注意しよう。今は光の速さの条件を入れただけであり、光がどの方向へ進むかを特定したわけではないのだから、まだ無数の軌跡が解として許されているのである。

さて、このまま $w(\sigma)$、$r(\sigma)$、$\phi(\sigma)$ の 3 つの式の形をそれぞれに得ようとすることは効率的ではない。我々の目的は一体何だったかを思い出してもらいたい。光の軌道が求まればいいのだから、時間 w はそれほど重要ではないし、位置座標 r、ϕ と媒介変数 σ との関係も必要というわけではない。最終的にただ r と ϕ の関係式が得られればそれでいいのである。

例えば、r と ϕ の関係として

$$r = \frac{l}{\sin\phi}$$

という関係が成り立っていたとしよう。何だか面倒臭そうだが、これは何のことはない、太陽の中心から距離 l のところをかすめて真っ直ぐに通り過ぎる直線の式である。図を描くと分かりやすいだろう。

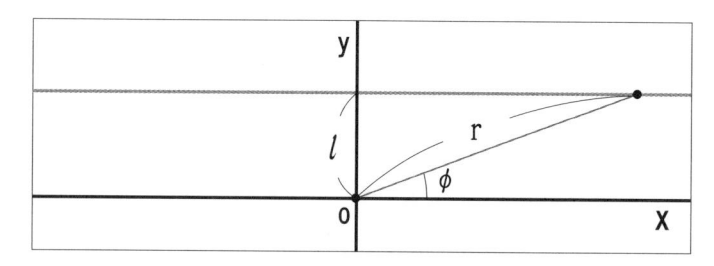

太陽が無くて時空が曲がっていなければこんな軌道になるはずであるし、太陽があってもそれほど強くは曲がらないはずなので、きっとこれに良く似た関係式が得られるだろうと予想される。目標としてはこんな感じの関係式が欲しいわけだ。

第6章　一般相対論の検証

ここでは関数 $r(\phi)$ という形を考えてみたが、代わりにその逆数を取ったものを新たに導入した方が、sin 関数が分母に来なくて楽になりそうだ。

$$u(\phi) \equiv \frac{1}{r(\phi)}$$

まぁ、これは試行錯誤の結果、この先こうした方が楽だと知っているから導入するのである。こうした方が絶対に効率的だといきなり気付く人は天才であるか、他で経験を積んできたような人だけなので安心して欲しい。次に r の σ による微分を u の σ による微分へと置き換えるべく計算してみる。

$$\frac{\mathrm{d}r}{\mathrm{d}\sigma} = \frac{\mathrm{d}(1/u)}{\mathrm{d}\sigma} = -\frac{1}{u^2}\frac{\mathrm{d}u}{\mathrm{d}\sigma}$$

$$\frac{\mathrm{d}^2 r}{\mathrm{d}\sigma^2} = \frac{2}{u^3}\frac{\mathrm{d}u}{\mathrm{d}\sigma} \cdot \frac{\mathrm{d}u}{\mathrm{d}\sigma} - \frac{1}{u^2}\frac{\mathrm{d}^2 u}{\mathrm{d}\sigma^2}$$

こうして $r(\sigma)$ から $u(\sigma)$ への置き換えのルールは分かったが、本当は、u を ϕ の関数として考えたいのである。ここを置き換えるルールも知りたい。

$$\frac{\mathrm{d}u}{\mathrm{d}\sigma} = \frac{\mathrm{d}u}{\mathrm{d}\phi}\frac{\mathrm{d}\phi}{\mathrm{d}\sigma} = hu^2 \frac{\mathrm{d}u}{\mathrm{d}\phi}$$

$$\begin{aligned}\frac{\mathrm{d}^2 u}{\mathrm{d}\sigma^2} &= h\left[2u\frac{\mathrm{d}u}{\mathrm{d}\sigma}\cdot\frac{\mathrm{d}u}{\mathrm{d}\phi} + u^2 \frac{\mathrm{d}^2 u}{\mathrm{d}\phi^2}\frac{\mathrm{d}\phi}{\mathrm{d}\sigma}\right] \\ &= h\left[2hu^3\left(\frac{\mathrm{d}u}{\mathrm{d}\phi}\right)^2 + u^4 h\frac{\mathrm{d}^2 u}{\mathrm{d}\phi^2}\right] \\ &= h^2 u^3 \left[2\left(\frac{\mathrm{d}u}{\mathrm{d}\phi}\right)^2 + u\frac{\mathrm{d}^2 u}{\mathrm{d}\phi^2}\right]\end{aligned}$$

以上の結果を代入すれば、(6) 式に含まれる r を全て $u(\phi)$ を使った形に変形することができるだろう。その結果が次の式だ。

$$\frac{\mathrm{d}^2 u}{\mathrm{d}\phi^2} + u = \frac{3}{2}au^2 \tag{7}$$

これが、今回の目的を達成する為に、たった一つにまとめ上げられた微分方程式である。どうだい、このすっきりした美しさ。さっそく解いてみ

6.2. 光の湾曲

たいだろう。これが、そう簡単ではないんだな。

この (7) 式の左辺第 2 項と右辺との比は $\frac{3}{2}au$ だが、まずそれがどの程度か考えてみるといい。a は太陽のシュバルツシルト半径を表しており、それは計算してみると 3km ほどだ。一方、光は少なくとも太陽の半径（約 70 万 km）より遠いところを通るのである。左辺と比べて右辺は無きに等しいことが分かるだろう。だからまず右辺を 0 と置いて解を求めてやり、解の見当を付ける。まぁ、これはすぐに解けるのだ。

$$u = \frac{1}{l}\sin(\phi + \alpha)$$

α が余分に付いてきていることを除けば、先ほど例として出した、太陽が無い場合の直線の式である。α が入っていても直線の式であることは変わらず、ただ向きが変わるだけである。$\alpha = 0$ とすれば x 軸と平行に通り過ぎる軌跡を表すことになるので、今後はこれを基準に考えることにすれば楽だろう。右辺のシュバルツシルト半径 a が重力の存在を象徴しているのだから、右辺を取り去った場合の解がこのようになるのはまぁ当然だと言える。

もし右辺を無視せずに付け加えたならば、解はこれに対してごく僅かだけ異なったものとなるに違いない。それを次のように表現してやる。

$$u(\phi) = \frac{\sin\phi}{l} + \chi(\phi)$$

これを丸ごと、右辺を省かない元の方程式 (7) に代入してやるのだ。

$$\chi'' + \chi = \frac{3}{2}a\left(\frac{\sin^2\phi}{l^2} + \cdots\right)$$

右辺の第 2 項以下は第 1 項に比べて十分小さいと考えられるので無視してしまおう。

$$\begin{aligned}\chi'' + \chi &= \frac{3a}{2l^2}(\sin^2\phi) \\ &= \frac{3a}{4l^2}(1 - \cos 2\phi)\end{aligned}$$

第6章　一般相対論の検証

$$\therefore \chi = \frac{3a}{4l^2}\left(1 + \frac{1}{3}\cos 2\phi\right)$$
$$= \frac{3a}{4l^2}\left[1 + \frac{1}{3}(1 - 2\sin^2\phi)\right]$$
$$= \frac{a}{2l^2}(2 - \sin^2\phi)$$

こうして結局、光線の軌道は、重力が弱い場合の近似ではあるが、

$$u(\phi) = \frac{1}{l}\sin\phi + \frac{a}{l^2} - \frac{a}{2l^2}\sin^2\phi$$

だと言えるわけだ。ほぼ直線であるが、そこからわずかに逸れることになる。どれくらい逸れるかについては $r \to \infty$ になるところで ϕ が幾つになるかを調べれば良い。つまり $u = 0$ と置いてやればいいのだ。そうすると $\sin\phi$ についての二次方程式となるので、解の公式に当てはめればいい。

$$\sin\phi = \frac{l}{a} \pm \sqrt{\frac{l^2}{a^2} + 2}$$
$$= \frac{l}{a} \pm \frac{l}{a}\sqrt{1 + \frac{2a^2}{l^2}}$$
$$= \frac{l}{a} \pm \frac{l}{a}\left(1 + \frac{a^2}{l^2} + \cdots\right)$$

sin 関数の絶対値は 1 を越えるはずがないので、負の解のみを採用してやるべきだ。

$$\sin\phi \fallingdotseq -\frac{a}{l}$$

角度が非常に小さいときは $\sin\phi \fallingdotseq \phi$ という近似が成り立つ。よって x 軸の右と左の両方でそれぞれ a/l ラジアンだけ x 軸から逸れていることが分かる。

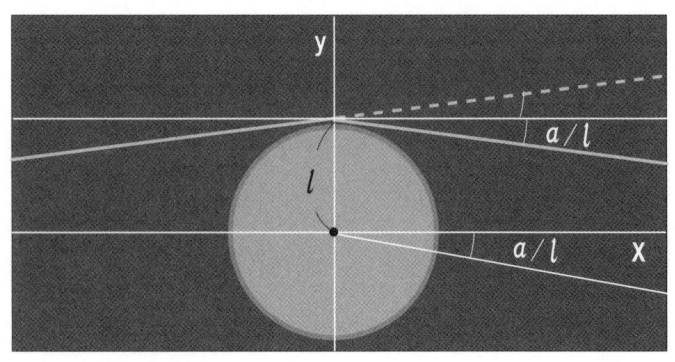

6.2. 光の湾曲

　宇宙の彼方から太陽の縁を目掛けて飛んで来た光は、合計して $2a/l$ ラジアンずれた方向へ飛び去るという計算だ。a に太陽のシュバルツシルト半径、l に太陽の半径を入れて計算してみるといい。

$$\begin{aligned}\frac{2a}{l} &= 2 \times 2950 \div 695500 (\mathrm{rad}) \\ &= 8.48 \times 10^{-6} (\mathrm{rad}) \\ &= 1.75 (秒)\end{aligned}$$

こうして初めの方で話した通りの数値が得られた。

補足

　この節の説明の途中（231 ページ）で出てきた、以下の 2 つの方程式の解き方を説明しよう。

$$\frac{\mathrm{d}^2 w}{\mathrm{d}\sigma^2} + \frac{a}{r^2}\frac{1}{1-a/r}\frac{\mathrm{d}w}{\mathrm{d}\sigma}\frac{\mathrm{d}r}{\mathrm{d}\sigma} = 0 \qquad (7)$$

$$\frac{\mathrm{d}^2 \phi}{\mathrm{d}\sigma^2} + \frac{2}{r}\frac{\mathrm{d}r}{\mathrm{d}\sigma}\frac{\mathrm{d}\phi}{\mathrm{d}\sigma} = 0 \qquad (8)$$

これらの式は両方とも、

$$\frac{\mathrm{d}U}{\mathrm{d}\sigma} + f(r)\frac{\mathrm{d}r}{\mathrm{d}\sigma}U = 0 \qquad (9)$$

という形式になっている。(7) 式の場合、$U = \mathrm{d}w/\mathrm{d}\sigma$ であり、(8) 式の場合、$U = \mathrm{d}\phi/\mathrm{d}\sigma$ であると考えればいい。それでこれからまず (9) 式の解き方を説明し、その後でそれを個別にあてはめて説明しよう。まず、

$$f(r) = \frac{\mathrm{d}F(r)}{\mathrm{d}r}$$

であるような関数 $F(r)$ があると仮定する。すると、(9) 式の一部分について、

$$\begin{aligned}f(r)\frac{\mathrm{d}r}{\mathrm{d}\sigma} &= \frac{\mathrm{d}F(r)}{\mathrm{d}r}\frac{\mathrm{d}r}{\mathrm{d}\sigma} \\ &= \frac{\mathrm{d}F}{\mathrm{d}\sigma}\end{aligned}$$

という変形ができるだろう。これを (9) 式に当てはめれば、次のようになる。

$$\frac{dU}{d\sigma} = -\frac{dF}{d\sigma}U$$

この形の方程式の解は良く知られている、というか、ちょっと考えれば気付くことができる。

$$U(\sigma) = Ae^{-F}$$

これで終わりだ。

(7) 式の場合、

$$f(r) = \frac{a}{r^2}\frac{1}{1-a/r}$$

であるから、$F(r)$ は

$$F(r) = \log_e\left(1 - \frac{a}{r}\right)$$

である。よって、次のようになる。

$$\begin{aligned}\frac{dw}{d\sigma} &= b\, e^{-\log(1-\frac{a}{r})} \\ &= b\,\frac{1}{1-a/r}\end{aligned}$$

(8) 式の場合、

$$f(r) = 2/r$$

であるから、$F(r)$ は

$$F(r) = 2\log_e r = \log_e r^2$$

である。よって、次のようになる。

$$\begin{aligned}\frac{d\phi}{d\sigma} &= h\, e^{-\log r^2} \\ &= \frac{h}{r^2}\end{aligned}$$

6.3 水星の近日点移動

　惑星というのは太陽を焦点の一つとした楕円軌道上を運行しているものだが、どの軌道も普通の円と区別が付かない程度にしかひしゃげていない。水星は他より飛び抜けて離心率が大きい軌道を持つが、それでも長径と短径の比が 0.97 くらいであるから、やはり見た目は普通の円とほとんど変わらない。

　離心率というのは、焦点位置が長軸半径の何割ほど中心から外れた所にあるかを示す数値である。水星の離心率は 0.2 くらいであるから、水星軌道の焦点の位置は円の中心から目立って離れたところにあることになる。図に描けば今話したことが一目で印象付けられるだろう。

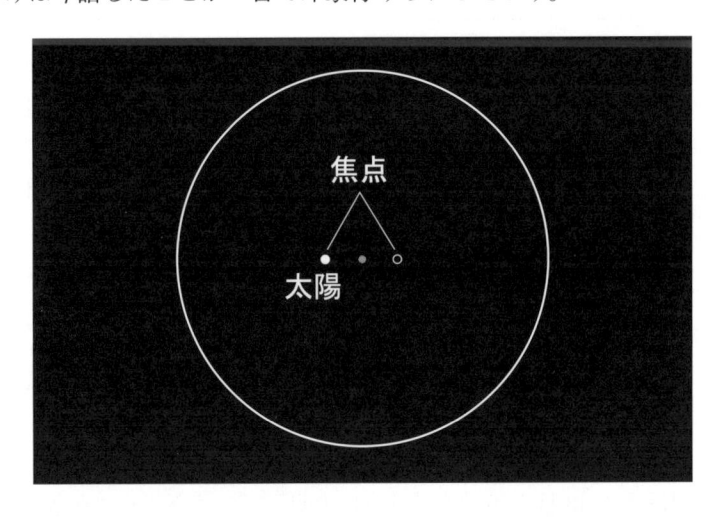

　太陽をちょっと大きく描きすぎたかも知れない。太陽の直径は水星軌道の直径の 1/83 程度であるから、直径 8 センチの円軌道を描いたときにやっと直径 1 ミリの粒に見えるくらいが本当だ。

　その楕円の長軸の方向は常に一定なのではなく、長い期間の間に徐々にずれてゆく。太陽に最も近くなる位置を「近日点」と呼ぶのだが、それが移動すると表現しても良い。太陽から最も遠くなる点「遠日点」が移動すると考えても同じことだが、なぜかこの現象は「**近日点移動**」と呼ばれるのが普通である。分かりやすく大袈裟に図に描くと、次のように綺麗な花模様が描かれて行くようなイメージである。

第6章 一般相対論の検証

近日点移動の大袈裟な図

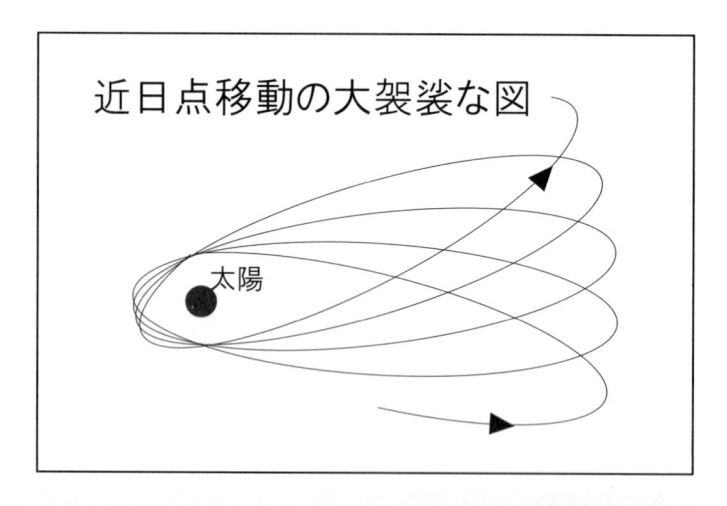

太陽

　実際はこんなに目で見て分かる程度の動きではなく、ほとんど変化がないと言っていいくらいだ。どれくらいのずれがあるかと言うと、水星の場合、100年で僅か574秒なのである。ここでの秒とは時間の単位ではなくて、角度の単位である。1度の1/60が1分で、そのさらに1/60が1秒である。つまり1秒というのは1/3600度。100年で0.16°くらいのズレしか起こらないということになる。それでも、そのような微妙な動きがあることが長年の観測によって明らかになっているのだから大したものだ。

　そのズレの原因の大部分が、他の惑星からの重力の影響であるとしてニュートン力学の計算で説明できる。それもまた大したものである。ところが574秒の内の43秒だけがどうしても説明できないまま、19世紀半ばから何十年もの間、ずっと謎として残っていたのだった。

　今回はその43秒を相対論が見事に説明してのけた、という話である。この43秒という値には±0.5秒程度の誤差が含まれると見積もられているが、相対論の計算はその範囲内にしっかりと収まったのである。つまり今のところ、水星の近日点移動の謎は、もう謎ではなくなっているわけだ。

　もし相対論のぼろを見付けたいならもっと精度を上げて確認しなければならないだろうが、そんな簡単にできる話ではない。ニュートン力学による影響を算出するのに使った他の惑星の数値の妥当性も検証しなくてはならないし、影響を与えるものが本当に他にもないのか、あらゆる可能性を検討しなければならない。最近では銀河内での太陽系の運動が与える影響まで調べられているようだ。水星の運動の観測精度だけを上げさえすれば

6.3. 水星の近日点移動

済むわけではない。

どのように考えて計算するのが最も分かりやすくて楽だろうか。水星は88日で太陽の周りを一周するのだから、100年で約415回転してきたことになる。つまり一周するごとに約 0.104 秒ずつのずれが生じることを示せればいいわけだ。

さて、ニュートン力学では惑星の軌道は次の式に従うことが分かっている。

$$u(\phi) = \frac{1}{l}(1 + e\cos\phi) \tag{1}$$

u は太陽から水星までの距離 r の逆数で、e は離心率、ϕ は太陽から見た角度（x 軸の方向を 0 とする）を表している。要するにこれは楕円の式であり、この式に従う限り近日点移動は起きず、水星は永遠に同じ軌道を回り続けるのである。

前節では測地線の方程式を $u(\phi)$ についての微分方程式の形にまで変形して行ったが、同じような方程式を導いてやれば上の式を当てはめて比較してやることができるだろう。ただし、今回求めようとしているのは光の軌跡ではないのだから、途中で光速の条件を入れることはしないで変形を続ける必要がある。

そうやって導かれた方程式に上の式をそのまま代入してやっても、きっと条件を満たさない。本当にごく僅かだが、上に書いた式から微妙にずれているはずなのだ。それがどれくらいずれていればその導かれた微分方程式に合うのかを調べてやればいいことになる。

方針は以上の通りだが、後で具体的な数値を入れるときのために、今の内に少しだけ補足しておこう。上の式には l という記号が使われているが、これは両辺ともちゃんと「長さの逆数」になってますよ、というのを分かりやすく示すために使ったに過ぎない。この式で表される楕円について、長軸の長さ L を求めてやると、

$$L = \frac{2l}{1 - e^2}$$

となる。理科年表などにはこの長さの半分の値である $L/2$ が惑星の「**軌道長半径**」として記載されていることが多いのである。

では、測地線の方程式を $u(\phi)$ の方程式で表す作業に取り掛かろう。前節の「光の湾曲」の説明でやった計算と途中までは同じである。$\theta = \pi/2$ とするのも同じで、水星の公転軌道は xy 平面上にあると考えて計算を楽にする。前節と違うのは、光速の条件を入れないようにする点だけである。

とは言うものの、前節では光速の条件によって式がかなり省かれたお陰で、あのすっきりした式にたどり着けたのだった。今回、それがないのはかなり厳しい。何の工夫もなく変形を続けても係数がごちゃごちゃしてしまってまとまらないのである。先を説明する気が失せてしまうほどだ。

教科書を解読するのにかなり手間取ったが、どうやらそれを回避する良い方法があるようだ。前節の途中の次の式からスタートしよう。

$$\frac{\mathrm{d}^2 r}{\mathrm{d}\sigma^2} + \frac{a}{2r^2} \frac{1}{1-a/r}\left[b^2 - \left(\frac{\mathrm{d}r}{\mathrm{d}\sigma}\right)^2\right] - \left(1-\frac{a}{r}\right)\frac{h^2}{r^3} = 0 \quad (2)$$

前節ではこの式の第2項目が、光速の条件 $\mathrm{d}s^2 = 0$ を当てはめることですっきりと書き換えられたのであった。それに倣って似たことをやってみよう。今回は $\mathrm{d}s^2 = 0$ ではないが、$\mathrm{d}s$ と固有時 τ の間には、$-\mathrm{d}s^2 = \mathrm{d}\tau^2$ という関係があるのだったから、次のような式が成り立っている。

$$-\mathrm{d}\tau^2 = -\left(1-\frac{a}{r}\right)\mathrm{d}w^2 + \frac{1}{1-a/r}\mathrm{d}r^2 + r^2\,\mathrm{d}\phi^2$$

ただし、θ は定数で、$\theta = \pi/2$、$\mathrm{d}\theta = 0$ であることを代入済みである。この両辺を $\mathrm{d}\tau^2$ で割ってやれば、

$$-1 = -\left(1-\frac{a}{r}\right)\left(\frac{\mathrm{d}w}{\mathrm{d}\tau}\right)^2 + \frac{1}{1-a/r}\left(\frac{\mathrm{d}r}{\mathrm{d}\tau}\right)^2 + r^2\left(\frac{\mathrm{d}\phi}{\mathrm{d}\tau}\right)^2 \quad (3)$$

となるだろう。さあ、やろうとしていることに気付いただろうか。これまで何となく媒介変数として σ を使ってきたが、ここで σ と τ とを同一視してやるわけだ。そんなことをしても、もちろん良いのである。σ というのは測地線のコース上に目盛りを刻むものに過ぎないので、固有時の概念はその代わりとして十分に使える。前節では光を扱っていたので、敢えてやらなかっただけなのだ。光については固有時の経過は常に 0 であると考えられるために、媒介変数に固有時という物理的解釈を与えることができなかった。

(3) 式の $\frac{\partial w}{\partial \tau}$ と $\frac{\partial \phi}{\partial \tau}$ の部分に、前節の $\frac{\partial w}{\partial \sigma}$ と $\frac{\partial \phi}{\partial \sigma}$ の結果と同じものを代入することで、

$$\frac{1}{1-a/r}\left[b^2 - \left(\frac{\mathrm{d}r}{\mathrm{d}\tau}\right)^2\right] = 1 + \frac{h^2}{r^2}$$

という条件式が出来上がる。これが (2) 式の第 2 項にピッタリ収まり、前節と似た変形を経て次の式が得られることになる。

$$\frac{\mathrm{d}^2 u}{\mathrm{d}\phi^2} + u = \frac{a}{2h^2} + \frac{3}{2}au^2 \tag{4}$$

今回もすっきりしてなかなかいい形をしている。これこそ、光に限らないで普通の物体にも成り立つ測地線の方程式である。時空が曲がっているので、測地線の中には太陽の周りを回り続ける軌跡を描くものもあるというわけだろう。

ところでこの式に含まれる定数 h は一体何を意味するのだろうか。もしこの定数が今後の計算結果に最後まで残るような場合には、これに何らかの値を代入してやる必要があるからちょっと気になる部分だ。

その心配はあまり要らないのだが、取り敢えず説明しておこう。そもそもこの定数 h が登場したのは、前節で求めた次のような式の積分定数としてであった。

$$r^2 \frac{\mathrm{d}\phi}{\mathrm{d}\sigma} = h$$

今回は σ と τ を同一視しているので、微分は惑星の運動の角速度 ω を意味することになる。つまりこの式は $r \times r\omega = h$ ということだから、これは、ケプラーの法則の一つである「面積速度一定」を表しており、もし両辺に惑星の質量 m を掛けたなら、角運動量保存則を意味している。しかし今はその値が具体的にどうなるかは考えないでおこう。

では最初に話した計画を実行していくことにする。(1) 式はこのままでは (4) 式を満たさないだろう。しかし前節と同じ理由で (4) 式の右辺第 2 項を無視してやった場合には、(1) 式がそのまま当てはまることが確認でき、ついでに次の関係式が得られる。

$$\frac{1}{l} = \frac{a}{2h^2}$$

これを使えば後で h の値を考える必要がなくなるだろう。このように、(4) 式の右辺第 2 項は相対論的な補正を表しており、それがない場合にはニュートン力学的な運動を表す式になっていることが分かる。

ところが (4) 式の右辺第 2 項を有効にした場合には、ニュートン力学の解である (1) 式に僅かな変更が加わるだけのはずなので、それを次のように表してやろう。

$$u(\phi) = \frac{1}{l}(1 + e\cos\phi) + \chi(\phi)$$

これを (4) 式に代入してやれば $\chi(\phi)$ についての微分方程式が得られる。それを解いてやればいいだろう。… などと考えていたが、それは甘い考えだった。χ はごく小さい関数だと仮定したにも関わらず、ϕ の増加に伴ってどこまでも増加を続ける解が出てきてしまって、前提を崩してしまうのだ。

実はこれは非線形微分方程式を解くときには良く起こる問題であり、解くためにはちょっと技巧的なことが必要になってくるのである。

ちょっと相対論から離れて、方程式を解くことに集中しよう。今後の説明が分かりやすいように、(4) 式を簡単な形に書き直しておこう。

$$u'' + u = A + \varepsilon u^2 \qquad (5)$$

実はこれは、バネに吊り下げられて振動するおもりの運動方程式に似た形になっている。質量 $m = 1$ で、バネ定数 $k = 1$ で、おもりに掛かる重力 $mg = A$ といった状況だ。ただし右辺第 2 項にはおもりの変位の 2 乗に比例する項があって、このバネの力がわずかにフックの法則からずれている状況を意味している。おもりがどちらへずれても一定の方向に力が掛かるのはちょっと変であり、この手の問題を扱っている教科書では u の 3 乗の項が使われているのが普通だ。だから残念ながら、教科書から結果だけをもらって来て、「詳しくはその手の教科書を探して調べて欲しい」などと書くことはできない。

しかし心強い結論が書いてあった。バネがフックの法則に従わなくなるほど振動が激しくなると、… それは右辺の第 2 項のようなものが無視できないほど効いて来るという意味だが … 、そうなると振動の周期が元の状態からずれる。これは良く知られていることらしい。バネの問題では u は時間の関数なので周期がずれるという結果として現象に表れるのだが、今

6.3. 水星の近日点移動

回の問題では u は回転角 ϕ の関数なので、前と同じ角度だけ回っても同じ状態には戻って来ないという意味になるだろう。現象は違っても、数式の上では似たような問題であるようだ。

非線形微分方程式というのは、それを解くための決定的な手続きというのが存在しないと言われている。それで、過去の経験の蓄積による技巧に頼らざるを得ないことを受け入れてもらいたい。今、(5) 式の ε が 0 の場合の解 u_0 は、

$$u_0 = A + B\cos\phi$$

だとしておく。この A は (5) 式の右辺に使われている A と同じ定数値で、B は別の任意の定数値だ。そして ε が 0 から徐々に増加して行くとき、解の方も元の状態 u_0 から徐々にずれるのだろうが、そのずれ方が、ε に比例する項、ε の 2 乗に比例する項などの和で表されると考えてみよう。

$$u(\phi) = u_0(\phi) + \varepsilon u_1(\phi) + \varepsilon^2 u_2(\phi) + \cdots$$

しかし ε^2 というのはとても小さいので、それ以下の項は無視してしまおう。さらに少々の技巧を施して、結局、次のような仮定を採用することにする。

$$u(\phi) = A + B\cos\left[(1+\varepsilon k)\phi\right] + \varepsilon u_1(\phi) + \cdots$$

ε に依存する項を cos 関数の中にも追加しておくことにしたわけだ。なぜここには ε^2 に比例する項を入れなかったかというと、それは cos 関数をテイラー展開したものを考えてやれば分かる。その影響は、すでに無視されている ε^2 以下の項と同程度に過ぎないから、一緒に省かれたということだ。

これを (5) 式に代入してやると、次の式を得る。

$$u_1'' + u_1 = A^2 + B^2\cos^2\phi + 2(AB + kB)\cos\phi$$

ただし計算途中で ε^2 以上の項が出てきた場合には全て排除してある。cos 関数の中にあったはずの ε が消えているのもそのためで、$\varepsilon\cos[(1+\varepsilon)\phi]$ という形が出てきた時点で ε^2 に比例する要素を排除して $\varepsilon\cos\phi$ と置き直したのである。

この式を解いて未知関数 u_1 の形を決定したいのだが、これはまたまたバネの問題とそっくりになっている。しかし非線形の項がないのが救いだ。右

辺の全ての項は外力の存在を表している。これにはただ一つの問題があって、右辺の第 3 項はバネの振動周期と同じタイミングでの揺さぶりを掛けることを意味している。外力の中にこのような成分が含まれていて他にブレーキをかける要因がない場合には、共鳴を起こして振幅 u_1 が際限なく大きくなってしまうことが知られている。そのような解は前提に反するし、欲しくないのである。この問題を避けるためには $k = -A$ であれば良いだろう。そうすれば第 3 項は完全に消えてなくなり、次のように、簡単に解けることになる。

$$
\begin{aligned}
u_1'' + u_1 &= A^2 + B^2 \cos^2 \phi \\
&= A^2 + B^2 \frac{1 + \cos 2\phi}{2} \\
&= A^2 + \frac{B^2}{2} + \frac{B^2}{2} \cos 2\phi \\
\therefore u_1 &= A^2 + \frac{B^2}{2} - \frac{B^2}{6} \cos 2\phi
\end{aligned}
$$

結局つじつまの合う形の (5) 式の近似解は、

$$
u(\phi) = A + B \cos \left[(1 - \varepsilon A) \phi \right] + \varepsilon \left(A^2 + \frac{B^2}{2} - \frac{B^2}{6} \cos 2\phi \right)
$$

となるというわけだ。

以上の話を (4) 式に当てはめればいい。

$$
A = B = \frac{1}{l} \quad , \quad \varepsilon = \frac{3}{2} a
$$

であるので、

$$
u(\phi) = \frac{1}{l} \left\{ 1 + \cos \left[\left(1 - \frac{3a}{2l} \right) \phi \right] \right\} + \frac{9a}{4l^2} - \frac{a}{4l^2} \cos 2\phi
$$

となる。後ろの方に付いてきた項は第 1 項に比べて無視してもいいくらいだと分かって一安心だ。気になるのは最初の項の cos 関数の中身に加わった変化だ。これが軌道にどんな影響を与えることになっているだろうか。

近日点は今の場合、cos 関数が -1 となるところだ。cos 関数の中身を見ると、ϕ に 1 よりごく僅かに小さな係数が掛かっている形になっているの

で、水星が一周して $\phi = 2\pi$ となっても cos 関数は -1 に戻らないことになる。ほんの僅かだが $\delta\phi$ だけ余分に回ってやらないといけない。このことを式で表すとこんな感じか。

$$\cos\left[\left(1 - \frac{3a}{2l}\right)(2\pi + \delta\phi)\right] = -1$$
$$\therefore \left(1 - \frac{3a}{2l}\right)(2\pi + \delta\phi) = 2\pi$$

細かなところは切り捨ててこれを解くと、

$$\delta\phi \fallingdotseq 2\pi\frac{3a}{2l} = 2\pi\frac{3a}{2(L/2)(1-e^2)}$$

となる。これが欲しかった答えだ。定数 h は結局残らなかったか。後はこれに具体的な数値を入れるだけでよい。

水星の離心率	e	0.20563
水星の軌道長半径	L/2	0.3871 (天文単位)
1 天文単位	-	149,598,700,000 (m)
太陽のシュバルツシルト半径	a	2953 (m)

2π ラジアンは、$360\times 60\times 60$ 秒のことだから、2π の代わりに $360\times 60\times 60$ を使えば、秒単位の値で答えを出せる。

この結果、0.1035 秒という答えを得る。始めに宣言しておいた数値とは少し違っているが、415 周を掛けて 100 年分の数字に直すと 42.9 秒という値が出る。ちゃんと誤差の範囲だ。

6.4 重力赤方偏移

宇宙のどこかの、ある原子から放たれた光は、遠い距離を旅した末に地球に届く。しかしその光の振動数は発射された時と比べてごくわずかだが低くなってしまっていることが多いということが分かった。

可視光のスペクトルを調べたとき、全体的に波長の長い赤色の方へとずれるという現象として観察されたので「**赤方偏移**」と呼ばれるようになった。同様の現象は光だけではなく、電波と呼ばれる領域でも同じように起こっていることが後に確認されたが、それでも赤方偏移と呼ぶのである。

第 6 章　一般相対論の検証

　そのような現象が起きる原因としては今のところ 3 種類の仕組みがあると考えられている。

　その一つは「ドップラー効果」だ。音のドップラー効果と同じように光でも同様の現象が起きるだろうということは、特殊相対論が発表されるかなり前から指摘されていたのだが、長らくの間、実験で確認するのは難しかった。後に特殊相対論が出現したことによりその計算方法と考え方がわずかに修正されることになったが、それでもドップラー効果と呼んで差し支えないだろう。遠くにある銀河などからの光は振動数の低い方へとずれていることが分かったが、それは遠方の天体が光速に近い速さで地球から遠ざかっているのだろうとして観測結果を説明できたのだった。

　今話したような説明の仕方は今でも平易な科学解説書に紹介されていることが多い。しかし、膨張宇宙論が有力な説となった現在では、少々都合の悪い点もある。ドップラー効果は自分と相手の相対速度が決まっているという前提で計算されるが、遠方の銀河との相対速度というのは光が届く途中でも変化するから、そこが厳密には正しくないわけだ。光が届く道程を小刻みに分けて、そのたびにドップラー効果の計算を当てはめてやれば、そのような問題は回避できるだろうが、こんな解釈で計算するのはあまりに面倒だろう。それよりも、光の波長が伸びるのは宇宙全体が光と一緒に伸びるからだと説明した方が、一般相対論の計算を当てはめやすくて都合が良くなったのである。これを「宇宙論的赤方偏移」と呼ぶ。

　ではドップラー効果による説明の出番はもうないのだろうか？ いや、天体の相対運動はなにも宇宙膨張だけによるのではない。普通に運動している天体からの光にはやはりドップラー効果による説明が適用されるし、そのようなものを観測した結果も出てきている。例えば、遠方の銀河の端と端の赤方偏移の差を調べることで、その銀河の回転速度を割り出したりもしている。

　さて、これで赤方偏移の原因について二種類が出てきたことになる。残るもう一つが、この節で説明しようとしている「重力赤方偏移」だ。星の表面から重力に逆らって光を放つと、その光はエネルギーを徐々に失って行き、振動数は元よりも低くなる。そんな現象が起こることが一般相対論から導き出されていた。

　しかしそれが確認され始めたのはかなり後になってからのことである。太陽の光の吸収線にごくわずかなずれが発見されたり、地上に 20 メートル

6.4. 重力赤方偏移

ほどの塔を建てての精密実験が行われたりした。それらはいずれも 1960 年代に入ってからのことであった。

理論的にそんなに難しい話ではない。私にはドップラー効果の説明をすることの方が面倒に思えるほどだ。

地表において、A が光を出して、B が真上で受けるとする。鉛直上向きに z 軸を取ろう。x 軸や y 軸方向への移動は考えないので、$dx = dy = 0$ ということで、無限小線素は次のように表すことができる。

$$ds^2 = g_{00}\,dw^2 + 2g_{03}\,dw\,dz + g_{33}\,dz^2 \tag{1}$$

今回の議論で重力は時間的に変化しないものとする。つまり g_{ij} は場所のみの関数だということだ。この式はすでにかなりシンプルなのではあるが、もっと簡単に説明を進められるように、座標変換をして第 2 項を消しておきたいと思う。そのために、次のような関係を持つ新しい時刻目盛り w' を導入しよう。

$$w = w' + f(z)$$

場所ごとになめらかに時刻をずらすという、奇妙だがそれほど複雑ではない変換だ。w の代わりに w' を使うようにするつもりなので、まず、次のようにして全微分を計算してやる。

$$\begin{aligned}\frac{dw}{dz} &= \frac{dw'}{dz} + \frac{df(z)}{dz} \\ \therefore dw &= dw' + \frac{df(z)}{dz}\,dz\end{aligned}$$

これを (1) 式に代入してやると dw が消えて dw' の式になる。

$$\begin{aligned}ds^2 &= g_{00}\,dw^2 + 2g_{03}\,dw\,dz + g_{33}\,dz^2 \\ &= g_{00}\left[dw'^2 + \frac{df}{dz}\,dw'\,dz + \left(\frac{df}{dz}\right)^2 dz^2\right] \\ &\quad + 2g_{03}\left[dw' + \frac{df}{dz}\,dz\right]dz + g_{33}\,dz^2 \\ &= g_{00}\,dw'^2 + \left[g_{00}\frac{df}{dz} + 2g_{03}\right]dw'\,dz + \left[g_{33} + 2g_{03}\frac{df}{dz}\right]dz^2\end{aligned}$$

第6章　一般相対論の検証

もしもここで、
$$g_{00}\frac{\mathrm{d}f}{\mathrm{d}z} + 2\,g_{03} = 0$$
という条件を満たすような $f(z)$ を選んでいれば、第2項は消えてしまって、
$$\mathrm{d}s^2 = g_{00}\,\mathrm{d}w'^2 + g'_{33}\,\mathrm{d}z^2$$
と書けるわけだ。この操作によって g_{33} も変更を受けて今は g'_{33} となっているが、それは $f(z)$ を決めれば計算できる量だ。今後はこのような座標系を使って議論をしよう。面倒なのでダッシュを省いて議論することにするが、座標変換したことを忘れないでもらいたい。

$$\mathrm{d}s^2 = g_{00}\,\mathrm{d}w^2 + g_{33}\,\mathrm{d}z^2 \tag{2}$$

まぁ要するに、時空の歪みがどんな形で表されていたとしても、このような形に表し直すことが可能だと言いたかっただけのことだ。ここまでは単なる前置きである。

さて、A が時刻 w_1 から w_2 までの間、光を出し続けたとする。また B はその光を w_3 から w_4 までの間、受け続けたとする。これを言い直せば、w_1 の時点で A から発射された光は w_3 の時点で B に届くとのことである。光の進路においては $\mathrm{d}s = 0$ なので、(2) 式より、
$$g_{00}\,\mathrm{d}w^2 + g_{33}\,\mathrm{d}z^2 = 0$$
が成り立っている。よって、光の伝播に要した時間間隔は、
$$w_3 - w_1 = \int_{w_1}^{w_3}\mathrm{d}w = \int_A^B \sqrt{\frac{-g_{33}}{g_{00}}}\,\mathrm{d}z$$
と表されるだろう。同様に、w_2 の時点で A から発射された光は w_4 の時点で B に届くのであるから、
$$w_4 - w_2 = \int_{w_2}^{w_4}\mathrm{d}w = \int_A^B \sqrt{\frac{-g_{33}}{g_{00}}}\,\mathrm{d}z$$
のように表せる。おやおや？上で計算した二つの式の右辺は全く同じ値だということになるではないか。すると次の式が成り立つと言えるわけだ。
$$w_3 - w_1 = w_4 - w_2$$
$$\therefore w_2 - w_1 = w_4 - w_3$$

6.4. 重力赤方偏移

　前置きが長かった割りには言いたかったのはこれだけなのだ。つまり、Aが光を発していた時間の長さは、Bが受け止めていた時間の長さに等しいと言えるのである。これを今後は Δw と書くことにしよう。

　ただしここで注意が必要なのだが、今使っている座標系というのは、地表に対する静止系であるということ以外は特に断っておらず、どの地点にいる観察者の視点に立ったものであるかは指定していなかった。それはAの視点での座標かも知れずBの視点かも知れず、いずれでもないかも知れない。しかしそれはどう選んでも良いのだ。よってここでの Δw というのは、必ずしもA、Bそれぞれが体験する時間のことを表しているわけではないのである。地表に対して静止している誰かの立場で時間を測ると、なぜかうまい具合に両者の送信期間と受信期間の長さが等しいというだけのことだ。

　ではA、Bそれぞれの立場で感じる時間はどう表せるかと言えば、それは固有時を使ってやればいいのだった。固有時というのは $-ds^2$ と等しかったが、今はAもBも z 軸方向への運動はしていないので、次のように表されるのである。

$$d\tau = \sqrt{-g_{00}}\, dw$$

g_{00} はA、Bそれぞれの位置で異なった値を持っているのだから、w を使って測った時間間隔が同じであっても、それぞれの立場で感じている時間はそれとは異なるというわけだ。こうして比較して見ると、重力の強い場所での方が時間がゆっくりと流れることが良く分かるだろう。

　光の振動数 ν というのは、固有時で測った秒数 $\Delta\tau/c$ 秒の間に、N 回の振動を数えたという意味なので、次のように表せる。

$$\nu = \frac{Nc}{\Delta\tau}$$

N の値はAとBのどちらにとっても変わるはずがない。よってそれぞれが測る振動数は次のように表せる。

$$\nu_A = \frac{Nc}{\sqrt{-g_{00}(A)}\,\Delta w}$$
$$\nu_B = \frac{Nc}{\sqrt{-g_{00}(B)}\,\Delta w}$$

第 6 章　一般相対論の検証

　これによって、次の関係が導けることになる。

$$\frac{\nu_A}{\nu_B} = \sqrt{\frac{g_{00}(B)}{g_{00}(A)}}$$

　A のいる場所の方が重力が大きくてその分 $g_{00}(A)$ の絶対値が 0 に近付くのだから、振動数 ν_A の方が大きいことを意味する。つまり光が上方へ向うと、わずかばかり振動数が減るということだ。

　以上のことは特にシュバルツシルト解に限らず、成り立っていることである。

　上で導いた結果に、弱い重力の場合の近似を代入して、実際、どの程度の振動数の変化があるのかを調べてみよう。ニュートン力学での重力ポテンシャルを $\phi(z)$ で表したとき、

$$g_{00}(z) \doteqdot -1 - \frac{2\phi(z)}{c^2}$$

という関係があるのだったから、次のような近似計算ができる。

$$\begin{aligned}
\frac{\nu_A}{\nu_B} &\doteqdot \sqrt{\frac{1 + 2\phi(B)/c^2}{1 + 2\phi(A)/c^2}} \\
&= \left(\sqrt{1 + \frac{2\phi(B)}{c^2}}\right)\left(\frac{1}{\sqrt{1 + \frac{2\phi(A)}{c^2}}}\right) \\
&\doteqdot \left(1 + \frac{\phi(B)}{c^2} + \ldots\right)\left(1 - \frac{\phi(A)}{c^2} + \ldots\right) \\
&\doteqdot 1 + \frac{\phi(B) - \phi(A)}{c^2}
\end{aligned}$$

　さて、地表付近での位置エネルギーが mgh と表されることは良く知られているが、これは落差 h が小さいときの 2 点間の重力ポテンシャルの差を近似したものとして導くこともできる。それに質量 m を掛けたものが mgh だというわけだ。それで、2 点間のポテンシャルの差 $\phi(B) - \phi(A)$ としては gh を代入してやればいいだろう。

$$\frac{\nu_A}{\nu_B} \doteqdot 1 + \frac{gh}{c^2}$$

地球の表面の重力で 100m くらいの高低差がある場合には、右辺の第 2 項は

$$\frac{9.8 \times 100}{(3 \times 10^8)^2} = \frac{980}{9 \times 10^{16}} = 1.1 \times 10^{-14}$$

くらいである。1GHz（ギガヘルツ）の電波を使ったくらいでは 1Hz も差が出ないことになる。その程度の効果でしかないのだ。さらにその 1000 倍の振動数の 1THz（テラヘルツ）になると、日本の法律上、それ以上は光と呼ばれることになる領域だが、まだ足りない。さらに 1000 倍になると紫外線の領域だが、これは 1PHz（ペタヘルツ）$= 10^{15}$ Hz くらいなので、ようやく 10Hz 程度の差が検出できることになる。

こんな微妙な効果であるから、実験室でこの効果を検出するにはさらに数桁上の X 線よりもまたさらに上の γ 線領域を使う必要がある。そんな振動数の電磁波を受信する受信機などはないから、核反応を使ってずれを調べるのである。そのような方法を使って、そのような効果が本当にあることが分かっている。

6.5　加速系の座標変換

一般相対論というのは、「星の質量に引かれることによる真の重力」も、「加速することで感じる擬似的な重力」も、どちらも同じように座標変換によって生じる力として説明してやろうというものだった。

真の重力が時空の歪みによって作り出されていることは分かった。一方、加速運動している人は、周りに星なんか無い場所であっても、重力らしきものを感じている。彼らにとっては時空が曲がっていると解釈できるということなのだろうか？

それを調べるために、静止している自分と、加速しているロケット内の立場での座標の変換が一体どうなるかを考えることから始めてみよう。慣性系どうしの間の座標変換はローレンツ変換であった。相手が加速しているからには、ローレンツ変換以外の何らかの変換になるのだろうが、それはどう考えたらいいのだろう。

ロケットが一定の加速を続けていて、ある速度になったときに突然加速をやめたら、その瞬間から慣性系に戻るだろう。そのときにはローレンツ変換が使えるはずだ。では加速を切った瞬間に、いきなり変換のルールが

第6章　一般相対論の検証

大きく変わってしまうものだろうか。いや、加速中には速度 v が変化してはいるが、次々と慣性系を乗り換えているだけだと考えられるから、その一瞬一瞬にはその時点の速度でのローレンツ変換が適用できるに違いない。

とは言うものの、ロケットの移動に合わせて刻々と変換のルールが変わる座標変換なんて一体、どんなものを考えたらいいのだろう？　時空図の全面を覆ったローレンツ変換のひし形が徐々にひしゃげて行くイメージから離れられなくなってしまった。

相対論では時間も空間も時空図の上で表現できるはずだった。なのに、徐々にひし形がひしゃげることを考えるとき、時空図の上にない時間で物事を考えていることになる。こんな考えは絶対におかしい。

そんな時、「リンドラー座標」というものに出会った。その図を見た瞬間、探していたのはこれだと思った。

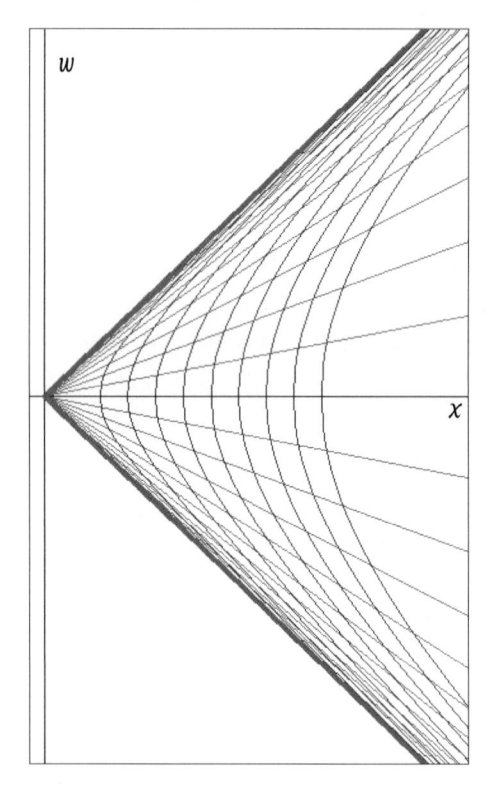

これは一定加速度 a で進むロケットの系と静止系との関係を静止系の立

場で表したものとなっているらしい。確かにローレンツ変換に似たひし形が無数にあって、時間の経過と共にひしゃげて行っている。こんな表現の仕方が可能だったとは…。しかし一体どういう考えでこうなるのだろう。

この座標が本当に今の目的に合ったものなのかを調べてみよう。加速系の座標を (x', t') で表すことにする。ロケット内の人は加速系の原点 $x' = 0$ にいて、自分は動いていないと思っている。$x' = 0$ の線を静止系の時空図の上に描いてやれば、それが t' 軸を表すことになるはずだ。静止系から見れば、それはロケットの飛跡に他ならない。

ここでまたもや壁にぶつかる。そもそも一定加速度 a とは何だろうか。これは静止系にいる人から見れば一定加速にはなっていないだろう。もし速度が文字通り一定ずつ加わるならばいつか光速を越えてしまうからだ。では運動量を一定量ずつ増加させていると考えれば良いのだろうか。だとしても、その増加の割合は加速している人の時計で測るべきなのかどうか？加速している人にとっては自分こそが静止しているので自分の運動量が増えているとは考えていないだろう。誰の立場でどう考えたらいいのだろう。

落ち着いて考えてみよう。すでに速度 v になっているロケットがあるとする。彼らの時計で dt' だけ経過する間に dv' だけ速度を増すときに、彼らの感じる加速は dv'/dt' であり、今の場合はこの値が一定値 a になっているというわけだ。この状況を静止系からの視点に切り替えて考えてみたらいいのだろうか。

ああ、そうか！まさかこんなところであの計算が役に立つとは思わなかった。ニュートンの運動方程式をローレンツ変換したときのあの式だ。(69 ページ参照のこと)

$$\frac{dv}{dt} = \frac{1}{\gamma^3}\left(1 + \frac{vv'}{c^2}\right)^{-3}\frac{dv'}{dt'}$$

今の話に合うように記号を変えてある。この式の中にある v' は、K' 系から見た物体の速度を意味している。今はロケットの速度は静止系から見て v であるから、K' 系から見れば $v' = 0$ である。つまり、静止系から見たロケットの速度変化は、次のように表せるということになる。

$$\frac{dv}{dt} = \left(1 - \frac{v^2}{c^2}\right)^{-\frac{3}{2}} a$$

255

これを微分方程式として解いてやろう。まず次のように変形する。

$$\left(1 - \frac{v^2}{c^2}\right)^{\frac{3}{2}} \mathrm{d}v = a\,\mathrm{d}t$$

次にこの両辺を積分してやる。

$$\int \left(1 - \frac{v^2}{c^2}\right)^{\frac{3}{2}} \mathrm{d}v = \int a\,\mathrm{d}t$$

$$v\left(1 - \frac{v^2}{c^2}\right)^{-\frac{1}{2}} = at + C$$

$t=0$ のときのロケットの速度が 0 だと考えれば積分定数 C は 0 になるので、

$$v = \frac{at}{\sqrt{1 + \left(\frac{at}{c}\right)^2}}$$

となる。これをさらに t で積分してやればロケットの軌跡 $x(t)$ が求められる。

$$x(t) = \frac{c^2}{a}\left(1 + \frac{a^2}{c^2}t^2\right)^{\frac{1}{2}} + C'$$

$t=0$ での座標原点を互いに合わせる為には、積分定数を $C' = -c^2/a$ と決めてやればいいのだろうが、今は敢えてそれをしない。なぜなら $C' = 0$ としておけば、これは典型的な双曲線の形になっているから、しばらくはそうした方が扱いやすいのである。時間を $w = ct$ で置き直して変形してやればもっとすっきりする。

$$x^2 - w^2 = \left(\frac{c^2}{a}\right)^2 \tag{1}$$

確かに双曲線の式だ。これに合わせて、今後は加速系の座標の方も t' を使うのをやめて (x', w') で表すことにしよう。

こうして $x' = 0$ を表す線は求まったが、$x' = 1$ とか $x' = 2$ とかの線はどう描いてやろうか。$t = 0$ にはロケットの速度は 0 なので、加速系と静止系とは同じ視点にいることになる。だから静止系が見る x 軸の目盛りと加速系が見る x' 軸の目盛り幅はこの瞬間には一致していることが言える。

6.5. 加速系の座標変換

ということは、今求めた双曲線を x 軸方向へ等間隔に平行移動してやるだけでいいということになるだろうか。

これは複数のロケットを進行方向に一列に等間隔で並べておいて、一斉に同じ加速度 a で出発させることに等しい。どのロケットも常に同じ速度になるはずだから、ずっと同じ間隔が保たれるはずだ。いや、ちょっと待てよ。本当にそうだろうか。確かに静止系から見ればそうなるが、加速系では同時刻を表す軸が徐々に傾いて行くことになる。だとすると、静止系から見ると違う時刻にあるロケットたちを、加速系では同時刻に存在するロケットだと判断するようになるのであろう。だから今考えたような状況を加速系から見れば、他のロケットたちは自分とは違う速度で移動していると感じるはずだ。つまり、互いの距離が変わるように感じるだろう。今は加速系で見た場合に距離が等間隔で常に変わらない線が欲しいのであるから、そのような一斉に同一の加速をするロケット群の軌跡は、ロケットにとっての座標の基準にはできない。うーん、簡単には行かないものだ。

ではこの問題よりも先に、ロケットにとっての同時刻線、すなわち x' 軸がどうなるかを考えてみよう。加速系であっても、瞬間瞬間にはその時点での相対速度でのローレンツ変換が成り立つはずだという考えは先に話した。ローレンツ変換では x' 軸の傾きと w' 軸の傾きは逆数の関係にあるのだった。つまり、先ほど求めた $x' = 0$ を表す双曲線の傾きを求めてやってその逆数を取れば、それが同時刻線の傾きを表すことになる。w' 軸上の各点において、そのような条件を満たす傾きを持つ線が交わることになるのである。計算してやると分かるが、双曲線上の点の座標を (x, w) としたとき、今求めたい線の傾きはちょうど w/x となるのである。

$$\begin{aligned}
x &= \left(\frac{c^4}{a^2} + w^2\right)^{\frac{1}{2}} \\
\therefore \frac{dx}{dw} &= w\left(\frac{c^4}{a^2} + w^2\right)^{-\frac{1}{2}} \\
&= \frac{w}{x}
\end{aligned}$$

これは面白い。つまりこれは、静止系の座標原点から双曲線上の各点へ向って直線を引けば、その傾きは自動的に同時刻線の条件を満たすということになるわけだ。

第 6 章　一般相対論の検証

　しかし、この直線は同時刻線そのものだと考えていいだろうか。たまたま双曲線上ではそうなのであって、同時刻線が直線で表せるという意味にはならないのではないだろうか。確かにローレンツ変換では同時刻線は直線であった。しかし今は w' 軸でさえ曲がっているのであるから、このことも疑ってみるべきだろう。

　もし加速を止めたなら、その瞬間からは確実に通常のローレンツ変換が適用されるのであり、その場合の同時刻線は直線で表されることになる。今の疑問は、加速を止める直前直後で、この線に変化があるかどうかだ。「今同時だ」と言っていた座標上の各点の出来事が、加速を止めただけで「今はもう同時ではない」となるかどうか。そんなのは矛盾であるように思える。この人にとってどっちの今が今なのだ？　今というのは一点であって、今しかないだろう。このことから、私は加速中でも同時刻線は直線で表していいだろうと考える。

　しかしこれだけで全ての読者に十分納得してもらえる自信がないので、この辺りはそれぞれでじっくり考えてもらいたい。w' 軸の方について言えば、こちらは加速を止めた瞬間から直線に変わり、それまで「私にとっては同じ場所だ」と主張していた未来の各点が、一瞬にしてそうではなくなるのである。一方を認めて他方を認めないというこの説明はどこか一貫性がなくて説得力がないような気もする。当たり前に感じることほど、ちゃんとした説明は難しいものだ。

　とにかく同時刻線が常に直線で表せることを認めると、物理的にはすごいことが起こっていることが読み取れる。あらゆる同時刻線が静止系の座標原点に集まっているのである。この点は加速系にとってはいつまで経っても今のままであり、この点の未来を見ることが決してないのである。凍りついた世界だ。しかもこの点から出た光の軌跡は図の上で 45°の傾きの直線で表されているが、w' 軸はそれに漸近する形になっているのであり、決してロケットに追いつくことがないことを意味している。光はこの点より後方からは決してロケットには届かない。ブラックホールに似た状況が生じているのである。それでこの現象は「**ブラックウォール**」と表現されることがあるようだ。こういう話ももっと分析していくと色々と面白いことが出てくるのだが、脇見はしないで元の目的に返るとしよう。

　次に自然に知りたくなって来るのは、どの傾きを持つ同時刻線が、ロケッ

6.5. 加速系の座標変換

トにとってのどの時刻に相当するかという関係だ。先ほど見た座標変換の図を、ちゃんと数式によって表現してやりたいのだ。加速系での時刻経過を知るためには、$x' = 0$ の双曲線に沿って固有時を積分してやればいいだろう。

その為には次のような考え方をする。$w = 0$ からスタートして双曲線に沿って微小距離だけ移動するとき静止系の座標ではそれぞれの軸方向へ $\mathrm{d}w, \mathrm{d}x$ だけの変位があるだろう。このときの固有時の変化は次のように表せる。

$$\begin{aligned} \mathrm{d}\tau &= \sqrt{\mathrm{d}w^2 - \mathrm{d}x^2} \\ &= \sqrt{1 - \left(\frac{\mathrm{d}x}{\mathrm{d}w}\right)^2}\,\mathrm{d}w \\ &= \sqrt{1 - w^2\left(\frac{c^4}{a^2} + w^2\right)^{-1}}\,\mathrm{d}w \\ &= \left(1 + \frac{a^2}{c^4}w^2\right)^{-\frac{1}{2}}\,\mathrm{d}w \end{aligned}$$

よって w の変位のみに注目して、これを 0 から w まで積分してみるだけで良い。

$$\begin{aligned} \tau &= \int_0^w \left(1 + \frac{a^2}{c^4}w^2\right)^{-\frac{1}{2}}\,\mathrm{d}w \\ &= \frac{c^2}{a}\sinh^{-1}\left(\frac{a}{c^2}w\right) + C'' \end{aligned}$$

この積分では双曲線関数の逆関数についての次のような公式を利用した。

$$\frac{\mathrm{d}}{\mathrm{d}x}(\sinh^{-1} x) = \frac{1}{\sqrt{x^2 + 1}}$$

τ というのは、ロケットの人にとっての経過時間 w' のことに他ならないので、積分定数を 0 と置いてスタート時の時刻を一致させる。この計算で w と w' の間の関係式が得られたことになる。双曲線関数の逆関数なんてものが出てきて話がややこしくなってきたが、次のように表しておけば、とりあえずは逆関数は使わないで済むだろう。

$$w = \frac{c^2}{a}\sinh\left(\frac{a}{c^2}w'\right) \tag{2}$$

第6章　一般相対論の検証

　ここまで考えれば、先ほど手が出せなかった内容についても割と簡単に理解できるようになっている。加速系にとって距離が等間隔であることを保つ線はどう描けるかという問題だ。通常の慣性系どうしのローレンツ変換の話から類推してみればいい。運動する系から見て相対速度0で運動する、離れた場所の物体の軌跡は、同時刻線に対して $x' = 0$ の線が交わるのと同じ角度で交わっているはずだ。

　だから今の場合も、ある同時刻線上に注目したときに、$x' = 0$ の線がそれと交わる角度と同じ角度を持って交わるような曲線群がそれであるだろう。どの同時刻線に注目してもそのようになっているべきである。つまり、どの曲線を見ても、その上のある点での曲線の傾きと、静止系の原点からその点まで結んだ直線の傾きには逆数の関係があることになる。結局のところ、それらは $x' = 0$ の場合と漸近線を同じくする双曲線群のことではないか！

　これだけ知っていればもうグラフは書けるし、座標変換の関係を数式で表せるはずだ。ここで双曲線関数についての次の知識が役に立つ。

$$\frac{x^2}{a^2} - \frac{y^2}{b^2} = 1$$

という双曲線は、媒介変数 q を使えば、

$$x = a \cosh q$$
$$y = b \sinh q$$

と表すことができる。ということは、(1) 式で表された $x' = 0$ を意味する曲線は、

$$x = \frac{c^2}{a} \cosh q$$
$$w = \frac{c^2}{a} \sinh q$$

と書けるはずだ。この曲線は $w = 0$ において $x = \frac{c^2}{a}$ を通るのであるから、$x' = 1$ を表す曲線は $w = 0$ において $x = \frac{c^2}{a} + 1$ を通るような双曲線であるべきだ。$x' = 2$ の場合も $x' = 3$ の場合も同様である。つまり、次のよう

な式で表されるはずだと言える。

$$x = \left(\frac{c^2}{a} + x'\right)\cosh q$$
$$w = \left(\frac{c^2}{a} + x'\right)\sinh q$$

このとき、媒介変数 q が w' の関数になっているのは想像が付くと思うが、果たして x' の関数にはなっていないのだろうかという点が心配になる。ところがもしそうだとしたらおかしいのである。w' を一定にして x' だけを変化させるとき、点 (x, w) は同時刻線上をまっすぐ進まなければならないはずである。q が x' の関数だとしたらそうはならないではないか。

では $q(w')$ は具体的にはどんな形になっているべきだろう。これについてはもう答えが出ている。(2) 式と見比べてもらえば一目瞭然だろう。これで我々は最終的な答えを得た。

$$x = \left(\frac{c^2}{a} + x'\right)\cosh\left(\frac{a}{c^2}w'\right)$$
$$w = \left(\frac{c^2}{a} + x'\right)\sinh\left(\frac{a}{c^2}w'\right)$$

これが欲しかった関係式である。もし $w = w' = 0$ における x 軸の原点を合わせたければ、x から c^2/a だけ引いてやればいい。

これで万事解決のようではあるが、まだ腑に落ちない点を感じている人がいるはずなので、少しだけ補足しておこう。まず注意しなければならないのは、この変換が、$x' = 0$ にいて加速度 a を感じている人にとっての変換に過ぎないということである。$x' = 0$ より右側にある双曲線を見てもらうと分かることだが、この双曲線のような移動をしている人は a よりも小さい加速度を感じている。また図には描かれていないが、$x' = 0$ より左側にも双曲線はあって、それに従って移動している人は、a よりも強い加速度を感じている。彼らだけが見る「ブラックウォール」の付近にいる人は猛烈な加速度を感じながら付いて行っていることだろう。そして彼らにとってはそれより向こうはない。

それぞれに違う加速度を感じている人たちが等間隔で並んでいる状況であるにも関わらず、彼らが互いに互いのことを「自分と同じ系にいる」と主張するのは奇妙なことに思える。このことを説明しておこう。

第6章　一般相対論の検証

　実は今回出てきた w' というのは加速度 a を感じている人にとっての時間でしかない。この図には同時刻線が引かれており、これは確かにそれぞれの双曲線上にいるどの人にとっても共有される同時刻線には違いないのだが、この線は決して、それぞれが感じている固有時間が同じになる点を結んだ線ではないのである。彼らは互いに異なった時間経過を感じているということだ。

　そのずれ具合がどんなものかを計算してみよう。まず $x'=0$ の点にいて加速度 a を感じている人の固有時 w' と同時刻線の傾き k の関係は、

$$ k \;=\; \frac{w}{x} \;=\; \frac{\sinh\left(\frac{a}{c^2}w'\right)}{\cosh\left(\frac{a}{c^2}w'\right)} \;=\; \tanh\left(\frac{a}{c^2}w'\right) $$

と表される。そして $x' \neq 0$ にいる人にとっての固有時 w'' と k の関係については、$\frac{c^2}{a}$ の部分を $\frac{c^2}{a}+x'$ に置き換えてやればいいので、次のようになるだろう。

$$ k \;=\; \tanh\left(\frac{1}{\frac{c^2}{a}+x'}\right)w'' $$

これらの式の右辺のカッコの中が等しいということなので、次の関係が導かれる。

$$ w'' \;=\; \left(1+\frac{a}{c^2}x'\right)w' $$

　$x'=0$ にいる人は $x'>0$ にいる人について、「彼らの時計は早く動いている」と感じるし、$x'<0$ にいる人については「彼らの時計はゆっくりだ」と感じていることになる。そして次のように解釈することだろう。「この系にはどこでも一様に a の加速が働いているのだが、$x'>0$ にいる人の時計は早いので、この加速の勢いをゆっくりだと感じてしまうのだ」と。そして $x'<0$ については全く逆の説明になる。この系に所属する彼らの全てが次のように解釈している。「自分の感じている加速こそが本物で、それと同じ加速が同じ系にいる人たち全体に同じように掛かっているのだ」と。そういう意味で彼らは「同じ系の仲間たち」なのである。

　では仕上げに、ここまでの話と一般相対論の関係を調べてみよう。まずは求めた変換式を使って、計量を計算してやる。その為に先ず全微分を計

算し、

$$
\begin{aligned}
dw &= \sinh\left(\frac{a}{c^2}w'\right)dx' + \left(\frac{c^2}{a} + x'\right)\frac{a}{c^2}\cosh\left(\frac{a}{c^2}w'\right)dw' \\
dx &= \cosh\left(\frac{a}{c^2}w'\right)dx' + \left(\frac{c^2}{a} + x'\right)\frac{a}{c^2}\sinh\left(\frac{a}{c^2}w'\right)dw'
\end{aligned}
$$

これらを無限小線素の式に代入してやれば、

$$
\begin{aligned}
ds^2 &= -dw^2 + dx^2 + dy^2 + dz^2 \\
&= -\left(1 + \frac{a}{c^2}x'\right)^2 dw'^2 + dx'^2 + dy'^2 + dz'^2
\end{aligned}
$$

という具合に、変形過程はすっぽり省いたが、意外に綺麗な形にまとまる。

g_{00} の -1 からのズレが、彼らの感じる重力の存在を意味しているという一般相対論で使った説明がこの場合にもちゃんと当てはまっている。一様重力によるポテンシャルは $\phi = ax$ であるが、近似的に $g_{00} \fallingdotseq -1 - \frac{2}{c^2}\phi$ という関係が成り立つという説明と矛盾していない。また、加速系内での位置によって時間経過が異なる度合いは、$\sqrt{-g_{00}}$ とピッタリ一致していることが分かるだろう。重力場の中で下方にあるほど時間の流れが遅くなるという一般相対論の結果も、同じように適用されるわけだ。

この節で求めた座標変換は平面グラフの上で説明できたのだから、この計量を使って曲率を計算してみたところで当然の如く 0 となるだろう。実際にやってみたが、確かにそうなった。

加速によって擬似的な重力を感じていたとしても、時空は曲がってなどいないということだ。それは誰から見ても曲がっていない。一方、真の重力がある時には時空は曲がっている。誰かの視点による見かけだけの話ではなくて、確かに曲がっている。

最後に一般相対論に当てはめて確認してみたけれども、この節のそれ以外の部分では一般相対論の知識は何も必要ないのだった。加速を論じるのに、一般相対論は必須ではない。つまり、一般相対論は特殊相対論の拡張になっていて、慣性系や加速系をも包括して扱える形式を用意しているけれども、その本当の価値は、真の重力場を記述するときにこそ発揮されるということだろう。

一般相対論は本当に「重力の為の理論」であるというわけだ。

あとがき

　この本は私にとって二作目となる。あとがきを最初に読む人もいると思うので書いておくが、この本は、前作を読まなくても気にせず読めるように色々と工夫してある。もしこの本のことを気に入ってもらえたなら、それだけでも十分に嬉しいのだが、前作も探して読んでもらえるともっと嬉しくなると思う。それは「趣味で物理学」という名前の本である。前の本を書いたときには初めての事ばかりで色々と苦労したものだが、今回はそれとは全く違う種類の困難と戦いながら書いた。

　初めて出版の話が来た頃にはまだ妻の腕に抱かれて静かに眠っていた息子が、今や、部屋中を所狭しと走り回るようになったのだ。そしていつでも「あそぼっ！」と私を誘いに来る。

　私も子供と遊ぶのは好きだ。ごっこ遊びに何度も付き合わされた頃はとてもつらかったが、徐々に遊び方も変わってくるから、こっちのペースに乗せられるようになってきた。

　近所の子らを集めて昼間っから花火をして、火の扱いや、安全な火遊びの仕方や、やっていい事の限度なんかをボランティアのつもりで教えたりしていたのだが、煙が出るので近隣住民にはさぞ迷惑だったろう。

　公園の砂場ではついつい夢中になって、子供だけでは掘れないような思いっきり深い穴を掘ったりするのだが、他所のお母さんから「ちゃんと埋めといて下さいよ、危ないですから」なんて小言をもらったりもした。子供をダシにして、やりたくてもできなかった事が色々とできる。

　ブランコから靴を飛ばしてカラスをからかうのも異常に楽しい。これも他所のお上品な奥様方からは白い目で見られたりした。…というより、見ないふりをされた。（ああ、「白い目」というのはそういうことか。黒い方の目で見ないということなんだな。）これは息子への物理教育の一環として

やっていたつもりなのだが、自分の家の子には真似して欲しくなかったのだろう。それも良く分かるが、そんなこと知るものか。

　毎週同じことばかりしていても面白くないし、カラスに顔を覚えられて仕返しされるのも嫌なので、次の週には科学館へ行ってみたり、家の中で一緒にテレビゲームをしたり、またその次には鍾乳洞へ出かけてみたり、家で一緒に動画サイトの映像を見て笑ったり、吊り橋を渡りに行ってみたり、またまた家で一緒にテレビゲームをしたり、妻の実家の風呂釜の煙突に雪を投げつけて一気に蒸発させて遊んでみたり、コーラにメントスを入れてみたり、とにかく楽しい事だらけだ。本当はもっと大掛かりな実験や製作をしてみたいのだが、今はこれが精一杯だ。そんな具合で本の原稿の方にはなかなか手が付かない。

　こんなに息子と良く遊ぶ良い父親であるにも関わらず、私が趣味である物理に取り組んでいたり、原稿を書く為にパソコンに向っていたりすると、「あなたは毎日仕事から帰ってくるのが遅いくせに、家にいる時もなお自分の事ばかりしようとするの?!」などと言われてしまったりする。妻が容赦なく浴びせる私への文句は的を射ていないことが多く、それを聞いていた息子が妻を諭してくれたりもするのだが、何しろストレスの多い世の中だ。言外の不満というものがあって、ゆっくり聞いてあげないといけない。要するに八つ当たりをされているわけだが、妻も怒っているときにはもう自分でも何が本心なのか分からない状態になっている。私が耐え切れなくなって「なにをぉー!」なんて反論して度々大喧嘩になったりもする。

　だから気を遣って、寝る前に小さい電気を付けて布団の中で寝転がって少しだけ勉強したり、こっそり夜中に起き出して勉強したりするような努力をしているわけだが、翌朝起きられないでぼーっとした目をしていると、これまた妻のストレスが溜まる原因となる。

　そんな感じで、これまで精力的に続けてきた趣味の物理も、実はもう限界に近いのである。これまでは肉体を酷使することで生死の淵を彷徨いながら対応してきたが、今度は精神の危機である。前書きにも書いたように、私と同じような境遇にあって、勉強したくてもできない忙し過ぎる人たちのことを思いながら、この本を書いた。

　さて、他にも沢山の弱音を書いてみたのだが、そんな無駄なものは削除

して、代わりに他の事を少し書いて終わりにしよう。今ある困難については近い内に乗り越えてみせるつもりだ。

いや、しかし、まさかこの私が相対論の本を書いているとは不思議な話だ。しかも一般相対論である。大学で相対論の授業を受けたときには、成すすべもなく席に座っているだけだった。いつか理解できるようになるなんてことは、信じることさえ難しかった。あの私が、今、偉そうにこんな本を書いている。

ネットに書き溜めた内容を本にしただけだと思われるかも知れないが、この本の執筆を引き受けた時点で、第 6 章の内容はまったく出来ていなかったし、理解しているわけでもなかった。しかし最低これだけの内容はどうしても入れておかなくてはならぬのです、と無理を通して、出版社には最初の約束からかなり待って貰うことになった。理解して忍耐頂いたことに本当に感謝している。

この本は何だか真面目な内容になってしまったなぁと思う。私と一緒に考えましょう、という感じはあまりなくて、私の知っていることを教えましょう、という、ちょっと偉そうな感じだ。しかし実際のところ、ここに書いたのが今のところの私が知っている全てであって、これ以外のことを書く余裕などほとんど残されてはいないのである。

自分独自の考えや思考過程などがあまり入っていないのはその為だ。そういうことは相対論を制覇した後でやろうと思っていたのだが、やっと 8 年かけてギリギリのラインにたどり着いた感じである。それでも素人が書いた方が分かりやすいと言って下さる方もあり、このように頭の回転の遅い私にも世の中の役に立てる場所が残されているというのは本当に有り難いことだと思う。

相対論についてはこれからもさらに続けて勉強しようと思っている。初めの頃に目指していた目標地点、思い描いていた自分の理想像みたいなものがあって、もしそこに到達できるのであればもう他には何も要らないと思っていた。

しかし気が付けばそこはとうに過ぎてしまっており、次の目標をさらに少し先の方へと設定し直しながら走り続けていた。我に返って今までの道のりを振り返ると、本当に二三歩でここまでたどり着けるのではないかと

思えるほどつまらないものに見えてしまう。富士山を登っている途中でたびたび感じたのと同じ感覚だ。

　欲張りなもので、新しい視点が開けて来ると、さらにその先の事が気になってしまう。当初はブラックホールなんて応用的なものにはまるで関心がなかった私だが、どうもこれが、宇宙の本質を理解するために欠かせない研究対象のように思えてきた。この本で触れられなかったことは他にも色々ある。重力波のことや、一般相対論においては電磁気学がどう表されるか、微分幾何や変分原理を使った記述方法がどうなるのかなど。それらについてもいつか人に説明できるくらいに理解して、一冊の本としてまとめてみたいという気持ちがある。いつになるかはまだ分からないが、その時には「趣味でブラックホール」なんていう怪しげなタイトルで出してやれば面白いのではないか、などと考えている。

参考文献・謝辞

この本を書くに当たって参考にさせて頂いた教科書を以下に挙げる。これらの本からは本当に良い助けを得た。これらは読者にもお勧めしたいものばかりである。

アインシュタイン 著・内山龍雄 訳「相対性理論」　岩波文庫（1988）
藤井保憲 著「時空と重力（物理学の廻廊）」　産業図書（1979）
内山龍雄 著「相対性理論（物理テキストシリーズ9）」　岩波書店（1987）
Gerard 't Hooft 著「Introduction to General Relativity」Rinton Press, Inc.（2001）
松田卓也・木下篤哉 著「相対論の正しい間違え方」　丸善（2001）
吉田伸夫 著「宇宙に果てはあるか」　新潮社（2007）
砂川重信 著「理論電磁気学（第3版）」　紀伊国屋書店（1999）

私はこれら以外にも色々な教科書から良い影響を受けており、それらの著者たちにも同様に感謝している。しかし今回の執筆に当たっての直接の関係は薄いと判断し、誠に勝手ながら省略させて頂くことにした。出版されている教科書の他にも、ネット上で閲覧できる資料、百科事典、辞書等にも大変お世話になった。それらを用意して下さった方々にも感謝している。また、メールや掲示板にて私の誤りを直して下さったり、一緒に議論して知恵を下さった方々にも感謝している。その他、メールや葉書、手紙、または心の中で応援して下さった沢山の方々にも感謝している。

索　引

■あ■

アインシュタイン
　　—テンソル………… 130, 205
　　—の省略記法……………91
　　—方程式………… 130, 213
一般相対性原理………… 147, 212
因果律………………………29, 50
宇宙項…………………………214
宇宙定数………………………214
宇宙論的赤方偏移……………248
運動質量………………………43
運動量密度……………………115
エーテル………………………7
エネルギー運動量テンソル‥116, 130
エネルギー密度………………115

■か■

外部解…………………………222
ガウス曲率……………………199
ガリレイ変換………………11, 59
慣性系…………………………12
慣性質量………………………142
基底ベクトル…………………164
軌道長半径……………………241
共変形式…………………111, 160
共変テンソル…………………94

共変微分………………………153
共変ベクトル………………83, 86
局所的座標変換………………146
曲率……………………………186
虚数時間………………………25
近日点移動……………………239
クリストッフェル記号‥130, 153
　　第1種—………………154
　　第2種—………………154
クロネッカーのデルタ記号‥106, 161
計量………………97, 130, 132
計量条件………………………185
計量テンソル…………………99
ゲージ変換……………………125
光速不変の原理…………11, 147
光秒……………………………23
固有時…………………………30
混合テンソル…………………94

■さ■

座標変換………………………53
時空図…………………………63
斜交直線座標…………………54
重力質量………………………142
重力赤方偏移…………………248
重力場の方程式………… 130, 213

索 引

主曲率 200
縮約 89, 94
シュバルツシルト解 219
シュバルツシルト半径 226
常微分 66
スカラー曲率 135, 199
スカラー量 85
静止質量 43
静電ポテンシャル 121
赤方偏移 247
接続係数 163
線素 98
全微分 66
相対性原理 11, 34, 59
相対論的質量 43
測地線 131
測地線の方程式 130, 175
速度の合成則 49, 69

■た■

大域的座標変換 146
タキオン 49
縦質量 42
ダランベール演算子 106
ダランベルシャン 106
直線座標 156
直交直線座標 54
デカルト座標 54
電荷の保存則 81, 124
電磁ポテンシャル 122
等価原理 212
ドップラー効果 248

■な■

ナブラ 105
ニュートン
　　―の運動方程式 56, 67, 109, 206
ニュートン近似 208

■は■

反変テンソル 93
反変ベクトル 83, 84
万有引力 149
ビアンキの恒等式 203
微分演算子 71
ブラックウォール 258, 261
平均曲率 200
ベクトル・ポテンシャル 121
偏微分 66
ポアソン方程式 211, 215

■ま■

マイケルソン・モーリー
　　―の実験 7, 9
マクスウェル方程式 75, 120
見かけの力 58
ミンコフスキー空間 25, 104
ミンコフスキー計量 104
無限小線素 98

■や■

ヤコビの関係式 203
横質量 42
4元運動量 36, 115
4元速度 32
4元電流密度 122

4元力 110

■ら■

ラプラシアン 106, 211
ラプラス演算子 106
リッチ・スカラー 135, 199
リッチ・テンソル 135, 195
リーマン曲率テンソル 189
リーマン・テンソル 137
リンドラー座標 254
ローレンツ 5
　　―係数 24, 32
　　―収縮 9
　　―変換 10, 11, 22
　　―力 83
ローレンツ（ローレンス）
　　―ゲージ 126, 128
　　―条件 126, 128

【著者紹介】
　広江　克彦（ひろえ　かつひこ）

　　1972年生まれ。岐阜県出身。
　　静岡大学理学部物理学科卒。
　　同大学院修士課程修了。
　　情報家電メーカーの開発部に勤務の傍ら、
　　物理学を解説するウェブサイト
　　「EMANの物理学」を趣味で運営してきたが、
　　本書を書き上げた直後に退職。
　　フリーでの活動を開始する。

趣味で相対論

2008年6月16日　　初版発行

| 検印省略 | 著　　者　　広江克彦 |
| | 発行者　　柴山斐呂子 |

発行所
　　　　　　　〒102-0082　東京都千代田区一番町27-2
理工図書株式会社　　　　　電　話　03（3230）0221（代表）
　　　　　　　　　　　　　FAX　03（3262）8247
　　　　　　　　　　　　　振込口座　00180-3-36087番

©2008年　　　丸井工文社・新里製本　　ISBN 978-4-8446-0730-4

　　＊本書の内容の一部あるいは全部を無断で複写複製（コピー）すること
　　は、法律で認められた場合を除き著作者および出版社の権利の侵害と
　　なりますのでその場合には予め小社あて許諾を求めて下さい。

自然科学書協会会員★工学書協会会員★土木・建築書協会会員

Printed in Japan